U0309843

高等学校计算机应用规划教材

UML面向对象
分析与设计教程

胡荷芬　高　斐　编著

清华大学出版社

北　京

内 容 简 介

UML 是当前比较流行的一种建模语言，它可以用于创建各种类型的项目需求、设计乃至上线文档，特别适合采用面向对象的思维方式进行软件建模。规范化、可视化的软件建模已成为当今软件技术的主流之一。

本书依据统一建模语言 UML 与面向对象编程语言，结合实际案例，深入全面地探讨了软件建模的概念、规范和方法。全书共 13 章，前 3 章介绍了面向对象、UML 建模语言和 Rational Rose 建模工具的一些基本理论和概念。第 4~12 章详尽地介绍了 UML 中类图、对象图、用例图、包图、序列图、协作图、活动图、状态图、构件图和部署图的概念及其在实际中的使用。最后，通过一个综合案例对使用 Rational Rose 进行 UML 建模的全过程进行了深入剖析。此外，各章后面配有适量的练习题和上机题，以加深读者的理解和提高。

本书最大的特点是将理论和实际紧密地结合，实例丰富、图文并茂，讲解详尽、实践性强。

本书可以作为高等院校计算机软件工程专业 UML 和面向对象技术的教材，也可以作为广大软件开发人员和系统架构分析设计人员自学 UML 的参考书。

图书在版编目(CIP)数据

UML 面向对象分析与设计教程/胡荷芬，高斐 编著. —北京：清华大学出版社，2012.5（2019.7 重印）
(高等学校计算机应用规划教材)

ISBN 978-7-302-28541-0

Ⅰ. ①U…　Ⅱ. ①胡…　②高…　Ⅲ. ①面向对象语言，UML—程序设计—高等学校—教材

Ⅳ.①TP312

中国版本图书馆 CIP 数据核字(2012)第 066479 号

责任编辑：王　宁　胡花蕾
封面设计：牛艳敏
版式设计：孔祥峰
责任校对：蔡　娟
责任印制：刘祎淼

出版发行：清华大学出版社
　　　　网　　　址：http://www.tup.com.cn, http://www.wqbook.com
　　　　地　　　址：北京清华大学学研大厦 A 座　　邮　　编：100084
　　　　社 总 机：010-62770175　　　　邮　　购：010-62786544
　　　　投稿与读者服务：010-62776969, c-service@tup.tsinghua.edu.cn
　　　　质 量 反 馈：010-62772015, zhiliang@tup.tsinghua.edu.cn
　　　　课 件 下 载：http://www.tup.com.cn, 010-62794504
印 装 者：三河市君旺印务有限公司
经　　销：全国新华书店
开　　本：185mm×260mm　　印　　张：18.25　　字　　数：421 千字
版　　次：2012 年 5 月第 1 版　　　　印　　次：2019 年 7 月第 8 次印刷
定　　价：48.00 元

产品编号：042354-0 2

前　　言

UML 是当前比较流行的一种建模语言，它可以用于创建各种类型的项目需求、设计乃至上线文档，特别适合采用面向对象的思维方式进行软件建模。随着 UML 建模语言的不断发展，它已经获得了广泛的认同，目前已经成为主流的项目需求和分析建模语言。Rational Rose 是目前最为业界瞩目的可视化软件开发工具，通过它可以便捷高效地完成 UML 的建模工作。

本书是一本关于 UML 的教材，书中包含了 UML 的基础知识、基本元素和使用方法，在讲述 UML 的使用过程中，是结合 Rational Rose 讲述的，从中大家能感受到使用 Rational Rose 开发 UML 的便捷性和高效性。在讲述 UML 的同时，结合了大量的实战案例，并且为了提高大家的学习效率，在每个章节后面还提供了一定数量的习题。相信不同的读者都会在本书的学习过程中得到不同的收获。

本书内容

本书共分 13 章，其中：

第 1 章　基于面向对象的 UML：主要介绍了面向对象的基本知识、建立系统模型的方法和 UML 统一建模语言的基本内容。学习本章的目的是使读者对 UML 有初步的认识。

第 2 章　UML 语言综述：对 UML 语言进行了系统的介绍，包括常用的 UML 元素、UML 的通用机制、UML 的扩展机制等必须了解的知识点。

第 3 章　UML 工具——Rational Rose：对 UML 的主流开发工具——Rational Rose 进行了介绍，包括其安装、使用、四种视图模型和生成代码的方法。本章为后面绘制 UML 图打好了基础。

第 4 章　类图和对象图：介绍了类图和对象图的基本概念及其在 UML 中的表示。通过讲解使用 Rose 创建类图的方式，使读者在学完本章后，能够根据类图和对象图描绘出系统的静态结构。

第 5 章　包图：对包图中的基本概念和它们的使用方法逐一进行了详细介绍。通过本章的学习，能够熟练使用包图描述系统的组织结构。

第 6 章　用例图：介绍了用例图的概念和作用，讲解了用例图的重要组成元素和如何通过 Rational Rose 创建用例图。

第 7 章　序列图：针对 UML 中交互图之一的序列图进行了介绍，包括它的基本概念、组成、在项目中的相关概念和使用 Rose 创建序列图的方法。

第 8 章　活动图：介绍了活动图的基本概念、组成元素及使用 Rose 创建活动图的方法。

第 9 章　协作图：协作图是交互视图的另外一种表现方式。通过本章的学习，可以掌握协作图的基本概念和使用方法，进而能够熟练使用协作图描述系统中对象之间的交互。

第 10 章　状态图：介绍了构成状态图的元素、状态图的组成。通过本章的学习，能够从整体上理解状态图并掌握状态图的画法。

第 11 章　构件图和部署图：对 UML 中描述系统的物理实现和物理运行情况的构件图和部署图进行了详细的讲解。在学完本章后，能够根据构件图和部署图的基本概念，创建图中的各种模型元素，描绘出系统的物理结构，并能将前面介绍过的其他图结合起来，完成对整个系统的建模。

第 12 章　Rational 统一过程：介绍了统一过程的概念、结构、配置和实现 Rational 统一过程的方法。

第 13 章　网上购物商店：给出了一个网上购物商店的综合实例，将前面各章介绍的 UML 的各种图形和模型元素综合起来，实现对一个完整系统的设计和建模过程。整个过程按照软件设计的一般流程进行，以便对实际项目的系统建模有一个直观的认识。

本书特点

理论实际，紧密结合。本书在介绍理论知识的同时，每一章都给出了大量案例讲解，力求让读者在理解基础知识后，就能学以致用，快速上手。每章都配有相应的课后习题和上机练习，方便读者课后的实践练习。

配套源码，免费课件。为了方便读者自学，本书不仅在每章后面附有精心设计的课后习题和上机练习，还配套有免费的课件、实例源码等，这样就能使读者牢固而扎实地掌握各种基本知识点。

图文并茂，步骤详细。在具体介绍 Rational Rose 软件功能的时候，本书提供了详细的图例，详尽地说明了每一步功能的实现，让读者一眼就能明了整个功能的使用方法和绘制步骤。每一个步骤都以通俗易懂的语言进行讲述，读者只需要按照步骤操作，就可以轻松完成软件的建模。

面向读者

本书既可以作为高等院校计算机软件工程专业学生学习 UML 和面向对象的技术教材，也可作为广大软件开发人员和系统架构分析设计人员自学 UML 的参考书。

鸣　谢

　　本书由胡荷芬、高斐主持编写，此外，胡书敏、林丹、李辉、田芳、王建国、赵海峰、刘勇、徐超、周建军、徐兵、黄飞、林海、马建华、孙明、高峰、郑勇、刘建、李彬、彭丽、许小荣等同志在整理材料方面给予了编者很大的帮助，在此，对他们表示衷心的感谢。

　　由于作者水平有限，书中不足之处在所难免，欢迎广大读者、同仁批评指正。

编　者

2012 年 3 月

目　　录

第1章　基于面向对象的UML

UML 是一种在多种面向对象建模方法的基础上发展的通用可视化建模语言，它拥有一整套完整而成熟的建模技术，被广泛地运用于各种不同的领域。借助于基于面向对象的UML 可以帮助软件工程的开发人员更好地理解业务流程,建立更可靠、更完善的系统模型,从而方便我们对各种软件工程进行正确的描述和交流。

1.1　面向对象是 UML 的基础

UML 统一建模语言的出现正是由于面向对象建模思想发展的产物，它是软件工程领域公认的面向对象的建模语言。可以毫不夸张地说，没有面向对象，就没有 UML。它们的关系是如此的密不可分。

1.1.1　什么是面向对象

从 20 世纪 60 年代提出面向对象的概念到现在，面向对象已经发展成为一种比较成熟的编程思想，并且逐步成为软件开发领域的主流技术。面向对象程序设计(Object-Oriented Programming，OOP)立足于创建软件代码的重复使用，具备更好地模拟现实世界环境的能力，这使它被公认为是自上而下编程的最佳选择。

1. 什么是对象

对象(Object)是面向对象(Object-Oriented，OO)系统的基本构造块，是一些相关的变量和方法的软件集。对象经常用于建立现实世界中我们身边的一些对象的模型。对象是理解面向对象技术的关键。

我们可以看看现实生活中的对象，如在房间里面的桌子、椅子、电脑等。我们都可以认为是对象。根据《韦氏大词典》(Merriam-Webster's Collegiate Dictionary)，对象包含了以下两种释义：

(1) 某种可为人感知的事物。

(2) 思维、感觉或动作所能作用的物质或精神体。

第一种释义"某种可为人感知的事物"所指的是我们可以看到和感知到的物理对象，并且它占据一定事物的空间。这样说可能比较抽象，下面以"仓库管理系统"为例，解释一下"某种可为人感知的事物"的具体含义。先想一下在仓库管理这个概念中应该有哪些物理对象：

- 到仓库来领取或外借物料的员工
- 负责仓库的仓库管理人员
- 管理仓库信息的电脑
- 领取或外借仓库中的物料
- 存放物料的货架
- 仓库本身这一建筑物

以上列举的其实并没有涵盖"仓库管理系统"中所有的对象，因为其他一些对象对仓库管理系统而言并不是必须的。

第二种释义"思维、感觉或动作所能作用的物质或精神体"，也就是指"概念性对象"。以仓库管理系统为例，可以列举出：

- 领取或外借仓库物料的员工所在部门
- 员工的工号
- 仓库中存放的物料编号

这些对象是我们不能看到、听到的，但是在描述抽象模型和物理对象时，仍然起着很重要的作用。

在软件工程设计中的对象和上面词典中对象的含义又有所不同。软件工程中的对象，是指一种将状态和行为有机结合起来形成的软件构造模型，它可以用来描述或代表现实世界中的一个对象。也可以这样说，软件对象其实就是现实世界对象的一种模型，它有自己的状态和行为。

可以利用一个或者多个变量来标识软件对象的状态。变量是指由用户标识符来命名的数据项，软件对象可以利用它的方法来执行它的行为，而方法则是与对象相关联的函数(子程序)。

2. 面向对象与面向过程的区别

在面向对象程序设计(OOP)方法之前，结构化程序设计占据主要的地位。结构化程序设计是一种自上而下的设计方法，通常使用一个主函数来概括出整个程序需要做的事，而主函数是由一系列子函数所组成的。对于主函数中的每一个子函数，又都可以被分解为更小的函数。结构化程序设计思想就是把大的程序分解成具有层次结构的若干个模块，每个模块再分解为下一层模块，如此自顶向下，逐步细分，把复杂的大模块分解为许多功能单一的小模块。结构化程序设计特征就是以函数为中心，也就是以功能为中心来描述系统，用函数来作为划分程序的基本单位，数据在过程式设计中往往处于从属的位置。结构化程序设计的优点是易于理解和掌握，这种模块化、结构化、自顶向下、逐步求精的设计原则与大多数人的思维和解决问题的方式比较接近。

但是，对于比较复杂的问题，或在开发中需求变化比较多的时候，结构化程序设计往往显得力不从心。事实上，开发一个系统的过程往往也是一个对系统不断了解和学习的过程，而结构化程序设计是自上而下的，这要求设计者在一开始就要对需要解决的问题有一定的了解。在问题比较复杂的时候，要做到这一点会比较困难。当开发中需求发生变化的时候，以前对问题的理解也许会变得不再适用。

　　结构化程序设计的方法把密切相关、相互依赖的数据和对数据的操作相互分离，这种实质上的依赖与形式上的分离也使得大型程序的编写比较困难，难于调试和修改。在由很多人进行协同开发的项目组中，程序员之间很难读懂对方的代码，代码的重用变得十分困难。由于现代应用程序的规模越来越大，对代码的可重用性和易维护性要求也越来越高，面向对象技术对这些提供了很好的支持。

　　面向对象技术是一种以对象为基础，以事件或消息来驱动对象执行处理的程序设计技术。从程序设计方法上来讲，它是一种自下而上的程序设计方法，它不像面向过程程序设计那样一开始就需要使用一个主函数来概括出整个程序，面向对象程序设计往往从问题的一部分着手，一点一点地构建出整个程序。

　　面向对象设计是以数据为中心，使用类作为表现数据的工具，类是划分程序的基本单位。而函数在面向对象设计中成了类的接口。以数据为中心而不是以功能为中心来描述系统，相对来讲，更能使程序具有稳定性。它将数据和对数据的操作封装到一起，作为一个整体进行处理，并且采用数据抽象和信息隐藏技术，最终被抽象成一种新的数据类型——类。类与类之间的联系以及类的重用出现了类的继承、多态等特性。类的集成度越高，越适合大型应用程序的开发。

　　面向对象程序的控制流程运行时是由事件进行驱动的，而不再由预定的顺序进行执行。事件驱动程序的执行围绕消息的产生与处理，靠消息的循环机制来实现。更重要的是，可以利用不断成熟的各种框架，如.NET 的.NET Framework 等，迅速地将程序构建起来。面向对象的程序设计方法还能够使程序的结构清晰简单，能够大大提高代码的重用性，有效地减少程序的维护量，提高软件的开发效率。

　　在结构上，面向对象程序和结构化程序设计也有很大的不同。结构化程序设计首先应该确定的是程序的流程怎样走，函数间的调用关系怎样，以及函数间的依赖关系是什么。一个主函数依赖于其子函数，这些子函数又依赖于更小的子函数，而在程序中，越小的函数处理的往往是细节实现，这些具体的实现又常常变化。这样的结果，就是程序的核心逻辑依赖于外延的细节，程序中本来应该是比较稳定的核心逻辑，也因为依赖于易变化的部分，而变得不稳定起来，一个细节上的小小改动，也有可能在依赖关系上引发一系列变动。可以说这种依赖关系也是过程式设计不能很好处理变化的原因之一，而一个合理的依赖关系应该是倒过来，由细节实现依赖于核心逻辑才对。而面向对象程序设计由类的定义和类的使用两部分组成，主程序中定义对象并规定它们之间消息传递的方式，程序中的一切操作都通过面向对象的发送消息机制来实现。对象接收到消息后，启动消息处理函数完成相应的操作。

　　以"仓库管理系统"为例，使用结构化程序设计方法的时候，首先要在主函数中确定仓库管理要做哪些事情，分别使用函数将这些事情进行表示，使用一个分支选择程序进行选择，然后再将这些函数进行细化实现，确定调用的流程等。

　　而在使用面向对象技术来实现的仓库管理系统中，以领取仓库物品的员工为例。首先要了解该员工的主要属性，如工号、所属部门等；其次要确定该员工要做什么操作，如领取或外借物料、办理手续等。并且把这些当成一个整体进行对待,形成一个类,即员工类。使用这个类,可以创建不同的员工实例,也就是创建许多具体的员工模型,每个员工拥有不同的工号,一些员工在不同的部门,都可以在仓库中领取材料或物品。员工类中的数据和操作都是给应用程序进行共享的,可以在员工类的基础上派生出普通员工类、部门经理类、总经理等,这样可以实现代码的重用。

3. 对象与类的确定

面向对象技术认为客观世界是由各种各样的对象组成的,每个对象都有自己的数据和操作,不同对象之间的相互联系和作用构成了各种系统。在面向对象程序设计中,系统被描绘成一系列完全自治、封装的对象组成,对象和对象之间是通过对象暴露在外的接口进行调用的。对象是组成系统的基本单元,是一个组织形式的含有信息的实体。而类是创建对象的模板,在整体上可以代表一组对象。例如,创建人这个类,它就代表人这个概念。现在有一个名字叫李平的人,就表示李平是"人"这个类的一个实体对象,并且包含了"姓名是李平"这样一个信息。可以使用这个类来表达李平、章飞等具体的对象。这样,设计类而不是设计对象就可以避免重复编码,类只需要编码一次,就可以被实例化属于这个类的无数个对象。

对象是由状态(Attribute)和行为(Behavior)构成的。实际上,状态、属性(Property)、数据(Data)等这些在各种书中提到的概念,都是用于描述一个对象的数据元素,这些概念具体到各种语言便有不同的叫法。对象的状态值用来定义对象的状态。例如,当判断员工是否可以领取仓库中物料的时候,可以通过员工的工号(不妨称为第一个状态)和员工目前领取物料的数量(可以称为第二个状态)来进行判断。行为、操作(Operation)以及方法(Method)这些在各种书中提到的概念,是用于描述用以访问对象的数据或修改/维护数据值的方法,如在描述领取或外借物料员工的行为时,"告诉仓库管理员工号"和"选择要领取或外借的物料"等。

对象只有在具有状态和行为的情况下才有意义,"状态"用来描述对象的静态特征,"行为"用来描述对象的动态特征。对象是包含客观事物特征的抽象实体,封装了状态和行为。在程序设计领域,可以用"对象=数据+数据的操作"来进行表达。

类(Class)是具有相同属性和操作的一组对象的组合。也就是说,抽象模型中的"类"描述了一组相似对象的共同特征,为属于该类的全部对象提供了统一的抽象描述。例如,名为"员工"的类被用于描述能够到仓库中领取或外借物料的员工对象。

类的定义要包含以下要素:

- 定义该类对象的数据结构(属性的名称和类型)。
- 对象所要执行的操作,也就是类的对象要被调用执行哪些操作,以及执行这些操作时对象要执行哪些操作,如数据库操作等。

类是对象集合的抽象,类与对象的关系如同一个模具和使用这个模具浇注出来的铸件一样,类是创建软件对象的模板——一种模型。类给出了属于该类的全部对象的抽象定义,而对象是符合这种定义的一个实体。类用来在内存中开辟一个数据区,存储新对象的属性;

把一系列行为和对象关联起来。

一个对象又被称做类的一个实例，也称为实体化(Instantiation)。术语"实体化(Instantiation)"是指对象在类声明的基础上创建的过程。例如，声明了一个"员工"类，可以在这个基础上创建"一个姓名叫李平的员工"这个对象。

类的确定和划分没有一个统一的标准和方法，基本上依赖于设计人员的经验、技巧以及对实际项目中问题的把握。通常的标准是"寻求共性、抓住特性"，即在一个大的系统环境中，寻求事物的共性，将具有共性的事物用一个类进行表述。在具体的程序实现时，具体到某一个对象，要抓住对象的特性。确定一个类通常包含以下方面：

- 确定系统的范围，如仓库管理系统，需要确定一下和仓库管理相关的内容。
- 在系统范围内寻找对象，该对象通常具有一个和多个类似的事物。例如，仓库管理系统中，有一个某部门名叫李平的员工，某部门名叫章飞的人是和李平类似的，都是普通员工。
- 将对象抽象成为一个类，按照上面的类的定义，确定类的数据和操作。

在面向对象程序设计中，类和对象的确定是软件开发非常重要的一步，类和对象的确定直接影响软件设计的优劣。如果划分得当，对于软件的维护与扩充以及软件的重用性都非常重要。

4．消息和事件

当使用某一个系统的时候，单击一个按钮，通常会显示相应的信息。以仓库管理系统为例，单击"仓库管理系统"界面某一个按钮的时候，会显示出当前仓库的信息。那么，当前的程序是如何运行的呢？

- "仓库管理系统"界面的某一个按钮发送鼠标单击事件给相应的对象一个消息。
- 对象接收到消息后有所反应，它提供了仓库的相关信息给界面。
- 界面将仓库的相关信息显示出来，完成任务。

在这个过程中，首先要触发一个事件，然后，发送消息，那么什么是消息呢？所谓消息(Message)，是指描述事件发生的信息，是对象间相互联系和相互作用的方式。一个消息主要由 5 部分组成：消息的发送对象、消息的接收对象、消息传递方式、消息内容(参数)、消息的返回。传入消息内容的目的有两个：一个是让接受请求的对象获取执行任务的相关信息，另一个是行为指令。

所谓事件，通常是指一种由系统预先定义而由用户或系统发出的动作。事件作用于对象，对象识别事件并作出相应反应。与对象的方法集可以无限扩展不同，事件的集合通常是固定的，用户不能随便定义新的事件。但在现代高级语言中通过一些其他的技术可以在类中进行事件的加入。最熟悉的事件就是，用鼠标左键单击对象时发生的事件 Click 和界面被加载到内存中时发生的 Load 事件等。

对象通过对外提供的方法在系统中发挥自己的作用，当系统中的其他对象请求这个对象执行某个方法时，就向该对象发送一个消息，对象响应这个请求，完成指定的操作。程序的执行取决于事件发生的顺序，由顺序产生的消息来驱动程序的执行，不必预先确定消息产生的顺序。

1.1.2　面向对象的基本特征

面向对象技术强调的是在软件开发过程中，对于客观世界或问题域中的事物的认知，采用人类在认知客观世界的过程中普遍运用的思维方法，直观、自然地描述有关事物。

抽象、封装、继承、多态是面向对象程序的基本特征。正是这些特征使得程序的安全性、可靠性、可重用性和易维护性得以保证。随着技术的发展，把这些思想用于硬件、数据库、人工智能技术、分布式计算、网络、操作系统等领域，越来越显示出其优越性。

1. 抽象

现代人每天都要获得大量信息，例如电子邮件、新闻信息等，但是我们的大脑懂得如何去简化所接收的信息，从中提取出重要的部分，让信息细节通过抽象(Abstraction)过程进行管理。通过抽象可以做到以下几点：

(1) 将需要的事物进行简化。通过抽象能够识别和关注当前状况或物体的主要特征，淘汰掉所有非本质信息。也就是说，通过抽象可以忽略事物中与当前目标无关的非本质特征，强调与当前目标有关的特征。同时抽象与真实世界的不同，特征是根据使用对象的不同或者说是使用者的类型不同进行确定的。

以仓库管理系统为例。从员工的角度来看，关注的是仓库管理系统能否领取或借到需要的物料。对于仓库管理人员，关注的往往是能否更好地管理好仓库和物品等。

(2) 将事物特征进行概括。如果能够从一个抽象模型中剔出足够多的细节，那它将变得非常通用，能够适用于多种情况或场合。这样的通用抽象常常相当有用。例如，以员工为例，抽象出"工号"、"姓名"、"所属部门"、"职位"等来描绘员工，能够描绘出员工的一般功能，但是要具体到员工在企业里的工作地点等，描述力就差了一些。

抽象模型越简单，展示的特点越少，它就越通用，也越具有普适性。抽象越复杂，越具有限制性，用于描述的情况也就越少。

(3) 将抽象模型组织为层次结构。能够通过抽象按照一定的标准将信息系统地进行分类处理，依此来应付系统的复杂性。这一过程被称为分类(Classification)。

例如在科学领域，将园林树木分为林木类、花木类、果木类和叶木类。当按照各种不同的分科规则，还可以将花木类进行分类，将其继续区分为牡丹、海棠等，直到能够构造出一个自顶向下渐趋复杂的抽象层次结构为止。例如，可将紫叶李和石楠划分为叶木类，将竹类划分为林木类。图1-1所示是园林树木抽象层次的一种结构。

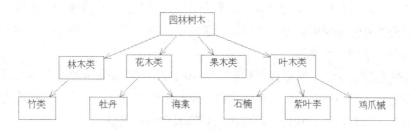

图 1-1　园林树木抽象层次结构

　　然而，在抽象过程中，由于规则的不严格性，会导致抽象面临着挑战。例如，鲸鱼可以划分在哺乳类中，但是也有标准让其划分在鱼类中。合适的规则集合对于抽象非常重要。

　　(4) 将软件重用得以保证。抽象强调实体的本质、内在的属性。在认知新东西的时候，通常会搜索以前创建和掌握的抽象模型，用来更好地抽象。当认知到飞机后，抽取出飞机的抽象模型，当去认知直升飞机的时候通常会自动联想到飞机。我们将这种进行特性对比，并且找到可供重用的近似抽象的过程，称为模式匹配和重用。在软件系统开发过程中，模式匹配和重用也是面向对象软件开发的重要技术之一，它避免了每做一个项目必须重新开始的麻烦。如果能够充分地利用抽象的过程，在项目实施中将获得极大的生产力。良好的抽象，再怎么着也不会过时。

　　抽象忽略了事物中与当前目标无关的非本质特性，强调与当前事物相关的特性，并将事物正确地归类，得出事物的抽象模型，并且为对象的重用提供了保障。我们是通过类来实现对象状态和行为的抽象。

2. 封装

　　封装(Encapsulation)就是把对象的状态和行为绑到一起的机制，使对象形成一个独立的整体，并且尽可能地隐藏对象的内部细节。封装有两个含义：一是把对象的全部状态和行为结合在一起，形成一个不可分割的整体。对象的私有属性只能够由对象的行为来修改和读取。二是尽可能隐蔽对象的内部细节，与外界的联系只能够通过外部接口来实现。

　　封装的信息屏蔽作用反映了事物的相对独立性，我们可以只关心它对外所提供的接口，即能够提供什么样的服务，而不用去关注其内部的细节问题。比如说一台电脑，关注的通常是这台电脑能够干什么，而不用关注其芯片是怎样做出来的。

　　封装的结果使对象以外的部分不能随意去更改对象的内部属性或状态，如果需要更改对象内部的属性或状态，需要通过公共访问控制器来进行。通过公共访问控制器来限制对象的私有属性，有以下好处：

　　(1) 避免对封装数据的未授权访问。当对象为维护一些信息，这些信息比较重要，不能够随便向外界传递时，只需要将这些信息属性设置为私有即可。

　　(2) 帮助保护数据的完整性。当对象的属性设置为公共访问的时候，代码可以不经过对象所属类希望遵循的业务流程而去修改对象的值，对象很容易失去对其数据的控制。可以通过访问控制器来修改私有属性的值，并且在赋值或取值的时候检查属性值的正确与否。

　　(3) 当类的私有方法必须修改时，限制了在整个应用程序内的影响。当对象采用一个公共的属性去暴露的时候，我们知道，甚至这个公共属性的名称修改一下，这个程序都需要修改这个公共属性被调用的地方。但是，通过私有的方式就能够缩小影响的范围，将程序的影响范围缩小到一个类中。

但是在实际项目中，一味地强调封装，对象的任何属性都不允许外部直接读取，反而会增加许多无意义的操作，为编程增加负担。为避免这一点，在语言的具体使用过程中，应该根据需要，和具体情况相符合，来决定对象属性的可见性。

3. 继承

对于客观事物的认知，既应该看到其共性，也应该看到其特性。如果只考虑事物的共性，不考虑事物的特性，就不能反映出客观世界中事物之间的层次关系，从而不能完整、正确地对客观世界进行抽象的描述。如果说运用抽象的原则就是舍弃对象的特性，提取其共性，从而得到适合一个对象集的类的话，那么在这个类的基础上，再重新考虑抽象过程中被舍弃的那一部分对象的特性，则可以形成一个新的类，这个类具有前一个类的全部特征，是前一个类的子集，从而形成一种层次结构，即继承结构。以员工为例，可以分为普通员工、部门经理、总经理，通过抽象实现一个员工类以后，可以通过继承的方式分别实现普通员工、部门经理、总经理，并且这些类包含员工的特性，图 1-2 展示了这样一个继承的结构。

图 1-2　员工类继承结构

继承(Inheritance)是一种连接类与类的之间的层次模型，是指特殊类的对象拥有其一般类的属性和行为。特殊类中不必重新对已经在一般类中所定义过的属性和行为进行定义。特殊类自动地、隐含地拥有其一般类的属性和行为。

继承对类的重用性提供了一种明确表述共性的方法，即一个特殊类既有自己定义的属性和行为，又有继承下来的属性和行为。尽管继承下来的属性和行为在特殊类中是隐式的，但无论在概念上还是实际效果上，都是这个类的属性和行为。继承是传递的，当这个特殊类被它更下层的特殊类继承的时候，它继承来的与自己定义的属性和行为又被下一层的特殊类继承下去。有时把一般类称为基类，把特殊类称为派生类。

继承在面向对象软件开发过程中有着很重要的作用：

(1) 派生类只需要描述那些与基类不同的地方，把这些添加到类中然后继承即可。不需要将基类的属性和行为再全部描述一遍。

(2) 能够重用和扩展现有类库资源。当使用已经封装好的类库时，如果需要对某个类进行扩展，通过继承的方式很容易实现，而不需要再去重新编写实现，并且扩展一个类的时候并不需要其源代码。

(3) 使软件易于维护和修改。当要修改或增加某一属性或行为时，只需要在相应的类中进行改动，而它派生的所有类全都自动地、隐含地做了相应的修改。

在软件开发过程中，继承性实现了软件模块的可重用性、独立性，缩短了开发的周期，提高了软件的开发效率，同时使软件易于维护和修改。

4. 多态

多态是指两个或多个属于不同类的对象，对于同一个消息或方法调用所做出不同响应的能力。面向对象设计也借鉴了客观世界的多态性，体现在不同的对象可以根据相同的消息产生各自不同的动作。例如，在"动物"基类中定义了"叫"这个行为，但并不指定这个行为在执行时叫出什么样的声音。派生类"狗"和"猫"都继承了动物类的叫的行为，但其叫的声音却不同。这样一个叫的消息发出以后，猫类和狗类的对象根据接收到这个消息后各自执行不同叫声。这就是多态性的表现。

具体到面向对象程序设计来讲，多态性(Polymorphism)是指在两个或多个属于不同类中同一函数名对应多个具有相似功能的不同函数，可以使用相同的调用方式来调用这些具有不同功能的同名函数。

继承性和多态性的结合，可以生成一系列虽然类似但又独一无二的对象。由于继承性，这些对象共享许多相似的特征；由于多态性，针对相同的消息，不同对象可以有独特的表现方式，实现个性化的设计。

上述面向对象技术的几个特征的运用，对提高软件的开发效率起着非常重要的作用，通过编写可重用代码、编写可维护代码，修改代码模块、共享代码等方法充分发挥其优势。

1.2　什么是模型

模型就是对现实客观世界的形状或状态的抽象模拟和简化。模型提供了系统的骨架(Sketch)和蓝图(Blueprint)。模型给人们展示系统的各个部分是如何组织起来的，模型既可以包括详细的计划，也可以包括从很高的层次考虑系统的总体计划。一个好的模型包括那些有广泛影响的主要元素，而忽略那些与给定的抽象水平不相关的次要元素。每个系统都可以从不同的方面用不同的模型来描述，因而每个模型都是一个在语义上闭合的系统抽象。模型可以是结构性的，强调系统的组织；也可以是行为性的，强调系统的动态方面。对象建模的目标就是要为正在开发的系统制定一个精确、简明和易理解的面向对象模型。

1.2.1　为什么要建模

使用模型建模不仅仅适用于建筑行业，比如说，城市在进行规划的时候都通常有自己的规划模型等。如果不首先构造这些模型，就进行城市的建设，那简直是难以想象的。一些电气设备，如 ATM 机也需要一定程度的建模，以便更好地理解系统。在社会学、经济学和商业管理领域也需要建模，以证实人们理论的正确性。

建模是为了能够更好地理解正在开发的系统。那么具体到软件所涉及的人员，包括系统用户、软件开发团队、软件的维护和技术支持者，系统建模都有什么样的作用呢？

(1) 对于软件系统用户，软件的开发模型向他们描述了软件开发者对于软件系统需求的理解。让系统用户查看软件对象模型并且找到其中的问题，这样可以使用户开发者不至于从一开始就发生错误。需求分析阶段的错误将会导致大量的修复成本，让系统用户一开始就指出一些需求错误并修正它们，能够很大程度地节约成本。

(2) 对于软件开发团队，软件的对象模型有助于帮助他们对软件的需求以及系统的架构和功能进行沟通。需求和架构的一致理解对于软件开发团队是非常重要的，可以减少不必要的麻烦。软件对象建模的受益者不仅仅包括代码的编写者，还包括软件的测试者和文档的编写者。

(3) 对于软件的维护和技术支持者，在软件系统开始运行后的相当长的一段时间内，软件的对象模型能够帮助他们理解程序的架构和功能，迅速地对软件所出现的问题进行修复。

建模并不仅仅针对的是大型的软件系统，甚至一个小型的电话簿软件也能从建模过程中受益。事实上，系统越大、越复杂，建模的重要性就越大。一个很简单的原因就是：人对复杂问题的理解能力是有限的，人们往往不能完整地理解一个复杂的系统，所以要对它建模。

通过建模，可以缩小所研究问题的范围，一次只需要重点研究它的一个很小的方面，这就是"分而治之"的策略方法，即把一个困难问题划分成一系列能够解决的小问题，对这些小问题的解决也就构成对复杂问题的解决。一个适当选择的模型可以使建模人员在较高的抽象层次上工作。

1.2.2　建模的目标和原则

建立模型可以帮助开发者更好地了解正在开发的系统。通过建模，要实现以下四个目标：

(1) 便于开发人员展现系统。

(2) 允许开发人员制定系统的结构或行为。

(3) 提供指导开发人员构造系统的模板。

(4) 记录开发人员的决策。

建模不是复杂系统的专利，小的软件开发也可以从建模中获益。但是，越是庞大复杂的项目，建模的重要性越大。

在工程学科中，对模型的使用有着悠久的历史，人们从中总结出了四条基本的建模原则：

(1) 选择要创建什么模型，对如何动手解决问题和如何形成解决方案有着意义深远的影响。换句话说，就是要认真地选择模型。正确的模型将清楚地表明最棘手的开发问题，提供不能轻易地从别处获得的洞察力；错误的模型将使人误入歧途，把精力花在不相关的问题上。

(2) 可以在不同的精度级别上表示每一种模型。如果正在建造一座大厦，有时需要从宏观上让投资者看到大厦的样子，感觉到大厦的总体效果。而有时又需要认真考虑细节问题，例如，对复杂管道的铺设，或对少见的结构件的安装等。无论如何，使用者的身份和使用的原因是评判模型优劣的关键。分析者和最终的用户关心"是什么"，而开发者关心"如何实现"。所有的参与者都想在不同的时期、从不同的角度了解系统。

(3) 最好的模型是与现实相联系的。如果建筑的物理模型不能以与真实的建筑相同的方式做出反应，则它的价值是很有限的。飞机的数学模型，如果只是假定了理想条件和完美制造，则可能掩盖真实飞机的一些潜在的、致命的现实特征。最好是有能够清晰地联系实际的模型，而当联系很薄弱时能够精确地知道这些模型怎样与现实脱节。所有的模型都对现实进行了简化。但有一点要记住，关键是简化不要掩盖掉任何重要的细节。

(4) 孤立的模型是不完整的。每个重要的系统都是由多个几乎独立的模型组合出来的。如果正在建造一所建筑物，会发现没有任何一套单项设计图能够描述该建筑的所有细节。至少需要楼层平面图、立面图、电气设计图、采暖设计图和管道设计图。并且，在任何种类的模型中都需要从多视角来把握系统的范围(如不同楼层的蓝图)。既能够单独地研究电气设计图，也能看到它如何映射到楼层平面图中，以及它与管道设计图中的管子排布的相互影响。

1.3　用面向对象设计项目

用面向对象设计项目就是从不稳定的需求中分析出稳定的对象，以对象为基础来组织需求、构架系统。这种方法包括了面向对象分析和面向对象设计。

1.3.1　面向对象分析

面向对象分析的目的是认知客观世界的系统并对系统进行建模。那么就需要在面向对象分析过程中根据客观世界的具体实例来建立准确、具体、严密的分析模型。构造分析模型的用途有三种：

(1) 明确问题域的需求。

(2) 为用户和开发人员提供明确需求。

(3) 为用户和开发人员提供一个协商的基础，作为后继的设计和实现的框架。需求分析的结果应以文档的形式存在。

面向对象的具体分析过程包括了获取需求内容陈述、建立系统的对象模型结构、建立对象的动态模型、建立系统功能建模和确定类的操作 5 个步骤。

1. 获取需求内容陈述

系统分析的第一步就是获取需求内容陈述。分析者必须与用户一块工作来提炼这些需求，必须搞清楚用户的真实意图是什么，其中的过程涉及对需求的分析及关联信息的查找。

以"仓库管理信息系统"为例，要为每个能够领取或外借仓库物料的员工建立一个账号，账号中记录员工的个人信息、领取信息以及预约取物的信息。具有账号的员工可以领取、外借和返还物料、预约要借取的物品，但这些操作都是通过仓库管理员进行的，也即员工不直接与系统交互，而是仓库管理员充当员工的代理通过仓库网络系统与系统交互。在领取或外借物料时，需要输入物料的名称、编号，然后，输入员工的工号和姓名，完成后提交所填表格，系统验证员工是否有领取和外借的权限(在系统中存在账号)，若有效，请求被接受，系统查询数据库系统，看员工所请求的物料是否存在，若存在，则建立并在系统中存储相应纪录。员工归还后，删除关于所还物料的外借纪录。如果员工所要领取或外借的物料暂时没有，员工还可预约该物料，一旦有货，就将通知该员工。系统管理员完成系统维护工作，维护包括日志、管理员权限、用户信息、物料信息、数据库维护等工作。图 1-3 所示是仓库管理信息系统的网络结构示意图。

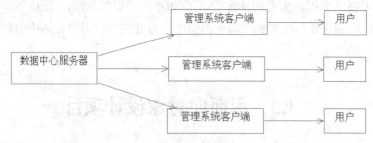

图 1-3　仓库管理信息系统网络结构示意图

2. 建立系统的对象模型结构

系统分析的第二步就是建立系统的对象模型结构。

要建立系统的对象模型结构首先需要标识和关联类，因为类的确定和关联影响了整个系统的结构和解决问题的方法。其次是增加类的属性，进一步描述类和关联的基本网络，在这个过程中可以使用继承、包等来组织类。最后是将操作增加到类中去作为构造动态模型和功能模型的副产品。下面分别进行介绍。

(1) 标识和确定类。构造对象模型的第一步是标出来自问题域的相关对象类，这些对象类包括物理实体和概念的描述。所有类在应用中都应当是有意义的，在问题陈述中，并非所有类都是明显给出的。有些是隐含在问题域或一般知识中的。通常来说，一个确定类的过程包括，从需求说明中选取相关的名词，确定一些类，然后对这些类进行分析，过滤掉不符合条件的类。图 1-4 所示是一个确定类的过程。

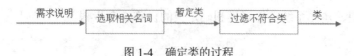

图 1-4　确定类的过程

查找问题陈述中的所有名词，产生以下暂定类：软件、仓库管理信息系统、仓库管理员、外借物料者、账号、员工信息、领取物料者、领取信息、外借信息、预约信息、员工代理、领取物料的名称、领取物料的编号、系统管理员、日志、用户信息、物料信息、数据库维护、管理员权限、普通员工、部门经理。

接下来根据下列标准，去掉一些不必要的类和不正确的类。

- 消除冗余类。如果存在两个类表述了同一个信息，则保留最富有描述能力并且和系统紧密相关的类。如"外借物料者"和"部门经理"就是重复的描述，因为"外借物料者"最富有描述性，因此保留它。

- 去除掉与系统不相干的类。与问题没有关系或根本无关的类，在类的确定中应当去除掉。例如，打扫仓库的卫生超出了仓库管理信息系统的范围。

- 去除掉模糊类。由于类必须是确定和明确的，有些暂定类中边界的定义模糊或范围太广，如"软件"和"员工代理"就是模糊类，就这个系统而言，它是指"仓库管理信息系统"。

- 去除掉属性。某些名词描述的是其他对象的属性，应当把这些类从暂定类中删除掉。但是如果某一个名词的独立性很重要，就应该把他归属到类，而不把它作为属性。如"领取物料的名称"和"领取物料的编号"属于物料信息的属性，应当去除。

- 去除操作。如果问题陈述的名词中有动作含义的名词，则含有这样描述的操作的名词就不应当是类。但是具有自身性质且需要独立存在的操作应该描述成类。

在仓库管理信息系统中，根据上面的标准，把"软件"、"员工代理"、"领取物料的名称"、"领取物料的编号"、"部门经理"和"普通员工"等这些类除去。

(2) 准备数据字典。为所有建模实体准备一个数据字典来进行描述。数据字典应当准确描述各个类的精确含义，描述当前问题中类的范围，包括对类的成员、用法方面的假设或限制等。例如，物料信息应当包括物料的名称、物料的编号、物料的分类、物料入库时间、物料出库时间、物料的供应商等。

(3) 确定关联。关联是指两个或多个类之间的相互依赖关系。一种依赖表示一种关联，可用各种方式来实现关联，但在分析模型中应删除实现的考虑，以便设计时更为灵活。关联常用描述性动词或动词词组来表示，其中有物理位置的表示、传导的动作、通信、所有者关系、条件的满足等。从问题陈述中抽取所有可能的关联表述，把它们记下来，但不要过早去细化这些表述。

系统中所有可能的关联，大多数是直接抽取问题中的动词词组而得到的。在陈述中，有些动词词组表述的关联是不明显的。最后，还有一些关联与客观世界或人的假设有关，必须同用户一起核实这种关联，因为这种关联在问题陈述中找不到。

仓库管理信息系统问题陈述中的关联：

- 每个可借取物料的员工建立一个账号。
- 账号可以提供该类员工的工号、姓名和所属部门。
- 账号中存储该类员工的个人信息，借取物料以及预约的信息。
- 拥有账号的员工才能借取物料、预约物料并取消预约。

- 仓库管理员充当借取员工的代理与系统交互。
- 员工包括普通员工、部门经理和总经理。
- 系统管理员完成系统维护工作。
- 维护包括日志、管理员权限、用户信息、物料信息、数据库维护等工作。
- 账号访问个人信息。
- 账号访问借取信息。
- 账号访问预约信息。
- 系统提供记录保管。
- 系统提供账户安全。

(4) 确定属性。属性是个体对象的性质，属性通常用修饰性的名词词组来表示。形容词常常表示具体的可枚举的属性值，属性不可能在问题陈述中完全表述出来，必须借助于应用域的知识及对客观世界的知识才可以找到它们。只考虑与具体应用直接相关的属性，不要考虑那些超出问题范围的属性。首先找出重要属性，避免那些只用于实现的属性，要为各个属性取有意义的名字。

(5) 使用继承来细化类。使用继承来共享公共属性，依此来对类进行组织，一般可以使用下列两种方式来进行。

- 自底向上通过把现有类的共同性质一般化为父类，寻找具有相似的属性、关系或操作的类来发现继承。例如，"本科生"和"大专生"是类似的，可以一般化为"大学生"。这些一般化结果常常是基于客观世界的现有分类，只要可能，尽量使用现有概念。
- 自顶向下将现有的类细化为更具体的子类。具体化常常可以从应用域中明显看出来。在应用域中各枚举情况是最常见的具体化的来源。例如：菜单可以有固定菜单、顶部菜单、弹出菜单、下拉菜单等，这就可以把菜单类具体细化为各种具体菜单的子类。当同一关联名出现多次且意义也相同时，应尽量具体化为相关联的类。在类层次中，可以为具体的类来分配属性和关联。各属性和关联都应分配给最一般的适合的类，有时也加上一些修正。应用域中各枚举情况是最常见的具体化的来源。

(6) 完善对象模型。对象建模不可能一次就能保证模型是完全正确的，软件开发的整个过程就是一个不断完善的过程。模型的不同组成部分多半是在不同的阶段完成的，如果发现模型的缺陷，就必须返回到前期阶段去修改，有些细化工作是在动态模型和功能模型完成之后才开始进行的。

3. 建立对象的动态模型

进行分析的第三步是建立对象的动态模型。建立对象的动态模型一般包含下列几个步骤：

(1) 准备脚本。动态分析从寻找事件开始，然后确定各对象的可能事件顺序。

(2) 确定事件。确定所有外部事件。事件包括所有来自或发往用户的信息、外部设备的信号、输入、转换和动作，可以发现正常事件，但不能遗漏条件和异常事件。

(3) 准备事件跟踪表。把脚本表示成一个事件跟踪表，即不同对象之间的事件排序表，对象为表中的列，给每个对象分配一个独立的列。

(4) 构造状态图。对各对象类建立状态图，反映对象接收和发送的事件，每个事件跟踪都对应于状态图中一条路径。

4. 建立系统功能建模

进行分析的第四步是建立对象的功能模型。功能模型用来说明值是如何计算的，标明值与值之间的依赖关系及相关的功能。数据流图有助于表示功能依赖关系，其中的处理在状态图的活动和动作进行标识，其中的数据流对应于对象图中的对象或属性。

(1) 确定输入、输出值：先列出输入、输出值，输入、输出值是系统与外界之间的事件的参数。

(2) 建立数据流图：数据流图说明输出值是怎样从输入值得来的，数据流图通常按层次组织。

5. 确定类的操作

在建立对象模型时，确定了类、关联、结构和属性，还没有确定操作。只有建立了动态模型和功能模型之后，才可能最后确定类的操作。

1.3.2 面向对象设计

面向对象设计是把分析阶段得到的需求转变成符合成本和质量要求的、抽象的系统实现方案的过程。从面向对象分析到面向对象设计，是一个逐渐扩充模型的过程。

系统设计确定实现系统的策略和目标系统的高层结构。对象设计确定问题空间中的类、关联、接口形式及实现操作的算法。

1. 面向对象设计的准则

面向对象设计的准则包括模块化、抽象、信息隐藏、低耦合和高内聚等特征，下面对这些特征进行介绍。

(1) 模块化。面向对象开发方法很自然地支持了把系统分解成模块的设计原则——对象就是模块。它是把数据结构和操作这些数据的方法紧密地结合在一起所构成的模块。类的设计要很好地支持模块化这一准则，这样使系统能够有更好的维护性。

(2) 抽象。面向对象方法不仅支持对过程进行抽象，而且支持对数据进行抽象。抽象方法的好坏以及抽象的层次都对系统的设计有很大的影响。

(3) 信息隐藏。在面向对象方法中，信息隐藏是通过对象的封装性来进行实现。对象暴露接口的多少以及接口的好坏都对系统设计有很大的影响。

(4) 低耦合。在面向对象方法中，对象是最基本的模块，因此，耦合主要指不同对象之间相互关联的紧密程度。低耦合是设计的一个重要标准，因为这有助于使得系统中某一部分的变化对其他部分的影响降到最低程度。

(5) 高内聚。在面向对象方法中，高内聚也是必须进行满足的条件，高内聚是指在一个对象类中应尽量多地汇集逻辑上相关的计算资源。如果一个模块只负责一件事情，就说明这个模块有很高的内聚度；如果一个模块负责了很多毫不相关的事情，则说明这个模块的内聚度很低。内聚度高的模块通常很容易理解，很容易被复用、扩展和维护。

2. 面向对象设计的启发规则

在面向对象设计中，可以通过使用一些实用的规则来指导我们进行面向对象的设计。通常这些面向对象设计的启发规则包含以下内容：

(1) 设计的结果应该清晰易懂。使设计结果清晰、易懂、易读是提高软件可维护性和可重用性的重要措施。显然，人们不会重用那些他们不理解的设计。

(2) 一般到具体结构的深度应适当。通常来说，从一般到具体的抽象过程，抽象的越深，对于程序的可移植性也就越好，但是抽象层次的过多会给编写和维护带来很大的麻烦。一般来讲，适度的抽象能够更好地提高软件的开发效率和维护工作。具体的情况需要系统分析员根据具体的情况进行抽象。

(3) 尽量设计小而简单的类。系统设计应当尽量去设计小而简单的类，这样便于程序的开发和管理。

(4) 使用简单的消息协议。简单的消息协议有助于帮助记忆和测试。一般来讲，消息中参数的个数不要超过 3 个。

(5) 使用简单的函数或方法。面向对象设计出来的类中的函数或方法通常来讲要尽可能地小，一般只有 3~5 行源程序即可。

(6) 把设计变动减至最小。通常，设计的质量越高，设计结果保持不变的时间也越长。即使出现必须修改设计的情况，也应该使修改的范围尽可能小。

3. 系统设计

系统设计是问题求解及建立解答的高级策略。必须制定解决问题的基本方法，系统的高层结构形式包括子系统的分解、它的固有并发性、子系统分配给硬软件、数据存储管理、资源协调、软件控制实现、人机交互接口等。

系统设计一般是先从高层入手，然后细化。系统设计要决定整个结构及风格，这种结构为后面设计阶段的更详细策略的设计提供了基础。下面显示了整个系统设计的一般步骤。

(1) 系统分解。系统中主要的组成部分称为子系统，子系统既不是一个对象也不是一个功能，而是类、关联、操作、事件和约束的集合。

(2) 确定并发性。分析模型、现实世界及硬件中不少对象均是并发的。

(3) 处理器及任务分配。各并发子系统必须分配给单个硬件单元，要么是一个一般的处理器，要么是一个具体的功能单元。

(4) 数据存储管理。通常各数据存储可以将数据结构、文件、数据库组合在一起，不同数据存储要在费用、访问时间、容量及可靠性之间做出折中考虑。

(5) 全局资源的处理。必须确定全局资源，并且制定访问全局资源的策略。

(6) 选择软件控制机制。系统设计必须从多种方法中选择某种方法来实现软件的控制。

(7) 人机交互接口设计。设计中的大部分工作都与稳定的状态行为有关，但必须考虑用户使用系统的交互接口。

1.4　什么是 UML

UML(Unified Modeling Language)的中文名称为"统一建模语言"，它是用来对软件密集系统进行可视化建模的一种语言，也是为面向对象开发系统的产品进行说明、可视化、构造和编制文档的一种标准语言。UML 作为一种模型语言，它使开发人员专注于建立产品的模型和结构，而不是选用什么程序语言和算法实现。当模型建立之后，模型可以被 UML 工具转化成指定的程序语言代码。

UML 可以贯穿软件开发周期中的每一个阶段，最适于数据建模、业务建模、对象建模、组件建模。UML 展现了一系列最佳工程实践，这些最佳实践在对大规模、复杂系统进行建模方面，特别是在软件架构层次方面已经被验证有效。

1.4.1　UML 的发展历史

在面向对象建模上，被公认的面向对象建模语言最早出现于 20 世纪 70 年代中期。在面向对象建模的竞争过程中，最繁盛的时期是 1989—1994 年，在这短短的 5 年时间内，面向对象建模语言的数量从不到 10 种增加到了 50 多种。从 20 世纪 90 年代中期开始，一些比较成熟的方法受到了学术界与工业界的推崇和支持，其中最有代表性的是 Booch 1993、OOSE 和 OMT-2 等，它们是当时影响最大的几种面向对象方法论。

尽管这些面向对象方法都比较优秀，但是不同程度和不同领域的开发人员却无法鉴别这些面向对象开发方法的长处。为了能够让不同程度和不同开发领域的开发人员能够进行很好地沟通，并交流他们在开发各种系统的过程中积累的经验和成果，业内研究人员和众多的厂商都开始意识到有必要对这些已经存在的并且是比较好的方法进行充分分析，汲取众长，创建一种统一的建模语言。

统一的建模语言的创建开始于 1994 年 10 月，Grady Booch 和 Jim Rumbaugh 首先致力于这一工作的研究，他们将 Booch 93 和 OMT-2 统一起来，并于 1995 年 10 月发布了第一个公开版本，称之为统一方法 UM 0.8(Unfitied Method)。1995 年秋，面向对象软件工程(Object-Oriented Software Engineer，OOSE)方法的创始人 Ivar Jacobson 也加入到这个队伍中来了，并且带来了其在 OOSE 方法中的成果。经过 Grady Booch、Jim Rumbaugh 和 Ivar Jacobson 三人的共同努力，于 1996 年 6 月和 10 月分别发布了两个新的 UML 版本，即 UML 0.9 和 UML 0.91，并且正式将 UM 重新命名为 UML。1996 年，一些机构将 UML 作为其商业策略已日趋明显。UML 的开发者得到了来自公众的正面反应，并倡议成立了 UML 成员协会，以完善、加强和促进 UML 的定义工作。当时的成员有 DEC、HP、I -Logix、Itellicorp、

IBM、ICON Computing、MCI Systemhouse、Microsoft、Oracle、Rational Software、TI 以及 Unisys 等 700 多家公司。这些公司表示支持采用 UML 作为其标准建模语言。这一机构对 UML 1.0(发布于 1997 年 1 月)及 UML 1.1(1997 年 11 月 17 日)的定义和发布起了重要的促进作用。1997 年 11 月 17 日，对象管理组织(OMG)开始采纳 UML 为其标准建模语言，成为业界的标准。从此，UML 的相关发布、推广等工作交由 OMG 负责。至此，UML 作为一种定义良好、易于表达、功能强大且普遍适用的建模语言，融入了软件工程领域的新思想、新方法和新技术，成为面向对象技术学习中不可缺少的一部分。UML 的作用不仅在于支持面向对象的分析与设计，还支持从需求分析开始的软件开发的全过程。图 1-5 所示是 UML 的主要发展历程示意图。

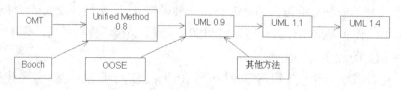

图 1-5　UML 的主要发展历程示意图

从 UML 纳入到 OMG 开始，OMG 对于 UML 的修订工作也是从来没有停止过。产生了 UML1.2、UML1.3 和 UML1.4 版本，其中 UML1.4 版本是较为重要的修订版。目前，该组织正在为 UML2.0 努力。

现在，许多的软件工具开发厂商在自己的产品中支持或计划支持 UML 标准。软件工程方法学家也正在使用 UML 的表示法进行以后的研究工作。UML 的出现深受计算机界欢迎，因为它集中了许多专家的经验，减少了各种软件开发工具之间无谓的分歧。

1.4.2　UML 的主要特点

标准建模语言 UML 的主要特点可以归纳为以下三点：

(1) UML 统一了 Booch、OMT 和 OOSE 等方法中的基本概念。

(2) UML 吸取了面向对象技术领域中其他流派的长处，其中也包括非 OO 方法的影响。

UML 符号表示考虑了各种方法的图形表示，删掉了大量易引起混乱的、多余的和极少使用的符号，也添加了一些新符号。因此，在 UML 中汇入了面向对象领域中很多人的思想。这些思想并不是 UML 的开发者们发明的，而是开发者们依据最优秀的 OO 方法和丰富的计算机科学实践经验综合提炼而成的。

(3) UML 在演变过程中还提出了一些新的概念。

在 UML 标准中新加了模板(Stereotypes)、职责(Responsibilities)、扩展机制(Extensibility mechanisms)、线程(Threads)、过程(Processes)、分布式(Distribution)、并发(Concurrency)、模式(Patterns)、合作(Collaborations)、活动图(Activity diagram)等新概念，并清晰地区分类型(Type)、类(Class)和实例(Instance)、细化(Refinement)、接口(Interfaces)和组件(Components)等概念。

因此可以认为，UML 是一种先进实用的标准建模语言，但其中某些概念尚待实践来验证，UML 也必然存在一个进化过程。

1.4.3　UML 的应用领域

UML 的目标是以面向对象图的方式来描述任何类型的系统，具有很宽的应用领域。其中最常用的是建立软件系统的模型，但它同样可以用于描述非软件领域的系统，如机械系统、企业机构或业务过程，以及处理复杂数据的信息系统、具有实时要求的工业系统或工业过程等。总之，UML 是一个通用的标准建模语言，可以对任何具有静态结构和动态行为的系统进行建模。

此外，UML 适用于系统开发过程中从需求规格描述到系统完成后测试的不同阶段。在需求分析阶段，可以用用例来捕获用户需求。通过用例建模，描述对系统感兴趣的外部角色及其对系统(用例)的功能要求。分析阶段主要关心问题域中的主要概念(如抽象、类和对象等)和机制，需要识别这些类以及它们相互间的关系，并用 UML 类图来描述。为实现用例，类之间需要协作，这可以用 UML 动态模型来描述。在分析阶段，只对问题域的对象(现实世界的概念)建模，而不考虑定义软件系统中技术细节的类(如处理用户接口、数据库、通信和并行性等问题的类)。这些技术细节将在设计阶段引入，因此设计阶段为构造阶段提供更详细的规格说明。

UML 模型还可作为测试阶段的依据。系统通常需要经过单元测试、集成测试、系统测试和验收测试。不同的测试小组使用不同的 UML 图作为测试依据：单元测试使用类图和类规格说明；集成测试使用部件图和合作图；系统测试使用用例图来验证系统的行为；验收测试由用户进行，以验证系统测试的结果是否满足在分析阶段确定的需求。

总之，标准建模语言 UML 适用于以面向对象技术来描述任何类型的系统，而且适用于系统开发的不同阶段，从需求规格描述直至系统完成后的测试和维护。

1.4.4　用 UML 可以建立的模型种类

正如任何事物一样，软件也有其孕育、诞生、成长、成熟和衰亡的生存过程，我们称其为"软件生命周期"。软件生命周期可以分为 6 个阶段，即制订计划、需求分析、设计、编码、测试、运行和维护。软件开发可以采用多种途径进行。软件开发模式是跨越整个软件生存周期的系统开发、运行和维护所实施的全部内容的结构框架，它给出了软件开发活动各个阶段之间的关系。软件项目可以遵循不同类型的开发过程，目前，可以将常见的软件开发模式分为以下 4 种类型：

(1) 在第一代软件开发过程模式中，软件需求是要求完全确定的，如瀑布模型等。这类开发模式的特点是软件需求在开发阶段已经基本上被完全确定，软件生命周期的各项活动依顺序固定，软件开发阶段性进行。其缺点是：如果在开发后期要改正早期已经存在的问题需要付出昂贵的代价，从用户这个角度来讲，开发需要等待较长时间才能够看到软件产品，这样大大增加了软件开发的风险系数。并且如果在开发过程中存在开发瓶颈，则严重影响开发效率。根据开发的瓶颈制订开发计划，成为第一代软件开发过程不可缺少的一部分。

(2) 对于第一代软件开发过程模式的改进诞生了在开始阶段只提供基本需求的渐进式开发模型，如喷泉模型和演化模型等。这类开发模型的特点是软件开发开始阶段只需要提供基本的需求，软件开发过程的各个活动是迭代的。所以也被称为迭代式开发。通过迭代过程实现软件的逐步演化，最终得到软件产品。在此引入了风险管理，采取早期预防措施，增加项目成功几率，提高软件质量。其缺点是：由于在开始阶段需求的不完全性，给软件的总体设计带来了困难，因而也削弱了产品设计的完整性，这就对风险技能管理水平提出了很大的挑战。

(3) 以体系结构为基础或基于构件的开发模型，如基于构件的开发模型和基于体系结构的开发模型等。这类模型的特点是首先利用获取的需求分析结果设计出软件的总体结构，然后通过基于构件的组装方法来构造软件系统。这样软件体系结构的出现使得软件的结构框架更清晰，有利于系统的设计、开发和维护。

(4) 轻量级的开发模型。这种开发模型强调适应性而非预测性，强调以人为中心，而不以流程为中心，以及对变化的适应和对人性的关注，其特点是轻载、基于时间、紧凑、并行并基于构件的软件过程。在所有的敏捷方法中，(eXtreme Programming，XP)方法是最引人注目的一种轻型开发。

以下将简单地对每种类型的代表即瀑布模型、喷泉模型、基于构件的开发模型、XP方法等软件开发模型进行简要的分析。

1. 瀑布模型

瀑布模型也被称为生存周期模型，其核心思想是按照相应的工序将问题进行简化，将系统功能的实现与系统的设计工作分开，便于项目之间的分工与协作，即采用结构化的分析与设计方法将逻辑实现与物理实现分开。瀑布模型将软件生命周期划分为软件计划、需求分析和定义、软件设计、软件实现、软件测试、软件运行和维护这 6 个阶段，并且规定了它们自上而下的次序，如同瀑布一样下落。每一个阶段都是依次衔接的。采用瀑布模型的软件开发过程如图1-6 所示。

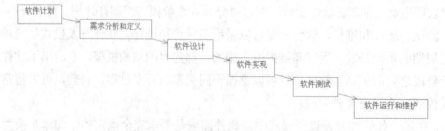

图 1-6　采用瀑布模型的软件开发过程

瀑布模型是最早出现的软件开发模型，在软件工程中占有重要的地位，它提供了软件开发的基本框架。其过程是从上一项活动接收该项活动的工作对象作为输入，利用这一输入实施该项活动应完成的内容给出该项活动的工作成果，并作为输出传给下一项活动。同时评审该项活动的实施，若确认，则继续下一项活动；否则返回前面，甚至更前面的活动。

瀑布模型为项目提供了按阶段划分的检查点，这样有利于软件开发过程中人员的组织及管理。瀑布模型让用户在当前一阶段完成后，才去关注后续阶段，这样有利开发大型的项目。然而软件开发的实践表明，瀑布模型也存在一定的缺陷。

(1) 只有在项目生命周期的后期才能看到结果。由于开发模型呈线性，所以当开发成果尚未经过测试时，用户是无法看到软件效果的。这样不能得到在开发过程中的及时反馈，增加了项目开发过程的风险。在软件开发前期未发现的错误传到后面的开发活动中，进而可能会造成整个软件项目开发失败。

(2) 通过过多的强制完成日期和里程碑来跟踪各个项目阶段。在每个项目开发阶段，瀑布模型是通过强制固定的完成日期和里程碑进行项目跟踪的，这样在项目开发过程中缺乏足够的灵活性，特别是对于需求不稳定的项目更加麻烦。

(3) 在软件需求分析阶段，要完全地确定系统用户的所有需求是一件比较困难的事情，甚至可以说完全确定是不太可能的。

尽管瀑布模型存在一定的缺陷，但是它对很多类型的项目而言依然是有效的，特别是一些大型的项目进行开发时。如果进行正确的使用，可以节省大量的时间和金钱。对于所进行开发的项目而言，是否使用这一模型主要取决于能否理解客户的需求以及在项目的进程中这些需求的变化程度，对于能够在前期进行确定的需求分析的项目，瀑布模型还是有一定的价值的。

2. 喷泉模型

喷泉模型是一种以对象为驱动、以用户需求为动力的模型，主要用于描述面向对象的软件开发过程。该模型认为软件开发过程自下而上周期的各阶段是相互重叠和多次反复的，就像水喷上去又可以落下来，类似一个喷泉。各个开发阶段没有特定的次序要求，并且可以交互进行，可以在某个开发阶段中随时补充其他任何开发阶段中的遗漏。采用喷泉模型的软件开发过程，如图 1-7 所示。

喷泉模型主要用于面向对象的软件项目，软件的某个部分通常被重复多次，相关对象在每次迭代中随之加入渐进的软件成分。各活动之间无明显边界，如设计和实现之间没有明显的边界，这也称为"喷泉模型的无间隙性"。由于对象概念的引入，表达分析、设计及实现等活动只用对象类和关系，从而可以较容易地实现活动的迭代和无间隙。

喷泉模型不像瀑布模型那样，需要分析活动结束后才开始设计活动，设计活动结束后才开始编码活动。该模型的各个阶段没有明显的界限，开发人员可以同步进行开发。其优点是：可以提高软件项目开发效率，节省开发时间，适应于面向对象的软件开发过程。由于喷泉模型在各个开发阶段是重叠的，在开发过程中需要大量的开发人员，因此不利于项目的管理。此外，这种模型要求严格管理文档，使得审核的难度加大，尤其是面对可能随时加入各种信息、需求与资料的情况。

3. 基于构件的开发模型

基于构件的开发模型利用模块化方法将整个系统模块化，并在一定构件模型的支持下复用构件库中的一个或多个软件构件，通过组合手段高效率、高质量地构造应用软件系统的过程。基于构件的开发模型融合了螺旋模型的许多特征，本质上是演化形的，开发过程是迭代的。基于构件的开发模型由软件计划、需求分析和定义、软件快速原型、原型评审、软件设计与实现 5 个阶段组成。采用这种开发模型的软件开发过程，如图 1-8 所示。

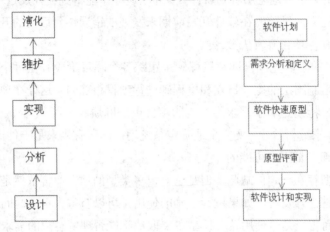

图 1-7　采用喷泉模型的软件开发过程　　图 1-8　采用基于构件的开发模型的软件过程

构件作为重要的软件技术和工具得到极大的发展，这些新技术和工具有 Microsoft 的 DCOM、Sun 的 EJB 和 OMG 的 CORBA 等。基于构件的开发活动从标识候选构件开始，通过搜查已有构件库，确认所需的构件是否已经存在。如果已经存在，则从构件库中提取出来复用；否则采用面向对象方法开发它。之后通过语法和语义检查后将这些提取出来的构件通过胶合代码组装到一起实现系统，这个过程是迭代的。

基于构件的开发方法使得软件开发不再一切从头开发，开发的过程就是构件组装的过程，维护的过程就是构件升级、替换和扩充的过程。其优点是：构件组装模型导致了软件的复用，提高了软件开发的效率。构件可由一方定义其规格说明，被另一方实现。然后供给第三方使用，构件组装模型允许多个项目同时开发，降低了费用，提高了可维护性，可实现分步提交软件产品。

由于采用自定义的组装结构标准，缺乏通用的组装结构标准，因而引入了较大的风险。可重用性和软件高效性不易协调，需要精干的有经验的分析和开发人员，一般开发人员插不上手。客户的满意度低，并且由于过分依赖于构件，所以构件库的质量影响着产品质量。

4. XP 方法

敏捷方法是近几年兴起的一种轻量级的开发方法，它规定了一组核心价值和方法，消除了大多数重量型开发过程中的不必要产物，建立了一个渐进型开发过程。该方法将开发阶段的四个活动(分析、设计、编码和测试)混合在一起，在全过程中采用迭代增量开发、反馈修正和反复测试。它把软件生命周期划分为用户场景、系统架构、发布计划、迭代、验证测试和小型发布 6 个阶段。采用这种开发模型的软件开发过程，如图 1-9 所示。

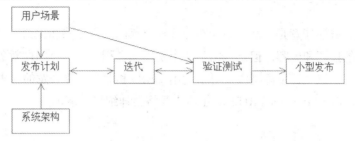

图 1-9 采用 XP 方法的软件开发过程

XP 模型通过对传统软件开发的标准方法进行重新审视，提出了由一组规则组成的一些简便易行的过程。由于这些规则是通过在实践中观察使软件高效或缓慢的因素而得出的，因此，它既考虑了保持开发人员的活力和创造性，又考虑了开发过程的有组织、有重点和持续性。XP 模型是面向客户的开发模型，重点强调用户的满意程度。开发过程中对需求改变的适应能力较高，即使在开发的后期，也可较高程度地适应用户的改变。

XP 开发模型与传统模型相比具有很大的不同，其核心思想是交流(Communication)、简单(Simplicity)、反馈(Feedback)和进取(Aggressiveness)。XP 开发小组不仅包括开发人员，还包括管理人员和客户。该模型强调小组内成员之间要经常进行交流，在尽量保证质量可以运行的前提下力求过程和代码的简单化；来自客户、开发人员和最终用户的具体反馈意见可以提供更多的机会来调整设计，保证把握正确的开发方向；进取则包含于上述 3 个原则中。

XP 开发方法中有许多新思路，如采用"用户场景"代替传统模型中的需求分析，"用户场景"由用户用自己领域中的词汇并且不考虑任何技术细节准确地表达自己的需求。XP 模型的优点如下：

(1) 采用简单计划策略，不需要长期计划和复杂模型，开发周期短。

(2) 在全过程采用迭代增量开发、反馈修正和反复测试的方法，软件质量有保证。

(3) 能够适应用户经常变化的需求，提供用户满意的高质量软件。

上面的开发模型方法或许不能一概而论说是面向对象的建模为基础的开发模式，但是在各种开发方法中，都包含了软件的需求分析、软件的设计、软件的开发、软件的测试和软件的部署。在每一个阶段，可以借助于面向对象的建模和这些开发模型形成一套适合自己或企业的开发方式。主要体现在：

(1) 软件的需求分析阶段，对系统将要面临的具体管理问题以及用户对系统开发的需求进行调查研究，即先弄清要干什么的问题。然后分析问题的性质和求解问题，在繁杂的问题域中抽象地识别出对象以及其行为、结构、属性、方法等。一般称之为面向对象的分析，即 OOA。

(2) 软件的设计阶段，整理问题，对分析的结果做进一步的抽象、归类、整理，并最终以范式的形式将它们确定下来。一般称之为面向对象的设计，即 OOD。

(3) 软件的开发阶段,也即程序实现阶段,用面向对象的程序设计语言将上一步整理的范式直接映射(即直接用程序设计语言来取代)为应用软件。一般称之为面向对象的程序,即 OOP。

开发模式或方法毕竟是方法,如同在冷兵器时代的排兵布阵和火器时代的排兵布阵一样,都有自己的技巧和内容,但是,由于一个是面向过程,一个是面向对象的不同而赋予了不同的内容。在这些开发模型中,对于适用 UML 和面向对象开发的代表 Rational 统一过程(Rational Unified Process,RUP),在第 3 章将会详细地讲解。

1.5 习　　题

1. 填空题

(1) 统一建模语言 UML 是绘制软件蓝图的标准工具语言,可以对软件系统产品进行_____、_____、_____和_____。

(2) UML 在实际软件项目中,可以用于构造各种类型系统的_____和_____。

(3) 软件的开发模式有_____、_____、_____和_____。

(4) 面向对象程序的三大要素是_____、_____和_____。

(5) _____模型的缺点是缺乏灵活性,特别是无法解决软件需求不明确或不准确的问题。

2. 选择题

(1) 对象程序的基本特征是(　　)。

　　A. 抽象　　　　　　　B. 封装　　　　　　　C. 继承　　　　　　　D. 多态

(2) 类包含的要素有(　　)。

　　A. 名字　　　　　　　B. 属性　　　　　　　C. 操作　　　　　　　D. 编号

(3) 下列关于类与对象的关系说法不正确的是(　　)。

　　A. 有些对象是不能被抽象成类的

　　B. 类给出了属于该类的全部对象的抽象定义

　　C. 类是对象集合的再抽象

　　D. 类是用来在内存中开辟一个数据区,存储新对象的属性

(4) 面向对象方法中的(　　)机制使子类可以自动地拥有(复制)父类全部属性和操作。

　　A. 抽象　　　　　　　B. 封装　　　　　　　C. 继承　　　　　　　D. 多态

(5) 建立对象的动态模型一般包含的步骤有(　　)。

　　A. 准备脚本　　　　　　　　　　　　B. 确定事件

　　C. 准备事件跟踪表　　　　　　　　　D. 构造状态图

3. 简答题

(1) 面向对象设计的基本特征有哪些？这些特征对软件设计有何帮助？

(2) 类和对象的区别是什么？

(3) 什么是软件的生命周期？软件生命周期包括了几个阶段？

(4) 简述面向对象和 UML 的关系。

(5) 面向对象设计和传统的软件相比，有何优点？

第2章 UML语言综述

UML 统一建模语言在建立一种具有统一语义的公共模型基础上，同时建立一套基于这些公共模型的符号体系。但它仅仅是一种建模的语言而不是一种方法。UML 最大的作用是统一了面向对象建模的基本概念、术语和图形符号，为设计者、开发者和用户建立了便于交流的共同语言。本章从 UML 的构成元素开始，分别介绍 UML 的各种视图、图、模型元素和公共机制。

2.1 UML 语言的构成

通常，可以将 UML 的概念和模型分为静态结构、动态行为、实现构造、模型组织和扩展机制这几个部分。我们知道，模型包含两个方面的含义：一个是语义方面的含义，另一个是可视化的表达方法。也就是说，模型包含语义和表示法。这种划分方法只是从概念上对 UML 进行划分，并且这也是较为常用的介绍方法。下面从可视化的角度来对 UML 的概念和模型进行划分，将 UML 的概念和模型划分为基本元素、关系元素、视图、图和公共机制。

2.2 UML 的基本元素

我们把可以在图中使用的基本概念统称为模型元素。模型元素使用有相关的语义和关于元素的正式定义，拥有确定的语句来表达准确的含义进行定义。模型元素在图中用其相应的元素符号表示。利用相关元素符号可以把模型元素形象直观地表示出来。一个元素符号可以存在于多个不同类型的图中。

事物是 UML 模型中面向对象的基本元素和模块，它们在模型中属于静态部分。事物作为对模型中最具有代表性的成分的抽象，在 UML 中，定义了 4 种基本的面向对象的事物，分别是结构事物、行为事物、分组事物和注释事物等。

2.2.1 结构事物

结构事物(Structural thing)是 UML 模型中的名词部分，这些名词往往构成模型的静态部分，负责描述静态概念和客观元素。在 UML 规范中，一共定义了 7 种结构事物。这七种结构事物分别是类、接口、协作、用例、主动类、构件和节点。下面分别对这 7 种结构事物进行说明。

1．类(Class)

如前面所叙述的一样，UML 中的类完全对应于面向对象分析中的类，它具有自己的属性和操作。因而在描述的模型元属中，也应当包含类的名称、类的属性和类的操作。它和面向对象的类拥有一组相同属性、相同操作、相同关系和相同语义的抽象描述。一个类可以实现一个或多个接口。类的可视化描述通常，如图 2-1 所示。

2．接口(Interface)

接口由一组对操作的定义组成，但是它不包括对操作的实现进行详细的描述。接口用于描述一个类或构件的一个服务的操作集。它描述了元素的外部可见操作。一个接口可以描述一个类或构件的全部行为或部分行为。接口很少单独存在，往往依赖于实现接口的类或构件。接口的图形表示，如图 2-2 所示。

图 2-1　类的一般表示方法　　　　图 2-2　接口的一般表示方法

3．协作(Collaboration)

协作用于对一个交互过程的定义，它是由一组共同工作以提供协作行为的角色和其他元素构成的一个整体。通常来说，这些协作行为大于所有元素的行为的总和。一个类可以参与到多个协作中，在协作中表现了系统构成模式的实现。在 Rational Rose 中，没有对协作画出其单独的符号，在标准的 UML 的符号元素中，其符号如图 2-3 所示。

4．用例(use case)

用例用于表示系统所提供的服务，它定义了系统是如何被参与者所使用的，它描述的是参与者为了使用系统所提供的某一完整功能而与系统之间发生的一段对话。用例是对一组动作序列的抽象描述。系统执行这些动作将产生一个对特定的参与者有价值且可观察的结果。用例可结构化系统中的行为事物，从而可视化地概括系统需求。用例的表方法，如图 2-4 所示。

图 2-3　协作的可视化表示方法　　　　图 2-4　用例的表示方法

5. 主动类(active class)

主动类的对象(也称主动对象)能够有自动的启动控制活动，因为主动对象本身至少拥有一个进程或线程，每个主动对象都由它自己的事件驱动控制线程，控制线程与其他主动对象并行执行。被主动对象所调用的对象是被动对象。它们只在被调用时接受控制，而当它们返回时将控制放弃。被动对象被动地等待其他对象向它发出请求，这些对象所描述的元素的行为与其他元素的行为并发。主动类的可视化表示类似于一般类的表示，特殊的地方在于其外框为粗线。在许多 UML 工具中，主动类的表示和一般类的表示并无区别。在第 9 章中，会对主动对象进行详细的介绍。

6. 构件(component)

构件是定义了良好接口的物理实现单元，它是系统中物理的、可替代的部件。它遵循且提供一组接口的实现，每个构件体现了系统设计中特定类的实现。良好定义的构件不直接依赖于其他构件而依赖于构件所支持的接口。在这种情况下，系统中的一个构件可以被支持正确接口的其他构件所替代。在每个系统中都有不同类型的部署构件，如 JavaBean、DLL、Applet 和可执行 exe 文件等。在 Rational Rose 中，使用图 2-5 来表示构件。

7. 节点(node)

节点是系统在运行时切实存在的物理对象，表示某种可计算资源，这些资源往往具有一定的存储能力和处理能力。一个构件集可以驻留在一个节点内，也可以从一个节点迁移到另一个节点。一个节点可以代表一台物理机器或代表一个虚拟机器节点。在 Rational Rose 中，包含两种节点，分别是设备节点和处理节点。这两种节点的表示方式，如图 2-6 所示，在图形表示上稍有不同。

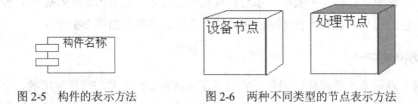

图 2-5　构件的表示方法　　　　图 2-6　两种不同类型的节点表示方法

2.2.2　行为事物

行为事物(behavioral thing)是指 UML 模型的相关动态行为，是 UML 模型的动态部分，它可以用来描述跨越时间和空间的行为。行为事物在模型中通常使用动词来进行表示，如"注册"、"销毁"等。可以把行为事物划分为两类，分别是交互和状态机。

1. 交互(interaction)

交互是指在特定的语境(Context)中，一组对象为共同完成一定任务，而进行的一系列消息交换而组成的动作以及消息交换的过程中形成的消息机制。因此，在交互中不仅包括一组对象，还包括连接对象间的消息，以及消息发出的动作形成的有序的序列和对象间的普通连接。交互的可视化表示主要通过消息来表示。消息由带有名字或内容的有向箭头来表示，如图 2-7 所示。

2. 状态机(state machine)

状态机是一个类的对象所有可能的生命历程的模型，因此状态机可用于描述一个对象或一个交互在其生命周期内响应时间所经历的状态序列。当对象探测到一个外部事件后，它依照当前的状态做出反应，这种反应包括执行一个相关动作或转换到一个新的状态中去。单个类的状态变化或多个类之间的协作过程都可以用状态机来描述。利用状态机可以精确地描述行为。状态的可视化表示如图 2-8 所示。

图 2-7　消息的表示方法 　　　　　　　　图 2-8　状态的表示方法

2.2.3　分组事物

分组事物(grouping thing)是 UML 对模型中的各种组成部分进行事物分组的一种机制。可以把分组事物当成是一个"盒子"，那么不同的"盒子"就存放不同的模型，从而模型在其中被分解。目前只有一种分组事物，即包(package)。UML 通过"包"这种分组事物来实现对整个模型的组织，包括对组成一个完整模型的所有图形建模元素的组织。

包是一种在概念上的对 UML 模型中各个组成部分进行分组的机制，它只存在于系统的开发阶段。在包中可以包含有结构事物、行为事物和分组事物。包的使用比较自由，可以根据自己的需要划分系统中的各个部分，例如可以按外部 Web 服务的功能来划分这些 Web 服务。包是用来组织 UML 模型的基本分组事物，它也有变体，如框架、模型和子系统等。包的表示方法，如图 2-9 所示。

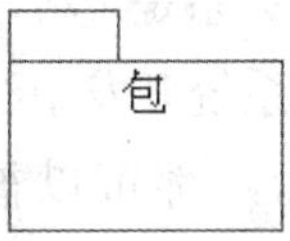

图 2-9　包的表示方法

2.2.4　注释事物

注释事物(annotational thing)是 UML 模型的解释部分，用于进一步说明 UML 模型中的其他任何组成部分。可以用注释事物来描述、说明和标注整个 UML 模型中的任何元素。有一种最主要的注释事物，我们称为注解。

注解是依附于某个元素或一组建模元素之上，对这个或这一组建模元素进行约束或解释的简单注释符号。注解的一般形式是简单的文本说明。注解可以帮助我们更加详细地解释要说明的模型元素所代表的内容。注解的符号表示，如图 2-10 所示。在方框内，填写需要注释的内容。

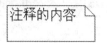

图 2-10　注释的表示方法

2.3　关 系 元 素

UML 模型是由各种事物以及这些事物之间的各种关系构成的。关系是指支配、协调各种模型元素存在并相互使用的规则。UML 中主要包含四种关系，分别是依赖、关联、泛化和实现。

(1) 依赖(dpendency)关系

依赖关系指的是两个事物之间的一种语义关系，当其中一个事物(独立事物)发生变化就会影响另外一个事物(依赖事物)的语义。如图 2-11 所示，反映了事物 NewClass 依赖于事物 NewClass2。

图 2-11　依赖关系示例

(2) 关联(associate)关系

关联关系是一种事物之间的结构关系，用它来描述一组链，链是对象之间的连接。关联关系在系统开发中经常会被使用到，系统元素之间的关系如果不能明显地由其他三类关系来表示，都可以被抽象成为关联关系。关联关系可以是聚合(aggregation)或组成(compose)，也可以是没有方向的普通关联关系。聚合是一种特殊类型的关联，它描述了整体和部分间的结构关系。组成也是一种关联关系，描述了整体和部分间的结构关系，只是部分是不能够离开整体而独立存在的。图 2-12 反映了企鹅和气候之间的关联关系。企鹅每年都要长途跋涉，必须知道气候的变化，需要了解气候的规律，当一个类"知道"另一个类时，可以用关联关系来表示。

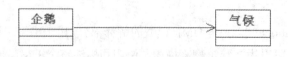

图 2-12　关联关系示例

(3) 泛化(generalization)关系

泛化关系是事物之间的一种特殊/一般关系，特殊元素(子元素)的对象可替代一般元素

(父元素)的对象，也就是在面向对象中常常提起的继承。通过继承，子元素具有父元素的全部结构和行为，并允许在此基础上再拥有自身特定的结构和行为。在系统开发过程中，泛化关系的使用并没有什么特殊的地方，只要注意能清楚明了地刻画出系统相关元素之间所存在的继承关系就行了。图 2-13 反映了图形和圆形之间的泛化关系。

图 2-13　泛化关系示例

(4) 实现(realization)关系

实现关系也是 UML 元素之间的一种语义关系，它描述了一组操作的规约和一组对操作的具体实现之间的语义关系。在系统的开发中，通常在两个地方需要使用实现关系，一种是用在接口和实现接口的类或构件之间，另一种是用在用例和实现用例的协作之间。当类或构件实现接口时，表示该类或构件履行了在接口中规定的操作。图 2-14 描述的是类对接口的实现。

图 2-14　实现关系示例

2.4　视 图 和 图

UML 是用模型来描述系统的结构或静态特征以及行为或动态特征的，它从不同的视角为系统的架构建模形成系统的不同视图(view)。视图并不是图，它是表达系统某一方面特征的 UML 建模构件的子集。在每一类视图中使用一种或两种特定的图来可视化地表示视图中的各种概念。也就是说，视图是由一个或多个图组成的对系统某个角度的抽象。

2.4.1　视图

按照逻辑观点对应用领域中的概念建模，视图模型可以被划分成三个视图域，分别为结构分类、动态行为和模型管理。

(1) 结构分类描述了系统中的结构成员及其相互关系。类元包括类、用例、构件和节点。类元为研究系统动态行为奠定了基础。类元视图包括静态视图、用例视图、实现视图以及部署视图。

(2) 动态行为描述了系统随时间变化的行为。行为用从静态视图中抽取的瞬间值的变化来描述。动态行为视图包括状态机视图、活动视图和交互视图。

(3) 模型管理说明了模型的分层组织结构。包是模型的基本组织单元。特殊的包还包括模型和子系统。模型管理视图跨越了其他视图并根据系统开发和配置组织这些视图。

UML 还包括多种具有扩展能力的组件，这些组件包括约束、构造型和标记值，它们适用于所有的视图元素。

将这些总结起来，在 UML 中主要包括的视图为静态视图、用例视图、交互视图、实现视图、状态机视图、活动视图、部署视图和模型管理视图。物理视图对应用自身的实现结构建模，例如系统的构件组织和建立在运行节点上的配置。由于实现视图和部署视图都是反映了系统中的类映射成物理构件和节点的机制，可以将其归纳为物理视图。下面分别对静态视图、用例视图、交互视图、状态机视图、活动视图、物理视图和模型管理视图等进行简要的介绍。

1. 静态视图

静态视图是对在应用领域中的各种概念以及与系统实现相关的各种内部概念进行的建模。静态视图主要由类与类之间的关系构成，这些关系包括关联、泛化和依赖关系，我们又把依赖关系具体再分为使用和实现关系。可以从以下三个方面来了解静态视图在 UML 中的作用。

(1) 静态视图是 UML 的基础。模型中静态视图的元素代表的是现实系统应用中有意义的概念，这些系统应用中的各种概念包括真实世界中的概念、抽象的概念、实现方面的概念和计算机领域的概念。例如，一个仓库管理系统由各种概念构成，如仓库、仓库中的物料、仓库管理员、物料领取者、物料信息等。静态视图描绘的是客观现实世界的基本认知元素，是建立一个系统中所需概念的集合。

(2) 静态视图构造了这些概念对象的基本结构。静态视图不仅包括所有的对象数据结构，同时也包括了对数据的操作。根据面向对象的观点，数据和对数据的操作是紧密相关的，数据和对数据的操作可量化为类。例如，仓库中的物料对象可以携带数据，如物料的供货商、物料的编号、物料的进价，并且物料对象还包含了对物料的基本信息的操作，如物料的出库和入库等。

(3) 静态视图也是建立其他动态视图的基础。静态视图将具体的数据操作使用离散的模型元素进行描述，尽管它不包括对具体动态行为细节的描述，但是它们是类所拥有并使用的元素，使用和数据同样的描述方式，只是在标识上进行区分。我们要建立的基础是说清楚什么在进行交互作用。如果无法说清楚交互作用是怎样进行的，那么也无从构建静态视图。

静态视图的基本元素是类元和类元之间的关系。类元是描述事物的基本建模元素，静态视图中的类元包括类、接口和数据类型等。为了方便理解和可重用性，大的单元必须由较小的单元组成。通常使用包来描述拥有和管理模型内容的组织单元。任何元素都可被包所拥有。可以通过拥有完整的系统视图的包来了解整个系统的构成。对象是从理解和构造的系统的包中分离出来的离散单元，是对类的实例化。所谓实例化，是指将对象设置为一个可识别的状态，该状态拥有自己独立的个体，其行为能被激发。类元之间的关系有关联关系、泛化关系和依赖关系，依赖关系可以再分为使用和实现关系。

静态视图的可视化表达的图主要包括类图。有关类图的详细内容，将在第 4 章中进行介绍。

2. 用例视图

用例视图描述了系统的参与者与系统进行交互的功能，是参与者所能观察和使用到的系统功能的模型图。一个用例是系统的一个功能单元，是系统参与者与系统之间进行的一次交互作用。当用例视图在系统的参与者面前出现的时候，用例视图捕获了系统、子系统和用户执行的动作行为。它将系统描述为系统的参与者对系统有用功能的需求，这种需求的交互功能被称为用例。用例模型的用途是标识出系统中的用例和参与者之间的联系，并确定什么样的参与者执行了哪个用例。用例使用系统与一个或多个参与者之间的一系列消息来描述系统的交互作用。系统参与者可以是人，也可以是外部系统或外部子系统等。

图 2-15 所示是一个人力资源管理系统的用例视图。这是一个简单的用例视图，但却包含了系统是什么，用户是什么，各种用户在这个系统中做什么事情等信息。

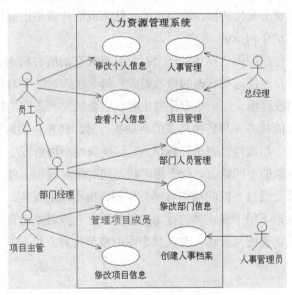

图 2-15　用例视图举例

用例视图使用用例图来进行表示。有关用例图的细节内容，将在第 6 章中进行介绍。

3. 交互视图

交互视图描述了执行系统功能的各个角色之间相互传递消息的顺序关系，是描绘系统中各种角色或功能交互的模型。交互视图显示了跨越多个对象的系统控制流程。通过不同对象间的相互作用来描述系统的行为，是通过两种方式进行的，一种方式是以独立的对象为中心进行描述，另一种方式是以相互作用的一组对象为中心进行描述。以独立的对象为中心进行描述的方式称之为状态机，它描述了对象内部的深层次的行为，是以单个对象为中心进行的。以相互作用的一组对象为中心进行描述的称之为交互视图，它适合于描述一组对象的整体行为。通常来讲，这一整体行为代表了我们做什么事情的一个用例。交互视图的一种形式表达了对象之间是如何协作完成一个功能的，也就是我们所说的协作图的形式。交互视图的另外一种表达形式反映了执行系统功能的各个角色之间相互传递消息的顺序关系，也就是我们所说的序列图的形式，这种传递消息的顺序关系在时间和空间上都能够有所体现。

交互视图可运用两种图的形式来表示：序列图和协作图，它们各有自己的侧重点。有关序列图和协作图的细节内容，将在第 7 章和第 9 章中进行介绍。

4. 状态机视图

状态机视图是通过对象的各种状态建立模型来描述对象随时间变化的动态行为。状态机视图也是通过不同对象间的相互作用来描述系统的行为的，不同的是它以独立的对象为中心进行描述。状态机视图中，每一个对象都拥有自己的状态，这些状态之间的变化是通过事件进行触发的。对象被看成为通过事件进行触发并做出相应的动作来与外界的其他对象进行通信的独立实体。事件表达了对象可以被使用操作，同时反映了对象状态的变化。可以把任何影响对象状态变化的操作称为事件。状态机的构成是由描述对象状态的一组属性和描述对象变化的动作构成的。

状态机视图是一种模型图它描述了一个对象自身具有的所有状态。一个状态机由该对象的各种所处状态以及连接这些状态的符号组成。每个状态对一个对象在其生命期中满足某种条件的一个时间段建模。当一个事件发生时，它会触发状态间的转换，导致对象从一种状态转化到另一新的状态。与转换相关的活动执行时，转换也同时发生。

状态是使用类的一组属性值来进行标识的，这组属性根据所发生不同的事件进行不同的反应，从而标志对象的不同状态。处于相同状态的对象对同一事件具有相同的反应，处于不同状态下的对象会通过不同的动作对同一事件作出不同的反应。

状态机同时还包括了用于描述类的行为的事件。对一些对象而言，一个状态代表了执行的一步。状态机用状态图来表达，有关状态图的细节内容，将在第 10 章中进行介绍。

5. 活动视图

活动视图是一种特殊形式的状态机视图，是状态机的一个变体，用来描述执行算法的工作流程中涉及的活动。通常活动视图用于对计算流程和工作流程建模。活动视图中的状态表示计算过程中所处的各种状态。活动视图使用活动图来体现。活动图中包含了描述对象活动或动作的状态以及对这些状态的控制。

活动图包含对象活动的状态。活动的状态表示命令执行过程中或工作流程中活动的运行。与等待某一个事件发生的一般等待状态不同，活动状态等待计算处理过程的完成。当活动完成的时候，执行流程才能进入活动图的下一个活动状态中去。当一个活动的前导活动完成时，活动图的完成转换被激发。活动状态通常没有明确表示出引起活动状态转换的事件，当出现闭包循环时，活动状态会异常终止。

活动图也包含了对象的动作状态，它与活动状态有些类似，不同的是，动作状态是一种原子活动操作并且当它们处于活动状态时不允许发生转换。

活动图还包含对状态的控制。这种控制包括对并发的控制等。并发线程表示能被系统中的不同对象和人并发执行的活动。在活动图中通常包含聚集和分叉等操作。在聚集关系中每个对象有着它们自己的线程，这些线程可并发执行。并发活动可以同时执行也可以顺序执行。活动图能够表达顺序流程控制还能够表达并发流程控制，单纯地从表达顺序流程这一点上讲，活动图和传统的流程图很类似。

活动图不仅可以对事物进行建模，也可以对软件系统中的活动进行建模。活动图可以很好地帮助我们去理解系统高层活动的执行过程，并且在描述这些执行的过程中不需要去建立协作图所需的消息传送细节，可以简单地使用连接活动和对象流状态的关系流表示活动所需的输入/输出参数。

6. 物理视图

前面所提到物理视图包含两种视图，分别是实现视图和部署视图。物理视图是对应用自身的实现结构建模，如系统的构件组织情况以及运行节点的配置等。物理视图提供了将系统中的类映射成物理构件和节点的机制。为了可重用性和可操作性的目的，系统实现方面的信息也很重要。

实现视图将系统中可重用的块包装成为具有可替代性的物理单元，这些单元被称为构件。实现视图用构件及构件间的接口和依赖关系来表示设计元素(如类)的具体实现。构件是系统高层的可重用的组成部件。

部署视图表示运行时的计算资源的物理布置。这些运行资源被称为节点。在运行时，节点包含构件和对象。构件和对象的分配可以是静态的，也可以在节点之间迁移。如果含有依赖关系的构件实例放置在不同的节点上，部署视图可以展示出执行过程中的瓶颈。

实现视图使用构件图进行表示。部署视图使用部署图进行表示。有关构件图和部署图的细节内容，将在第 11 章中进行介绍。

7. 模型管理视图

模型管理视图是对模型自身组织进行的建模，是由自身的一系列模型元素(如类、状态机和用例)构成的包所组成的模型。模型是从某一观点以一定的精确程度对系统所进行的完整描述。模型是一种特殊的包。一个包还可以包含其他的包。整个系统的静态模型实际上可看成是系统最大的包，它直接或间接包含了模型中的所有元素内容。包是操作模型内容、存取控制和配置控制的基本单元。每一个模型元素包含或被包含于其他模型元素中。子系统是另一种特殊的包。它代表了系统的一个部分，它有清晰的接口，这个接口可作为一个单独的构件来实现。任何大的系统都必须被分成几个小的单元，这使得人们可以一次只处理有限的信息，并且分别处理这些信息的工作组之间不会相互干扰。模型管理由包及包之间的依赖组成。模型管理信息通常在类图中表达。

2.4.2　图

　　UML 作为一种可视化的建模语言,其主要表现形式就是将模型进行图形化表示。UML 规范严格定义了各种模型元素的符号,并且还包括这些模型和符号的抽象语法和语义。当在某种给定的方法学中使用这些图时,它使得开发中的应用程序更易理解。UML 的内涵远不只是这些模型描述图,还包括这些图对这门语言及其用法背后的基本原理。最常用的 UML 图包括用例图、类图、序列图、状态图、活动图、构件图和部署图。

　　在前面按照视图的观点对 UML 进行了说明,在每一种视图中都包含一种或多种图。这里不深入讨论每种图的细节问题。下面仅对每种图进行简要的说明,更详细的信息将在以后的章节中介绍。

1. 用例图

　　用例图描述了系统提供的一个功能单元。用例图的主要目的是帮助开发团队以一种可视化的方式理解系统的功能需求,包括基于基本流程的"角色"关系,以及系统内用例之间的关系。使用用例图可以表示出用例的组织关系,这种组织关系包括整个系统的全部用例或者是完成相关功能的一组用例。在用例图中画出某个用例方式是在其中绘制一个椭圆,然后将用例的名称放在椭圆的中心或椭圆下面的中间位置。在用例图上绘制一个角色的方式是绘制一个人形的符号。角色和用例之间的关系使用简单的线段来描述,如图 2-16 所示。

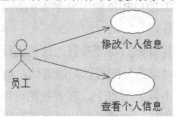

图 2-16　用例图

　　用例图通常用于表达系统或者系统范畴的高级功能。在图 2-16 中,可以很容易看出角色是员工,而修改个人信息和查看个人信息是两个用例,通过带箭头的线段将二者联系,表示在该系统中员工可以被允许实现的两种功能。

　　此外,在用例图中,没有列出的用例表明了该系统不能完成的功能,或者说是这些功能和系统是不相关的。

2. 类图

　　类图显示了系统的静态结构,表示了不同的实体(人、事物和数据)是如何彼此相关联的。类图可用于表示逻辑类,逻辑类通常就是用户的业务所谈及的事物,如仓库、仓库中的物料等。类图还可用于表示实现类,实现类就是程序员处理的实体。实现类图或许会与逻辑类图显示一些相同的类。

　　类图使用包含三个部分的矩形来描述,如图 2-17 所示。最上面的矩形部分显示类的名称，中间的矩形部分显示类的各种属性，下面的矩形部分显示类的操作或方法。

　　类图的这种简单形式使每个开发人员都容易知道类图是什么，如何去绘制基本类图。在类图中，需要注意的是对类与类之间的关系描述。类与类之间的关系通常有依赖、泛化和关联这三种关系，如果把接口也看成一种类，那么还有实现关系，即类对接口的实现。我们使用带有顶点指向父类的箭头的线段来绘制泛化关系，并且这种箭头是一个完全的三角形。如果两个类都彼此知道对方，则应该使用实线来表示关联关系；如果只有其中一个类知道该关联关系，则使用开箭头表示。还有实现一个类对接口的实现，使用带有顶点指向接口的箭头的线段来绘制，这种箭头仍然是一个完全的三角形。

　　在图 2-18 中，可以看到泛化关系和关联关系。员工类是对项目主管和部门经理的泛化。项目主管和部门经理又相互关联。

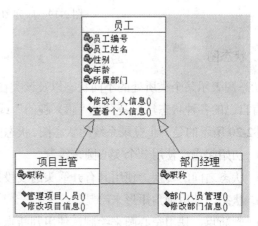

　　图 2-17　类图示例　　　　　　　　　图 2-18　相对完整的类图示例

3. 序列图

　　序列图显示了一个具体用例或者用例的一部分的详细流程。它几乎是自描述的，序列图不仅可以显示流程中不同对象之间的调用关系，还可以很详细地显示对不同对象的不同调用。序列图有两个维度：垂直维度，也称时间维度，以发生的时间顺序显示消息或调用的序列；水平维度，显示消息被发送到的对象实例。序列图在有的书中也被称为顺序图。

　　序列图的绘制和类图一样也非常简单。横跨图的顶部，每个框表示每个类的实例或对象。在框中，类实例名称和类名称之间使用冒号分隔开来，例如李平：员工，其中"李平"是实例名称，"员工"是类的名称。如果某个类实例向另一个类实例发送一条消息，则绘制一条具有指向接收类实例的开箭头的连线，并把消息或方法的名称放在连线上面。消息也分为不同的种类，可以分为同步消息、异步消息、返回消息和简单消息等。

　　图 2-19 所示是一个简单的序列图。通过阅读该序列图，可以明白系统管理员登录系统的过程。首先，"启动"箭头表示系统管理员录入管理员名称和密码，并单击"确定"按钮或按 Enter 键，这个操作可以发送用户名及密码的消息给系统。登录管理窗口负责验证接收这个消息并触发一个相应的操作活动。验证通过后，就会请求主界面初始化，并显示给系统操作员。

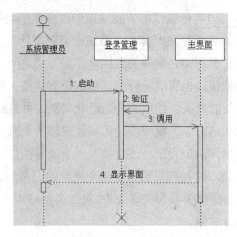

图 2-19　序列图示例

4. 状态图

状态图表示某个类所处的不同状态以及该类在这些状态中的转换过程。虽然每个类通常都有自己的各种状态，但是只对"感兴趣的"或"需要注意的"类才使用状态图进行描述。图 2-20 所示的是一个登录系统的状态图。状态图的符号集包含了下列 5 个基本的元素：

● 初始起点，使用一个实心圆来绘制。

● 状态之间的转换，使用具有开箭头的线段来绘制。

● 状态，使用圆角矩形来绘制。

● 判断点，使用空心圆来绘制，使用判断点可以根据不同的条件进入不同的状态。

● 一个或者多个终止点，它们使用内部包含实心圆的圆来绘制。

要绘制状态图，首先绘制起点和一条指向该类的初始状态的转换线段。状态本身可以在图上的任意位置绘制，然后只需要使用状态转换线条将它们连接起来。

图 2-20 中的状态图是登录管理对象的所有可能状态，包括界面显示、等待状态、检验状态、调用主界面状态直到最后的结束。这个状态图也帮助分析人员决定是否把验证信息作为一个新的用例，因为检验信息过程中要检查用户的权限，并在启动主程序时做出相应限制的标识或操作。

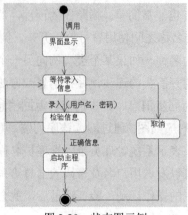

图 2-20　状态图示例

5. 活动图

活动图是用来表示两个或者更多的对象之间在处理某个活动时的过程控制流程。活动图能够在业务单元的级别上，对更高级别的业务过程进行建模，或者对低级别的内部类操作进行建模。和序列图相比，活动图更能够适合对较高级别的过程建模。

在活动图的符号上，活动图的符号集与状态图中使用的符号集非常类似，但是有一些差别。活动图的初始活动也是先由一个实心圆开始的。活动图的结束也和状态图一样，由一个内部包含实心圆的圆来表示。和状态图不同的是，活动是通过一个圆角矩形来表示的，可以把活动的名称包含在这个圆角矩形的内部。活动可以通过活动的转换线段连接到其他活动中，或者连接到判断点，这些判断点根据判断点的不同条件所需要执行的不同动作来执行。在活动图中，出现了一个新的概念就是泳道(swimlane)。可以使用泳道来表示实际执行活动的对象。图 2-21 所示是餐馆订餐系统的简单活动图，表示订餐的整个活动过程。

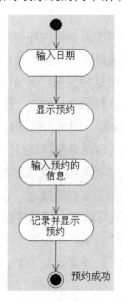

图 2-21　活动图示例

6. 构件图

前面所提到的这些图都是提供了系统的逻辑视图，但是要指出某些功能实际存在哪些地方，还需要构件图来进行表示。构件图提供系统的物理视图，它根据系统的代码构件显示系统代码的整个物理结构。其中，构件可以是源代码组件、二进制组件或可执行组件等。在构件中，它包含了需要实现的一个或多个逻辑类的相关信息，从而也就创建了一个从逻辑视图到构件视图的映射，根据构件的相关信息很容易地分析出构件之间的依赖关系，指出其中某个构件的变化将会对其他构件产生什么样的影响。总之，构件图的用途是显示系统中的某些构件对其他构件的依赖关系。

一般来说，构件图最经常用于实际的编程工作中。在以构件为基础的开发(CBD)中，构件图为系统架构师提供了一个为解决方案进行建模的自然形式。

图 2-22 所示显示了一个构件图。其包含了 4 个构件，分别是数据库服务器、Web 服务、应用服务器和网络客户端。从网络客户端构件指向 Web 服务、应用服务器和数据库服务器构件的带箭头虚线段，表示网络客户端构件依赖于其他 3 个构件。

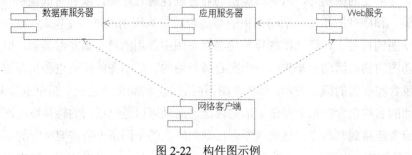

图 2-22　构件图示例

7. 部署图

部署图用于表示该软件系统如何部署到硬件环境中，它显示在系统中的不同构件在何处物理地运行，以及如何进行彼此的通信。部署图对系统的物理运行情况进行了建模，因此系统的生产人员就能够很好地利用这种图来部署实际的系统。

部署图显示了系统中的硬件和软件的物理结构。这些部署图可以显示实际的计算机和设备(节点)，以及它们之间必要的连接，同时也包括对这些连接的类型的显示。在部署图中显示的节点内，包含了如何在节点内部分配可执行的构件和对象，以显示这些软件单元在某个节点上的运行情况。并且，部署图还可以显示各个构件之间的依赖关系。

在部署图中，图的符号表示增加了节点的概念。节点是表示计算资源运行时的物理对象，通常具有内存和处理能力。节点可能具有用来辨别各种资源的构造型，如 CPU、设备和内存等。节点可以包含对象和构件实例。一个节点可以代表一台物理机器，或代表一个虚拟机器节点。要对节点进行建模，只需要绘制一个三维立方体，节点的名称位于立方体的上部。

系统的部署图从系统的物理结构的节点显示了属于该节点的构件，然后使用构件图显示该构件包含的类，接着使用交互图显示该类的对象参与的交互，最终到达某个用例。可以说，系统的不同视图用来在总体上给出系统一个整体、一致的描述。

图 2-23 中的部署图表明，用户使用运行在本地机器上的浏览器访问应用服务器，并通过 HTTP 协议连接到应用服务器上。还表明应用服务器通过 ODBC 数据库连接接口连接到它的数据库服务器上。客户端浏览器、应用服务器和数据库服务器包含了实际部署的所有节点。

图 2-23　部署图示例

2.5　UML 的公共机制

在 UML 中，共有 4 种贯穿于整个统一建模语言并且一致应用的公共机制，这 4 种公共机制分别是规格说明、修饰、通用划分和扩展机制。通常会把规格说明、修饰和通用划分看作 UML 的通用机制。其中扩展机制可以再划分为构造型、标记值和约束。

这四种公共机制的出现使得 UML 更加详细的语义描述变得较为简单，下面将对 UML 的通用机制和扩展机制的内容进行介绍。

2.5.1　UML 的通用机制

UML 提供了一些通用的公共机制，使用这些通用的公共机制(通用机制)能够使 UML 在各种图中添加适当的描述信息，从而完善 UML 的语义表达。有的时候，仅仅使用模型元素的基本功能还不能够完善地表达所要描述的实际信息，此时，通用机制就可以有效地帮助表达来进行有效的 UML 建模。

1. 规格说明(specification)

模型元素作为一个对象本身也具有很多的属性，这些属性用来维护属于该模型元素的数据值。属性是使用名称和标记值(Tagged Value)的值来定义的。标记值指的是一种特定的类型，可以是布尔型、整型或字符型，也可以是某个类或接口的类型。UML 中对于模型元素的属性有许多预定义说明，例如，在 UML 类图中的 Export Control，这个属性指出该类对外是 Public、Protected、Private 还是 Implementation。

模型元素实例需要附加的相关规格说明来添加模型元素的特性，实现的方法在某个模型元素上双击，然后弹出一个如图 2-24 所示的关于该元素的规格说明窗口(对话框)。在这个窗口内显示了该元素的所有特性，这里显示的是类的规格说明窗口。

图 2-24　类的规格说明示例

2. 修饰(adornment)

在 UML 的图形表示中，每一个模型元素都有一个基本符号，这个基本符号可视化地表达了模型元素最重要的信息。用户也可以把各种修饰细节加到这个符号上以扩展其含义。这种添加修饰细节的做法可以为图中的模型元素在一些视觉效果上发生一些变化。例如，在用例图中可以使用图 2-25 所示的特殊小人来表达 Business Actor(业务用例)，该表示方法相对于参与者的表示发生了颜色和图形的微小变化。

不仅在用例图中，在其他的一些图中也可以对模型元素进行修饰。例如，在类图中，把类的名称使用斜体来表示该类是抽象类等。

在 UML 众多的修饰符中，有一种修饰符是比较特殊的，那就是前面所提到的注解。注解是一种非常重要的并且能单独存在的修饰符。将它附加在模型元素或元素集上用来表示约束或注解信息。图 2-26 所示是对产品类的注解。

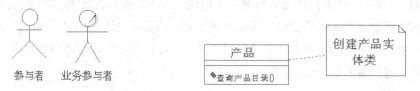

图 2-25　Business Actor 图形表示　　　　　　　　图 2-26　注解示例

另外有一些修饰包含了对关系多重性的规格说明。这里的多重性是指有一个数值或一个范围用来指明相关联系涉及一定的实例数目。在 UML 图中，通常将修饰写在使用该修饰来添加信息的元素的旁边。图 2-27 表达了一个用户可以买到多个产品。

图 2-27　有数目关系的修饰示例

3. 通用划分(general division)

通用划分是一种保证不同抽象概念层次的机制。一般采用两种方式进行通用划分：

- 对类和对象的划分。指类是一个抽象而对象是这种抽象的一个实例化。
- 对接口和实现的分离。接口和实现的分离是指接口声明了一个操作接口，但是却不实现其内容，而实现则表示了对该操作接口的具体实现，它负责如实地实现接口的完整语义。

类和对象的划分保证了实例及其抽象的划分，从而使得对一组实例对象的公共静态和动态特征无须一一管理和实现，只需要抽象成一个类，通过类的实例化实现对对象实体的管理。接口和实现的划分则保证了一系列操作的规约和不同类对该操作的具体实现。

2.5.2　UML 的扩展机制

虽然 UML 已经是一种功能较强、表现力非常丰富的建模语言，但是有时仍然难以在许多细节方面对模型进行准确的表达。所以，UML 设计了一种简单的、通用的扩展机制，用户可以使用扩展机制对 UML 进行扩展和调整，以便使其与一个特定的方法、组织或用户相一致。扩展机制是对已有的 UML 语义按不同系统的特点合理地进行扩展的一种机制。下面将介绍三种扩展机制：构造型、标记值和约束，使用这些扩展机制能够让 UML 满足各种开发领域的特别需要。其中，构造型扩充了 UML 的词汇表，允许针对不同的问题，从已有的基础上创建新的模型元素。标记值扩充了 UML 的模型元素的属性，允许在模型元素的规格中创建新的信息。约束扩充了 UML 模型元素的语义，允许添加新的限制条件或修改已有的限制条件。

1. 构造型(stereotype)

在对系统建模的时候，会出现现有的一些 UML 构造块在一些情况下不能完整无歧义地表示出系统中的每一元素的含义，所以，需要通过构造型来扩展 UML 的词汇，利用它来创造新的构造块，这个新创造的构造块既可以从现有的构造块派生，又专门针对我们要解决的问题。构造型是一种优秀的扩展机制，它能够有效地防止 UML 变得过度复杂，同时还允许用户实行必要的扩展和调整。

构造型在模型元素上又加入了一个额外的语义。由于构造型是对模型元素相近的扩展，所以说，一个元素的构造型和原始的模型元素经常使用在同一场合。构造型可以是基于各种类型的模型元素，如构件、类、节点及各种关系等。我们对构造型的使用通常是使用那些已经在 UML 中预定义了的构造型，这些预定义的构造型在 UML 的规范以及介绍 UML 的各种书中都有可能找到。构造型的一般表现形式为使用"<<"和">>"包含构造型的名称在里面，如<<use>>、<<extends>>等。<<use>>和<<extends>>构造型的名字就是由 UML 预定义的。使用这些预定义的构造型用于调整一个已存在的模型元素，而不是在 UML 工具中添加一个新的模型元素。这种策略保证了 UML 工具的简单性。突出表现在对关系的构造型的表示上。例如，在用例图中，两个用例进行关联。可以使用图 2-28 简单表示 dependency or instantiates 依赖关系。

图 2-28　未适用构造型示例

要使用其附加的构造型，双击关系的连线，在弹出的对话框中选择 Stereotype 列表框中相应的构造型即可。如选择 include 关系，会出现如图 2-29 所示的包含关系。在对关系的表示上，只需要添加相应构造型即可。

构造型的表现形式并不都是使用"<<"和">>"来表示，有的是通过图形的改变来表示的。例如，某个类使用的构造型是 Service，那么在 Rational Rose 中它的表示方法，如图 2-30 所示。

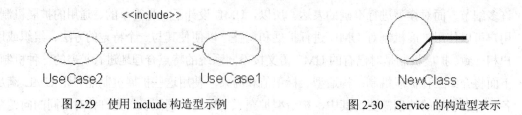

图 2-29　使用 include 构造型示例　　　　　图 2-30　Service 的构造型表示

用户也可以自己来定义构造型。这些被称为用户自定义构造型。其格式按照构造型的一般表现形式来表示。

2. 标记值(Tagged value)

标记值是由一对字符串构成，这对字符串包含一个标记字符串和一个值字符串，从而用来存储有关模型元素或表达元素的一些相关信息。标记值可以用来扩展 UML 构造块的特性，我们可以根据需要来创建详述元素的新元素。标记值可以与任何独立元素相关，包括模型元素和表达元素。标记值是当需要对一些特性进行记录的时候而给定元素的值。

标记值用字符串表示，字符串由标记名、等号和值构成，一般表现形式为{标记名=标记值}。各种标记值被规则地放置在大括弧内。图 2-31 所示是关于一个版本信息的标记值。

通过标记值可以将各种类型的信息都附属到某个模型元素上，如元素的创建日期、开发状态、截止日期和测试状态等。将这些信息进行划分，则主要包括对特定方法的描述信息、建模过程的管理信息(如版本控制、开发状态等)、附加工具的使用信息(如代码生成工具)，或者是用户自定义的连接信息。

3. 约束(constraint)

约束机制用于扩展 UML 构造块的语义，允许建模者和设计人员增加新的规则和修改现有的规则。约束可以在 UML 工具中预定义，也可以在某个特定需要的时候再进行添加。约束可以表示在 UML 的规范表示中不能表示的语义关系。在定义约束信息的时候，应尽可能准确地去定义这些约束信息。一个不好的约束定义还不如不定义。

约束使用大括号和大括号内的字符串表达式表示，即约束的表现形式为{约束的内容}。约束可以附加在表元素、依赖关系或注释上。图 2-32 显示了对员工类的约束条件，保证员工的编号在系统中的唯一性，这些约束信息能够有助于帮助系统的理解和准确的应用。

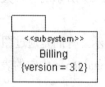

图 2-31　版本信息的标记值

图 2-32　约束条件示例

约束一般是在图中直接定义的，但是约束也可以在 UML 工具中预定义，它可以被当作一个带有名称和规格说明的约束，并且在多个图中使用。要想进行这种定义，就需要依赖一种语言来表达约束，这种语言称为对象约束语言(Object Constraint Language，OCL)，它是一种能够使用工具来进行解释的表达 UML 约束的标准方法。对象约束语言的基本内容包含对象约束语言的元模型结构、对象约束语言的表达式结构和各种条件。这些条件包括不变量、前置条件和后置条件。

对象约束语言具有以下 4 个特性：

- 对象约束语言不仅是一种查询(Query)语言，同时还是一种约束(Constraint)语言。
- 对象约束语言是基于数学的，但是却没有使用相关数学符号的内容。
- 对象约束语言是一种强类型的语言。
- 对象约束语言也是一种声明式(Declarative)语言。

2.6　习　　题

1. 填空题

(1) 在 UML 中，静态视图包含有两种视图，分别是_____和_____。

(2) _____、_____和_____是 UML 常用的通用机制。

(3) _____、_____和_____是 UML 常用的扩展机制。

(4) _____描述了系统的_____与系统进行交互的功能，是参与者所能观察和使用到的系统功能的模型图。

(5) 状态图是通过对象的各种_____来建立模型来描述对象的_____动态行为，并且它是以独立的对象为中心进行描述。

2. 选择题

(1) UML 中的关系元素包括(　　)。
　　A. 依赖　　　　　　　B. 关联　　　　　　　C. 泛化　　　　　　　D. 实现

(2) 在 UML 中，定义了面向对象的事物，这些事物分为(　　)。
　　A. 结构事物　　　　　　　　　　　　B. 行为事物
　　C. 分组事物　　　　　　　　　　　　D. 注释事物

(3) UML 中的图包括(　　)。
　　A. 用例图　　　　　　　　　　　　　B. 类图
　　C. 状态图　　　　　　　　　　　　　D. 流程图

(4) UML 的视图不包括(　　)。
　　A. 用例视图　　　　　　　　　　　　B. 类视图
　　C. 状态视图　　　　　　　　　　　　D. 物理视图

(5) 下面不属于 UML 中的静态视图的是(　　)。

    A. 状态图　　　　　　　　　　　　　　B. 用例图

    C. 对象图　　　　　　　　　　　　　　D. 类图

3. 简答题

(1) UML 中的模型元素主要有哪些?

(2) 简述 UML 通用机制的组成以及它的作用。

(3) 在 UML 中包含哪些视图? 这些视图都对应哪些图?

(4) 简述视图与图之间的内在关系。

(5) 简述 UML 中扩展机制的作用。

第3章　UML工具——Rational Rose

Rational Rose 是 IBM 公司开发的面向对象建模技术的工具产品，能够支持使用统一建模语言 UML 进行模型驱动开发，是一个满足系统分析人员、开发人员建立软件构架、业务需求、可重用资源和管理级通信的平台独立系统工具包。本章将对如何安装 Rational Rose 2003 和它的工作界面以及基本的设置和操作进行介绍，希望读者能够通过本章的学习，快速熟悉 Rational Rose 的开发环境。

3.1　Rational Rose 概述

Rational Rose 是目前软件建模工具中最为优秀的分析和设计面向对象软件系统的可视化工具之一。它实际上是一系列能满足所有建模环境的解决方案。Rational Rose 允许系统开发人员、系统管理人员和系统分析人员在软件的各个开发周期内，建立系统需求和系统体系架构的可视化模型，并且能够将这些需求和系统体系架构可视化模型转换成代码，帮助系统开发。

Rational Rose 最初是 Rational 软件开发公司设计、开发的一种重要的可视化建模工具。2003 年 10 月，Rational 软件开发公司合并到 IBM 公司之后，IBM Rational 为了 Rational 系列的进一步发展，推出了一系列的建模工具。

Rational Rose 建模工具从以下 6 个方面为 UML 提供了很好的支持：

(1) Rational Rose 为 UML 提供了基本的绘图功能，同时也提供了对 UML 的各种图的布局设计的支持。不仅对 UML 的各种图中元素的选择、放置、连接以及定义提供了卓越的机制，还提供了用以支持和辅助建模人员绘制正确的图机制。

(2) Rational Rose 为模型元素提供一个模型存储库，其中包含模型中使用的各种元素的所有信息。用户可以通过各种图来查看这些信息，Rational 通用模型库如图 3-1 所示。

借助于模型库提供的支持，Rational Rose 建模工具可以执行以下几项任务：

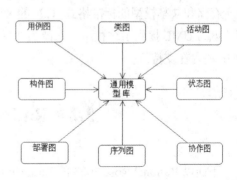

图 3-1　Rational 通用模型库

- 非一致性检查。当某个元素在一个图中的用法和其他图中的用法不同时，Rational Rose 就会提出警告或禁止这种行为。
- 审查功能。可以利用 Rational Rose 模型库中的信息对模型进行审查，指出那些还未明确定义的部分。或者对模型应用试探式的探索方法，显示出那些可能的错误或不合适的解决方案。
- 报告功能。Rational Rose 可以通过相关功能生成关于模型元素或图的相关报告。
- 重用建模元素和图功能。Rational Rose 对所创建的模型支持模型元素和图的重用，这样，在一个项目创建的建模方案或部分方案可以很容易地被另一个项目的建模方案或部分方案重用。在 Rational Rose 中，提供了单元控制(Unit Control)功能，通过该功能，可以在多人协作分析设计的时候，各个人通过它来实现不同的包。

(3) Rational Rose 为各种视图和图提供导航功能。这种导航功能不仅能够适用于各种模型的系统，而且能够便于用户的浏览。在使用多个视图或图来共同描述出一个解决方案的时候，允许用户能够在这些视图或图中进行方便的切换。

(4) Rational Rose 提供了代码生成功能。可以针对不同类型的目标语言生成相应的代码，这些目标语言包括 C++、Ada、Java、CORBA、Oracle、Visual Basic 等。这种由 Rational Rose 的工具生成的代码通常是一些静态信息，例如类的有关信息，包括类的属性和操作，但是类的操作通常只有方法的声明信息，而包含实际代码的方法体通常是空白的，需要由编程人员自己来填补。

(5) Rational Rose 提供了逆向工程功能。逆向工程与代码生成功能正好相反。利用逆向工程功能，Rational Rose 可以通过读取用户编写的相关代码，在进行分析以后，生成显示用户代码结构的相关 UML 图。利用逆向工程的优点就是可以对于那些购买的未知代码、手工编写的代码或者利用代码生成器功能产生的代码进行逆向生成，生成相关 UML 图提供给用户进行相关的鉴别。

(6) Rational Rose 提供了模型互换功能。当利用不同的建模工具进行建模的时候，常常遇到这样一种情况：在一种建模工具中创建了模型并将其输出后，接着想在另外一种建模工具中将其导入，由于各种建模工具之间提供了不同的保存格式，这就造成了导入往往是不可能实现的。为了实现这种功能，一个必要的条件就是在两种不同的工具之间采用一种用于存储和共享模型的标准格式。标准的 XML 元数据交换(XML Metadata Interchange，XMI)模式就为 UML 提供了这种用于存储和共享模型的标准。最新版本的 Rational XDE 提供了 XMI 的内在支持。

3.2　Rational Rose 的安装

下面以 Rational Rose 2003 的 Rational Rose Enterprise Edition 为例说明安装的过程。

(1) 查找到 Rational Rose Enterprise Edition for Windows.exe 可执行文件，双击该文件，出现 Rational Rose 安装文件路径的界面。

(2) 可以选择默认的位置存储解压缩的文件或者单击 Change 按钮改变路径，在弹出的"浏览文件夹"对话框中设置安装路径。

(3) 在完成路径设置以后，单击 Next 按钮，安装程序开始进入读取安装包的内容界面。

(4) 在包中的安装文件释放以后，进入安装向导界面。

(5) 单击 Next 按钮，进入产品选择界面。

(6) 在产品选择中，可以选择 Rational License Server 或者 Rational Rose Enterprise Edition。这里选择安装后者，选择后在界面的右方出现如图 3-2 所示的相关说明信息。

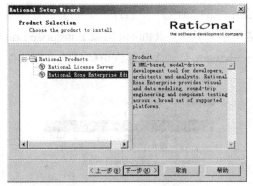

图 3-2　选择安装 Rational Rose Enterprise Edition 选项

(7) 单击 Next 按钮，进入选择部署方法界面。选择其默认的部署类型 Desktop installation from CD image 选项。

(8) 单击 Next 按钮，产品将进行安装前的系统检测和配置。

(9) 系统检测和配置完毕后，进入 Rational Rose Enterprise Edition 的安装界面。

(10) 单击 Next 按钮，进入软件安装许可界面。

(11) 选择 I accept the terms in the license agreement 单选按钮，单击 Next 按钮后，进入 Rational Rose Enterprise Edition 的安装位置选择界面。

(12) 在设定好 Rational Rose Enterprise Edition 的安装位置以后，单击 Next 按钮，安装程序进入如图 3-3 所示的定制安装界面。

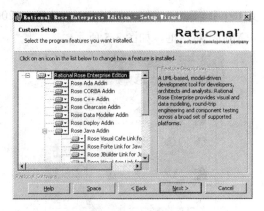

图 3-3　定制安装界面

(13) 在这些安装选项中，单击任意一个安装选项，可以在右面看到关于该安装选项的说明信息。如果需要安装或者取消安装，可以单击每一个安装选项前面的图标进行选择。

(14) 在设置完毕以后，单击 Next 按钮，准备进行安装。

(15) 单击 Install 按钮，产品开始安装，安装的时间根据机器的配置而定。

(16) 在安装完成以后，进入安装完成提示界面。在该界面中可以选择是否连接到 Rational 开发者网络或者打开 Readme 文件。单击 Finish 按钮，确认安装完毕。

(17) 在安装成功以后，会弹出软件注册对话框，要求用户对该软件进行注册。一般选择"取消"按钮，不进行注册，退出软件的安装过程。

(18) 安装完毕后，在系统的"开始"|"程序"菜单中将会多出 Rational Software 选项，其下包含的内容如图 3-4 所示。其中，Rational Rose Enterprise Edition 是运行的建模软件，Rational License Key Administrator 是输入软件许可信息的管理软件，其他选项则用得较少。

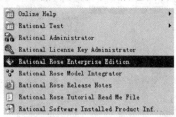

图 3-4　Rational 软件包含内容

3.3　Rational Rose 的使用

安装好 Rational Rose 后，就要开始熟悉它的各种操作界面和软件的基本菜单以及常规的操作。

3.3.1　Rational Rose 的启动界面

启动 Rational Rose Enterprise Edition 后，弹出 Rational Rose 2003 的主界面和用来设置启动选项的 Create New Model 对话框，如图 3-5 所示。

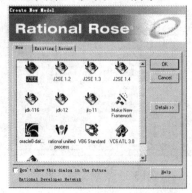

图 3-5　Create New Model 对话框

对话框中有 3 个可供选择的选项卡，分别为 New(新建)、Existing(已存在)、Recent(最近使用的模型)。单击 New(新建)选项卡，可以选择创建模型的模板。

在这些模板中，**Make New Framework**(创建新的框架)比较特殊，它是用来创建一个新的模板的。当选择该模板后，单击 OK 按钮，可以进入如图 3-6 所示的创建模板界面。在使用这些模板之前，首先需确定要创建模型的目标与结构，从而能够选择一个与将要创建的模型的目标与结构相一致的模板，然后使用该模板定义的一系列模型元素对待创建的模型进行初始化构建。模板的使用和系统实现的目标相一致。如果需要查看该模板的描述信息，可以在选中此模板后，单击 Details 按钮进行查看。如果只是想创建一些模型，这些模型不具体使用那些模板，则单击 Cancel 按钮取消即可。

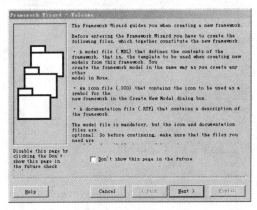

图 3-6　创建新的模板

选择 Create New Model 对话框中的 Existing(已存在)选项卡，可以打开一个已经存在的模型，打开模型的界面如图 3-7 所示。在对话框左侧的树形列表中，找到该模型所在的目录，然后从右侧的列表中选中该模型，单击 Open(打开)按钮进行打开。在打开一个新的模型前，应当保存并关闭正在工作的模型，在打开已经存在的模型的时候也会提示保存当前正在工作的模型。

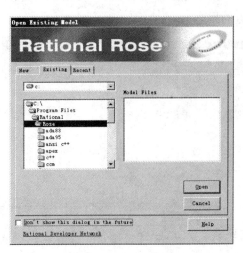

图 3-7　打开已存在模型

选择 Create New Model 对话框中的 Rencent(最近使用的模型)选项卡,从中可以选择打开一个最近使用过的模型文件,如图 3-8 所示。在选项卡中选中需要打开的模型,单击 Open 按钮或者双击该模型文件的图标即可。如果当前已经有正在工作的模型文件,在打开新的模型前,Rational Rose 会先关闭当前正在工作的模型文件。如果当前工作的模型中包含未保存的内容,系统将会弹出一个询问是否保存当前的模型对话框。

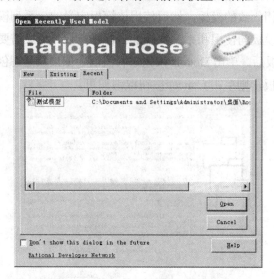

图 3-8　打开最近使用的模型文件

3.3.2　Rational Rose 的主界面

Rational Rose 2003 的主界面如图 3-9 所示。它也是软件的操作界面,几乎所有的功能都可以在该界面中完成。Rational Rose 2003 的主界面由标题栏、菜单栏、工具栏、工作区和状态栏构成。默认的工作区域包括了 4 个部分,分别是左侧的浏览器、文档编辑区、右侧的图形编辑区域和下方的日志记录。

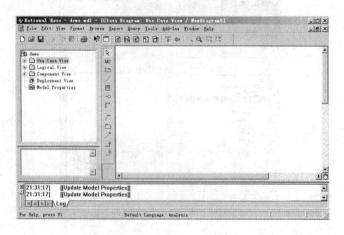

图 3-9　Rational Rose 2003 的主界面

1. 标题栏

标题栏可以显示如图 3-10 所示的当前正在工作的模型文件名称。

图 3-10　标题栏

对于刚刚新建还未被保存的模型名称使用 untitled 表示。此外，标题栏还可以显示当前正在编辑的图的名称和位置，如 Class Diagram：Logical View/Main 代表的是在 Logical View(逻辑视图)下创建的名称为 Main 的 Class Diagram(类图)。

2. 菜单栏

在菜单栏中包含了所有在 Rational Rose 2003 中可以进行的操作。一级菜单共有 11 项，如图 3-11 所示。

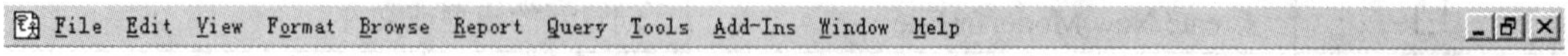

图 3-11　菜单栏

一级菜单下的主要功能简述如下：

- File(文件)的下级菜单显示了关于文件的一些操作内容。
- Edit(编辑)的下级菜单用来对各种图进行编辑操作，并且它的下级菜单会根据图的不同有所不同，但是会有一些共同的选项。
- View(视图)的下级菜单是关于窗口显示的操作。
- Format(格式)的下级菜单是关于字体等显示样式的设置。
- Browse(浏览)的下级菜单和 Edit(编辑)的下级菜单类似，根据不同的图可以显示不同的内容，但是有一些选项是这些图都能够使用到的。
- Report(报告)的下级菜单显示了关于模型元素在使用过程中的一些信息。
- Query(查询)的下级菜单显示了关于一些图的操作信息，在 Sequence Diagram(序列图)、Collaboration Diagram(协作图)和 Deployment Diagram(部署图)中没有 Query(查询)的菜单选项。
- Tools(工具)的下级菜单显示了各种插件工具的使用。
- Add-Ins(插件)的下级菜单选项中只包含一个，即 Add-In Manager，它用于对附加工具插件进行管理，标明这些插件是否有效。很多外部的产品都对 Rational Rose 2003 发布了 Add-in 支持，用来对 rose 的功能进行进一步的扩展，如 Java、Oracle 或者 C#等。有了这些 Add-in，Rational Rose 2003 就可以做更多的深层次的工作了。例如，在安装了 Java 的相关插件之后，Rational Rose 2003 就可以直接生成 Java 的框架代码，也可以从 Java 代码转化成 Rational Rose 2003 模型，并进行两者的同步操作。
- Window(窗口)的下级菜单内容和大多数应用程序相同，是对编辑区域窗口的操作。
- Help(帮助)的下级菜单内容也和大多数应用程序相同，包含了系统的帮助信息。

3. 工具栏

在 Rational Rose 2003 中，工具栏的形式有两种，分别是标准工具栏和编辑区工具栏。因为标准工具栏在任何图中都可以使用，所以在任何图中都会显示。默认的标准工具栏中的内容，如图 3-12 所示。

图 3-12   标准工具栏

表 3-1 所示是对标准工具栏中按钮功能的详细说明。

表 3-1   标准工具栏中按钮功能的详细说明

图　　标	含　　义	用　　途
	Create New Model or File	创建新的模型或文件
	Open Existing Model or File	打开模型文件
	Save Model，File or Script	保存模型、文件或脚本
	Cut	剪切
	Copy	复制
	Paste	粘贴
	Print	打印
	Context Sensitive Help	帮助文件
	Vew Document	显示或隐藏文档区域
	Browse Class Diagram	浏览类图
	Browse Interaction Diagram	浏览交互图
	Browse Component Diagram	浏览构件图
	Browse State Machine Diagram	浏览状态图
	Browse Deployment Diagram	浏览部署图
	Browse Parent	浏览父图
	Browse Previous Diagram	浏览前一个图形
	Zoom In	放大
	Zoom Out	缩小
	Fit In Window	适合窗口大小
	Undo Fit In Window	撤销适合窗口大小操作

对于标准工具栏和编辑区工具栏，可以通过菜单中选项进行定制。具体的方法如下：

(1) 选择 Tools(工具)|Options(选项)命令，弹出 Options 对话框。

(2) 选中如图 3-13 所示的 Toolbars(工具栏)选项卡。可以在 Standard toolbar(标准工具栏)选项组中选择显示或隐藏标准工具栏，或者工具栏中的选项是否使用大图标。也可以在

Diagram toolbar(图形编辑工具栏)选项组中选择是否显示编辑区工具栏，以及编辑区工具栏显示的样式，例如，是否使用大图标或小图标、是否自动显示或锁定等。在 Customize toolbars(定制工具栏)选项组中，可以根据具体情况定制标准工具栏和图形编辑工具栏的详细信息。

图 3-13　　定制工具栏

(3) 定制标准工具栏可以单击位于 Standard(标准)选项右侧的按钮，弹出如图 3-14 所示的"自定义工具栏"对话框。

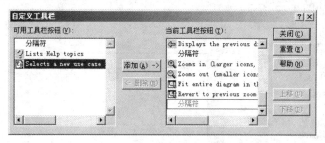

图 3-14　　定制标准工具栏

在对话框中，可以将左侧的选项添加到右侧的选项中，这样在标准工具栏中就会显示。当然也可以通过这种方式删除标准工具栏中不用的信息。

(4) 对于各种图形编辑工具栏的定制可以单击位于该图右侧的按钮，弹出如图 3-15 所示的关于该图形的"定制"对话框。这里定制了 Deployment Diagram(构件图)编辑区工具栏，在对话框中添加或删除在编辑区工具栏中显示的信息。

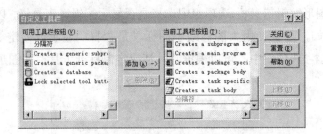

图 3-15　定制构件图的编辑区工具栏

4. 工作区

工作区由 4 部分构成，分别为浏览器、文档区、编辑区和日志区。在工作区中，可以方便地完成绘制各种 UML 图形的任务。

(1) 浏览器和文档区。浏览器和文档区位于 Rational Rose 2003 工作区域的左侧，如图 3-16 所示。浏览器位于文档区的上面，它是一种树形的层次结构，可以帮助我们迅速地查找到各种图或者模型元素。在浏览器中，默认创建了 4 个视图，分别是 Use Case View(用例视图)、Logical View(逻辑视图)、Component View(构件视图)和 Deployment View(部署视图)。在这些视图所在的包或者图下，可以创建不同的模型元素。

下面的文档区用于对 Rational Rose 2003 中所创建的图或模型元素进行说明。例如，当对某一个图进行详细的说明时，可以将该图的作用和范围等信息置于文档区，则在浏览或选中该图的时候就会看到该图的说明信息，模型元素的文档信息也一样。在类中加入文档信息，在生成代码后以注释的形式存在。

(2) 编辑区。编辑区位于 Rational Rose 2003 工作区域的右侧，它用于对各种模型视图进行编辑操作，如图 3-17 所示。

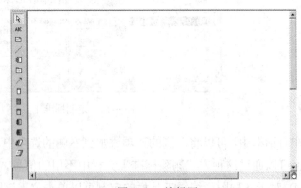

图 3-16　浏览器和文档区　　　　　　　　　　　图 3-17　编辑区

编辑区包含了图形工具栏和图的编辑区域，在图的编辑区域中可以根据图形工具栏中的图形元素内容绘制相关信息。在图的编辑区添加的相关模型元素会自动地在浏览器中添加，这样使浏览器和编辑区的信息保持同步。也可以将浏览器中的模型元素拖动到图形编辑区中进行添加。

(3) 日志区。日志区位于 Rational Rose 2003 工作区域的下方，其中记录了对模型的一些重要操作，如图 3-18 所示。

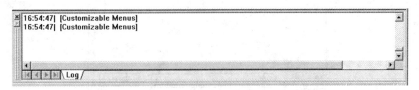

图 3-18　日志区

5. 状态栏

状态栏中记录了对当前信息的提示和当前的一些描述信息，如帮助信息"For Help, press F1"以及当前使用的语言"Default Language: Analysis"等信息，如图 3-19 所示。

For Help, press F1　　　　　　　Default Language: Analysis

图 3-19　状态栏

3.3.3　Rational Rose 的常用操作

了解了 Rational Rose 2003 的主界面后，就可以开始具体地学习一些关于 Rational Rose 2003 的常用操作。

1. 创建模型

要创建一个新的模型，可以选择 File(文件)|New(新建)命令或者单击标准工具栏下的"新建"按钮 🗋，这时便会弹出如图 3-5 所示的 Create New Model 对话框，选择想要使用的模板，单击 OK(确定)按钮即可。

如果使用模板，Rational Rose 2003 系统就会将模板的相关初始化信息添加到创建的模型中，这些初始化信息包含了一些包、类、构件和图等。也可以不使用模板，单击 Cancel(取消)按钮即可，这时创建的是一个空的模型项目。

2. 保存模型

保存模型包括对模型内容的保存和对在创建模型过程中的日志记录的保存。可以通过使用菜单栏和工具栏来实现。

(1) 保存模型内容。可以选择 File(文件)|Save(保存)命令来保存新建的模型，也可以单击标准工具栏下的 💾 按钮保存新建的模型，弹出如图 3-20 所示的 Save As 对话框。在"文件名"文本框中可以设置 Rational Rose 模型文件的名称，保存的 Rational Rose 模型文件的扩展名必须为.mdl，最后单击"保存"按钮，完成保存的操作。

图 3-20　保存模型

(2) 保存日志。保存日志是指保存 Rational Rose 中的日志文件。可以选择 File(文件)|Save Log As(保存日志)或 AutoSave Log(自动保存日志)命令,弹出如图 3-21 所示的 Auto Save Log 对话框。在对话框中指定保存的目录并输入文件的名称,最后单击"保存"按钮,从而系统可以在该文件中自动保存日志记录。

图 3-21　保存日志

3. 导出模型

导出模型是为了让已经创建好的 Rational Rose 模型在以后的开发中可以加以重用。选择 File(文件)|Export Model(导出模型)命令,在弹出的 Export Model 对话框中,输入文件名并指定文件保存的路径,单击"保存"按钮。但要注意导出的文件后缀名必须为.ptl,如图 3-22 所示。

除了导出模型之外,还可以导出单个类,只要单击要导出的具体类,然后选择 File(文件)|Export User(导出 User 类)命令即可,随后的操作方法与导出模型相同,如图 3-23 所示。

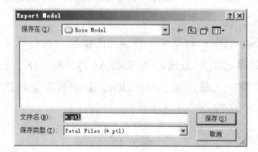

图 3-22　导出模型

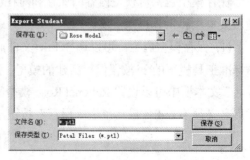

图 3-23　导出单个类

4. 导入模型

导入模型是指将已经导出的 Rational Rose 中模型文件重新导入到 Rational Rose 中使用，可供选择的文件类型包含.mdl、.ptl、.sub 或.cat 等。导入模型时需要选择 File(文件)|Import(导入)命令，弹出如图 3-24 所示的 Import Petal From 对话框，找到要导入模型文件的位置，单击"打开"按钮，就可以利用现成的建模了。

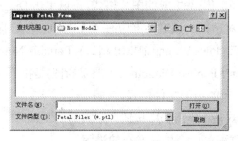

图 3-24 导入模型

5. 发布模型

Rational Rose 2003 提供了将模型生成相关网页从而在网络上进行发布的功能，这样，可以方便系统模型的设计人员将系统的模型内容对其他开发人员进行说明。

发布模型可以按以下步骤进行：

(1) 选择 Tools(工具)|Web Publisher 命令，弹出如图 3-25 所示的 Rose Web Publisher 对话框。

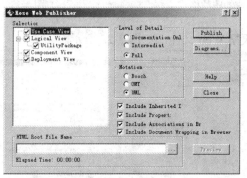

图 3-25 Rose Web Publisher 对话框

在对话框的 Selection(选择)列表中选择要发布的内容，包括相关模型视图或者包。在 Level of Detail(细节级别)选项组中选择要发布的细节级别设置，包括 Documentation Only(仅发布文档)、Intermediate(中间级别)和 Full(全部发布)。其中，Documentation Only(仅发布文档)是指在发布模型的时候包含了对模型的一些文档说明，如模型元素的注释等，不包含操作、属性等细节信息；Intermediate(中间级别)是指在发布的时候允许用户发布在模型元素规范中定义的细节，但是不包括具体的程序语言所表达的一些细节内容；Full(全部发布)是指将模型元素的所有有用的信息全部发布出去，包括模型元素的细节和程序语言细节等。在 Notation(标记)选项组中选择发布模型的类型，可供选择的有 Booch、OMT 和 UML

3 种类型，可以根据实际需要的情况选择合适的标记类型。在下面的几个框中选择在发布的时候要包含的内容，如 Include Inherited Items(包含继承的项)、Include Properties(包含属性)、Include Associations in Browser(包含关联链接)和 Include Document Wrapping in Browser(包含文档说明链接)等。最后，在 HTML Root File Name(HTML 根文件名称)文本框中设置要发布的网页文件的根文件名称。

(2) 如果需要设置发布的模型生成的图片格式，可以单击 Diagrams 按钮，弹出如图 3-26 所示的 Diagram Options 对话框。该对话框中有 4 个选项可供选择，分别是 Don't Publish Diagrams(不要发布图)、Windows Bitmaps(BMP 格式)、Portable Network Graphics(PNG 格式)和 JPEG(JPEG 格式)。Don't Publish Diagrams(不要发布图)是指不发布图像，仅仅包含文本内容。其余三种指的是发布的图形文件格式。

(3) 设置完毕图片格式后，单击 OK 按钮，返回到图 3-25 中，单击 Publish 按钮后，弹出如图 3-27 所示的发布过程窗口，显示发布的进程。

图 3-26　设置模型生成的图片格式　　　　　　　图 3-27　发布过程窗口

(4) 发布成功后的模型 Web 文件，如图 3-28 所示。

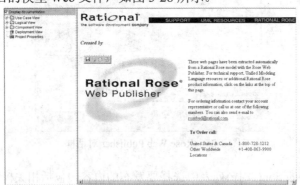

图 3-28　发布后的页面

6. 注释的添加和删除

对模型元素进行适当的注释可以有效地帮助人们对该模型元素进行理解。注释是在图中添加的文本信息，并且这些文本和相关的图或模型元素相连接，表明对其的具体说明。图 3-29 所示是给 Student 类添加了一个注释。

为模型元素添加注释的具体步骤如下：

(1) 打开正在编辑的图，选择图形编辑工具栏中的 图标，将其拖入到图中需添加注释的模型元素附近。也可以选择 Tools(工具)菜单|Create(新建)|Note 命令，在图中需添加注释的模型元素附近绘制注释即可。

(2) 在图形编辑工具栏中单击 图标或者选择 Tools(工具)|Create(新建)|Note Anchor 命令，即可添加注释与模型元素的超链接。

(3) 删除注释的方法很简单，右击注释信息或者注释超链接，在弹出的快捷菜单中选择 Edit|Delete 命令即可。

7. 图或模型元素的添加和删除

在 Rational Rose 2003 的模型中，在合适的视图或包中可以创建该视图或包所支持的图或模型元素。创建图可以通过以下步骤实现：

(1) 在视图或者包中右击，选择如图 3-30 所示 New 菜单下的图或模型元素。也可以单击位于通用工具栏中的该图的图标，在弹出的对话框中，选择"<New>"选项。

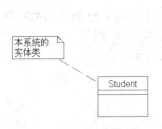

图 3-29　给类添加注释　　　　　　　图 3-30　创建各种图

(2) 将创建的图或模型元素进行命名，就可双击打开该图，如图 3-31 所示。

(3) 删除模型中的图或模型元素，则需要在浏览器中右击该模型元素或图，在弹出的快捷菜单中选择如图 3-32 所示的 Delete 命令，这样在所有图中存在的该模型元素都会被删除。如果右击该模型元素，在弹出的快捷菜单中选择 Edit|Delete 命令则仅会在该图中删除模型元素，而不会对其他图中的该模型元素产生影响。

图 3-31　选择待插入图形的包　　　　　图 3-32　完全删除一个图

8. 使用控制单元

使用控制单元是 Rational Rose 2003 支持多个用户并行开发的一种方式。控制单元可以控制各种视图、Model Properties(模型属性)和各种视图下的包。在使用一个控制单元时，该单元中的所有模型元素存在于一个后缀为".cat"的文件中。创建控制单元的操作步骤如下：

(1) 右击包图的名称，弹出如图 3-33 所示的快捷菜单。

图 3-33　创建控制单元

(2) 选择 Units|Control UtilityPackage 命令，会弹出如图 3-34 所示的对话框。

图 3-34　输入控制单元名称

(3) 输入文件名称，选择保存的路径，单击"保存"按钮，即可创建一个名为 UtilityPackage 的控制单元。

(4) 创建完该控制单元以后，在图 3-35 所示的该控制单元的快捷菜单下选择相应的操作即可对该控制单元进行重载、卸载、取消控制、另存为以及写保护操作。

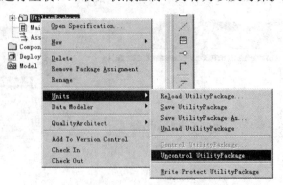

图 3-35　创建控制单元后的操作

9. 使用模型集成器

Rational Rose 2003 中的 Model Integrator(模型集成器)也是支持多个用户并行开发的一种工具，使用它可以方便地比较、合并多个模型，有利于多个设计人员独立地进行系统的设计工作。

使用模型集成器的具体步骤如下：

(1) 选择 Tools(工具)|Model Integrator(模型集成器)命令，弹出如图 3-36 所示的窗口。

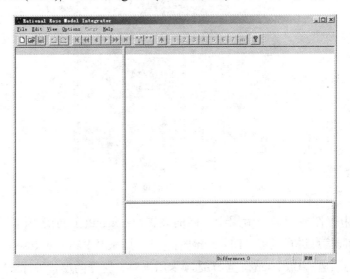

图 3-36 模型集成器

(2) 选择 File(文件)|Contributors(贡献者)命令，弹出如图 3-37 所示的 Contributors 对话框。

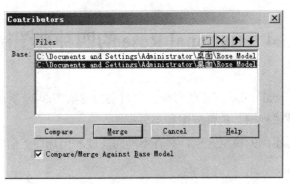

图 3-37 合并模型

(3) 在对话框中选择要比较的模型文件，单击 Compare 按钮显示差别。

(4) 单击 Merge 按钮将模型合并，如果出现冲突会提示关于冲突的提示信息。

(5) 解决完冲突后即可保存新模型。

10. 基本设置

Rational Rose 2003 中的基本设置都是通过 Tools(工具)|Options 命令来完成的。该命令

被选择后，会弹出如图 3-38 所示的 Options 对话框。

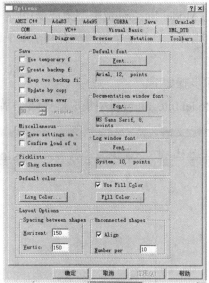

图 3-38　全局设置

　　该对话框中有许多的选项卡用于不同的设置。General(全局)选项卡用来对 Rational Rose 2003 的全局信息进行设置；Diagram(图)选项卡用来对 Rational Rose 2003 中有关图的显示等信息进行设置；Browser(浏览器)选项卡用来对浏览器的形状进行设置；Notation(标记)选项卡用来设置使用的标记语言以及默认的语言信息；Toolbars 选项卡用来对工具栏进行设置；其余的选项卡是 Rational Rose 2003 所支持的语言，可以通过该对话框设置该语言的相关信息。

3.4　Rational Rose 的四种视图模型

　　在创建一个 Rational Rose 工程的时候，会自动包含如图 3-39 所示的 4 种视图。它们分别是用例视图、逻辑视图、构件视图和部署视图。

　　每一种视图针对不同的模型元素，具有不同的功能和用途。下面将分别对这四种视图进行说明。

3.4.1　用例视图

　　用例视图(Use Case View)与系统中的实现是不相关的，它关注的是系统功能的高层抽象，适合于对系统进行分析和获取需求，而不关注于系统的具体实现方法。在用例视图中包括了系统中的所有参与者、用例和用例图，必要时还可以在用例视图中添加顺序图、协作图、活动图和类图等。图 3-40 所示为一个聊天系统的用例视图。

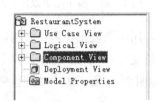

图 3-39　Rose 模型中的四种视图　　　　　　　　　图 3-40　用例视图

在用例视图中，可以创建多种模型元素。只要在 Use Case View(用例视图)上右击，在弹出的快捷菜单 New 命令下就可以看到如图 3-41 所示的在视图中允许创建的模型元素。

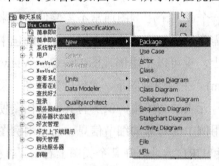

图 3-41　用例视图中可以创建的模型元素

在用例视图中可以创建的模型元素有多种，下面分别进行简要的介绍。

(1) 参与者(Actor)。参与者是指存在于被定义系统外部并与该系统发生交互的人或其他系统，它代表了系统的使用者或使用环境。在某个参与者上右击，在弹出的快捷菜单的 New 命令下可以看到如图 3-42 所示的该参与者中允许创建的模型元素：参与者的属性(Attribute)、操作(Operation)、嵌套类(Nested Class)、状态图(Statechart Diagram)和活动图(Activity Diagram)等。

(2) 类(Class)。类是对某个或某些对象的定义。它包含有关对象动作方式的信息，包括它的名称、方法、属性和事件。在用例视图中可以直接创建类，在某个类上右击，在弹出的快捷菜单的 New 命令下可以看到如图 3-43 所示的在该类中允许创建的模型元素：类的属性(Attribute)、类的操作(Operation)、嵌套类(Nested Class)、状态图(Statechart Diagram)和活动图(Activity Diagram)等。我们注意到，在类下面可以创建的模型元素和在参与者下可以创建的模型元素是相同的，因为参与者实际上也是一个类。

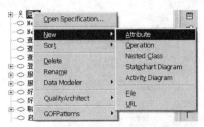

图 3-42　参与者下可以创建的模型元素　　　　图 3-43　类下面可以创建的模型元素

　　(3) 用例图(Use Case Diagram)。在用例视图中，用例图显示了各个参与者、用例以及它们之间的交互。在用例图下可以连接用例图相关的文件和 URL 地址。在某个用例图上右击，在弹出的快捷菜单的 New 命令下可以看到如图 3-44 所示的在该用例图中允许创建的元素。

　　(4) 包(Package)。包是在用例视图和其他视图中最通用的模型元素组的表达形式。使用包可以将不同的功能区分开来。但是在大多数情况下，在用例视图中使用包的功能很少，基本上不用。这是因为用例图基本上是用来获取需求的，这些功能集中在一个或几个用例图中才能更好地把握，而一个或几个用例图通常不需要使用包来进行划分。如果需要对很多的用例图进行组织，才需要使用包的功能。在用例视图的包中，可以再次创建用例视图内允许的所有图形。事实上，也可以将用例视图(Use Case View)看成是一个包。

　　(5) 类图(Class Diagram)。在用例视图下，允许创建类图。类图提供结构图类型的一个主要实例，并提供一组记号元素的初始集，供所有其他结构图使用。在用例视图中，类图主要提供了各种参与者和用例中的对象的细节信息。与在用例图下相同，在类图下可以创建连接类图的相关的文件和 URL 地址。在某个类图上右击，在弹出的快捷菜单的 New 命令下可以看到如图 3-45 所示的在该类图中允许创建的元素。

图 3-44　用例图可以关联文件和 URL　　　　图 3-45　类图下可以关联文件和 URL

　　(6) 用例(Use Case)。用例用来表示在系统中所提供的各种服务，它定义了系统是如何被参与者所使用的，它描述的是参与者为了使用系统所提供的某一完整功能而与系统之间发生的一段对话。在某个用例上右击，在弹出的快捷菜单的 New 命令下可以看到如图 3-46 所示的用例中允许创建的模型元素，包括协作图、序列图、类图、用例图、状态图和活动图等。

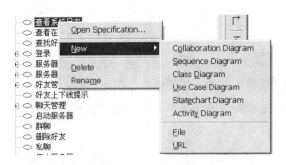

图 3-46　用例下可以创建的模型元素

(7) 活动图(Activity Diagram)。在用例视图下，活动图主要用来表达参与者的各种活动之间的转换。同样，在活动图下也可以创建各种元素。在某个活动图上右击，在弹出的快捷菜单的 New 命令下可以看到如图 3-47 所示的该活动图中允许创建的元素，包括状态(State)、活动(Activity)、开始状态(Start State)、结束状态(End State)、泳道(Swimlane)和对象(Object)、连接活动图的相关文件和 URL 地址。

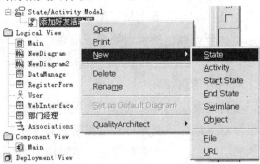

图 3-47　活动图下可以创建的模型元素

(8) 状态图(Statechart Diagram)。在用例视图下，状态图主要用来表达各种参与者或类的状态之间的转换。在状态图下也可以创建各种元素。在某个状态图上右击，在弹出的快捷菜单的 New 命令下可以看到如图 3-48 所示的该状态图中允许创建的元素，包括状态、开始状态、结束状态、连接状态图的文件和 URL 地址等。

图 3-48　状态图下可以创建的模型元素

(9) 序列图(Sequence Diagram)。在用例视图下，也允许创建序列图，和协作图一样来表达各种参与者和用例之间的交互序列关系。在某个序列图上右击，在弹出的快捷菜单的

New 命令下可以看到如图 3-49 所示的该序列图中允许创建的元素,包括连接序列图的相关的文件和 URL 地址。

(10) 协作图(Collaboration Diagram)。在用例视图下,也允许创建协作图,来表达各种参与者和用例之间的交互协作关系。在某个协作图上右击,在弹出的快捷菜单的 New 命令下可以看到如图 3-50 所示的该协作图中允许创建的元素,包括连接协作图的相关文件和 URL 地址。

图 3-49 序列图下可以关联文件和 URL

图 3-50 协作图下可以关联文件和 URL

(11) 文件(File)。文件是指能够连接到用例视图中的一些外部文件。它可以详细地介绍使用用例视图的各种信息,甚至可以包括错误处理等信息。

(12) URL 地址(URL)。URL 地址是指能够连接到用例视图的一些外部 URL 地址。这些地址用于介绍用例视图的相关信息。

在项目开始的时候,项目开发小组可以选择用例视图来进行业务分析,确定业务功能模型,完成系统的用例模型。客户、系统分析人员和系统的管理人员根据系统的用例模型和相关文档来确定系统的高层视图。一旦客户同意了用例模型的分析,就确定了系统的范围。然后就可以在逻辑视图(Logical View)中继续进行开发,关注在用例中提取的功能的具体分析。

3.4.2 逻辑视图

逻辑视图(Logical View)关注系统如何实现用例中所描述的功能,主要是对系统功能性需求提供支持,即在为用户提供服务方面,系统所应该提供的功能。在逻辑视图下的模型元素可以包括类、类工具、用例、接口、类图、用例图、协作图、顺序图、活动图和状态图等。

在逻辑视图中,用户将系统更加仔细地分解为一系列的关键抽象,将这些大多数来自于问题域的事物通过采用抽象、封装和继承的原理,使之表现为对象或对象类的形式,借助于类图和类模板等手段,提供了系统的详细设计模型图。类图用来显示一个类的集合和它们的逻辑关系:关联、使用、组合、继承等。相似的类可以划分成为类集合。类模板关注于单个类,它们强调主要的类操作,并且识别关键的对象特征。如果需要定义对象的内部行为,则使用状态转换图或状态图来完成。公共机制或服务可以在工具类 (Class utilities) 中定义。对于数据驱动程度高的应用程序,可以使用其他形式的逻辑视图,例如 E-R 图,来代替面向对象的方法(OO approach)。

逻辑视图有多个模型元素与用例视图中的模型元素是相同的,这些相同的模型元素的界面可参考用例视图中的相关图示,这里只给出不重复的图形示例,充分利用这些模型元素,可以构造出系统的详细设计内容。在 Rational Rose 的浏览器中的逻辑视图,如图 3-51所示。

只要在逻辑视图(Logical View)上右击,在弹出的快捷菜单的 New 命令下就可以看到如图 3-52 所示的在视图中允许创建的模型元素。

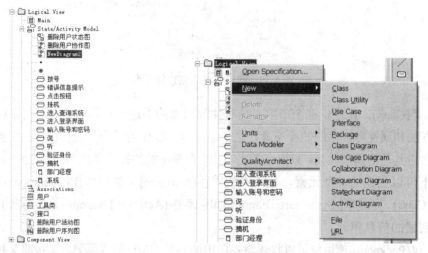

图 3-51　逻辑视图　　　　　图 3-52　逻辑视图中可以创建的模型元素

在逻辑视图中可以创建的模型元素有多种,下面分别进行简要的介绍。

(1) 用例图(Use Case Diagram)。在逻辑视图中也可以创建用例图,其功能和在用例视图中介绍的一样,只是放在不同的视图区域中。在某个用例图上右击,在弹出的快捷菜单的 New 命令下可以看到在用例图下可以创建连接用例图的相关文件和 URL 地址。

(2) 用例(Use Case)。在逻辑视图中仍然可以存在用例,目的是围绕用例添加各种图以详细地描述该用例。和在用例视图中的类似,在某个用例上右击,在弹出的快捷菜单的 New命令下可以看到在用例下能够创建的元素,包括协作图、序列图、类图、用例图、状态图和活动图等。

(3) 类图(Class Diagram)。类图用于浏览系统中的各种类、类的属性和操作,以及类与类之间的关系。类图在建模的过程中是一个非常重要的概念,至少存在两个必须了解类图的重要理由。第一个是它能够显示系统分类器的静态结构。系统分类器是类、接口、数据类型和构件的通称。第二个理由是类图为 UML 描述的其他结构图提供了基本标记功能。开发者可以认为类图是为他们特别建立的一张描绘系统的各种静态结构代码的表,但是其他的团队成员将发现它们也是有用的,如业务分析师可以用类图为系统的业务远景建模等。其他的图,包括活动图、序列图和状态图等,也可以参考类图中的类进行建模和文档化。与在用例视图下相同,在类图上右击,在弹出的快捷菜单的 New 命令下可以看到在类图下可以创建连接类图的相关文件和 URL 地址。

(4) 接口(Interface)。一个接口和一个类不同，一个类可以有它的真实实例，然而一个接口必须至少有一个类来实现它。和类相同，在接口上右击，在弹出的快捷菜单的 New 命令下可以看到如图 3-53 所示的该接口可以创建的模型元素，包括属性(Attribute)、操作(Operation)、嵌套类(Nested Class)、状态图(Statechart Diagram)和活动图(Activity Diagram)等。

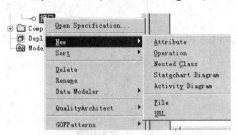

图 3-53　接口下可以创建的元素

(5) 类(Class)。在逻辑视图中主要是对抽象出来的类进行详细的定义，包括确定类的名称、方法和属性等。系统的参与者在这个地方也可以作为一个类进行存在。在类下面，也可以创建其他的模型元素。只要在类上右击，在弹出的快捷菜单的 New 命令下可以看到在该类下可以创建的模型元素，包括类的属性(Attribute)、类的操作(Operation)、嵌套类(Nested Class)、状态图(Statechart Diagram)和活动图(Activity Diagram)等，与前面在用例视图中创建的信息相同。

(6) 包(Package)。使用包可以将逻辑视图中的各种 UML 图或模型元素按照某种规则进行划分。在逻辑视图的包下，仍然可以创建所有能够在用例视图下创建的各种图和模型元素。

(7) 工具类(Class Utility)。工具类仍然是类的一种，是对公共机制或服务的定义，通常存放一些静态的全局变量，用来方便其他类对这些信息进行访问，如图 3-54 所示。

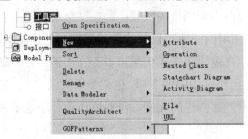

图 3-54　工具类下可以创建的信息

(8) 活动图(Activity Diagram)。与在用例视图下相同，在活动图下也可以创建各种元素。在活动图上右击，在弹出的快捷菜单的 New 命令下可以看到在该活动图下可以创建的模型元素，包括状态(State)、活动(Activity)、开始状态(Start State)、结束状态(End State)、泳道(Swimlane)和对象(Object)、连接活动图的相关文件和 URL 地址。

(9) 序列图(Sequence Diagram)。序列图主要用于按照各种类或对象交互发生的一系列顺序，显示各种类或对象之间的这些交互。它的重要性和类图很相似，开发者通常认为序列图对他们非常有意义，因为序列图显示了程序是如何在时间和空间中在各个对象的交互作用下一步一步地执行下去的。

　　在项目的需求阶段，分析师能通过提供一个更加正式层次的表达，把用例带入下一层次。那种情况下，用例常常被细化为一个或者更多的序列图，这样对于组织的技术人员来讲，序列图在记录一个未来系统的行为应该如何表现时，非常有用。

　　在设计阶段，架构师和开发者能使用序列图，挖掘出系统对象间的交互，如何充实整个系统设计，这就是序列图的主要用途之一，即把用例表达的需求，转化为进一步、更加正式层次的精细表达。

　　对于组织的业务人员来讲，序列图显示了不同的业务对象如何交互，对于交流当前业务如何进行也是很有帮助的。这样，除了担任记录组织的当前事件外，一个业务级的序列图还能被当作一个需求文件使用，为实现一个未来系统传递需求。

　　用例常常被细化为一个或者更多的序列图。序列图除了在设计新系统方面的用途外，还能用来记录一个存在系统的对象现在如何交互。与在用例视图下相同，选择某个序列图并右击，在弹出的快捷菜单的 New 命令下可以看到在该序列图下可以创建连接序列图的相关文件和 URL 地址。

　　(10) 协作图(Collaboration Diagram)。协作图主要用于按照各种类或对象交互发生的一系列协作关系，显示这些类或对象之间的交互。协作图中可以有对象和主角实例，以及描述它们之间关系与交互的连接和消息。通过说明对象间如何通过互相发送消息来实现通信，协作图描述了参与对象中发生的情况。可以为用例事件流的每一个变化形式制作一个协作图。与在用例视图下相同，在协作图下也可以创建连接协作图的相关文件和 URL 地址。选择某个协作图并右击，在弹出的快捷菜单的 New 命令下可以看到在该协作图中允许创建的元素。

　　(11) 状态图(Statechart Diagram)。状态图主要用于描述各个对象自身所处状态的转换，用于对模型元素的动态行为进行建模，具体来说，就是对系统行为中受事件驱动的方面进行建模。

　　状态机专门用于定义依赖于状态的行为(即根据模型元素所处的状态而有所变化的行为)。其行为不会随着其元素状态发生变化，模型元素不需要用状态机来描述其行为(这些元素通常是主要负载管理数据的被动类)。

　　状态机由状态组成，各状态由转移链接在一起。状态是对象执行某项活动或等待某个事件时的条件。转移是两个状态之间的关系，它由某个事件触发，然后执行特定的操作或评估并导致特定的结束状态。与在用例视图下相同，选择某个状态图并右击，在弹出的快捷菜单的 New 命令下可以看到在该状态图中允许创建的模型元素，包括状态、开始状态、和结束状态以及连接状态图的文件和 URL 地址等。

　　(12) 文件(File)。文件是指能够连接到逻辑视图中的一些外部文件，用来详细地介绍使用逻辑视图的各种信息。

　　(13) URL 地址(URL)。URL 地址是指能够连接到逻辑视图中的一些外部 URL 地址。这些地址用于介绍逻辑视图的相关信息。

　　在逻辑视图中关注的焦点是系统的逻辑结构。在逻辑视图中，不仅要认真抽象出各种类的信息和行为，还要描述类的组合关系等，尽量产生出能够重用的各种类和构件来，这样就可以在以后的项目中，方便地添加现有的类和构件，而不需要一切从头再开始一遍。一旦标识出各种类和对象并描绘出这些类和对象的各种动作和行为之后，就可以转入构件视图中，以构件为单位勾画出整个系统的物理结构。

3.4.3　部署视图

部署视图(Deployment View)考虑的是整个解决方案的实际部署情况，所描述的是在当前系统结构中所存在的设备、执行环境和软件的运行时体系结构，它是对系统拓扑结构的最终物理描述。系统的拓扑结构描述了所有硬件单元，以及在每个硬件单元上执行的软件的结构。

部署视图是在分析和设计中使用的构架视图，以便于理解系统在一组处理节点上的物理分布。在系统中，只包含有一个部署视图，用来说明各种处理活动在系统各节点的分布。但是，这个部署视图可以在每次迭代过程中都加以改进。

部署视图中包括进程、处理器和设备。进程是在自己的内存空间执行的线程；处理器是任何有处理功能的机器，一个进程可以在一个或多个处理器上运行；设备是指任何没有处理功能的机器。图 3-55 所示是一个部署视图结构。

在部署视图中，可以创建处理器和设备等的模型元素。右击 Deployment View(部署视图)，在弹出的快捷菜单的 New 命令下就可以看到如图 3-56 所示的在部署视图中允许创建的模型元素。

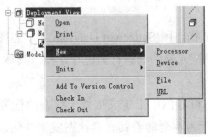

图 3-55　部署视图示例　　　　　图 3-56　在部署视图中可以创建的模型元素

在部署视图中可以创建的模型元素有多种，下面分别进行简要的介绍。

(1) 处理器(Processor)。处理器是指任何有处理功能的节点。节点是各种计算资源的通用名称，包括处理器和设备两种类型。在每一个处理器中允许部署一个或几个进程，并且在处理器中可以创建进程，它们是拥有自己的内存空间的线程。线程是进程中的实体，一个进程可以拥有多个线程，一个线程必须有一个父进程。线程不拥有系统资源，只有运行必须的一些数据结构；它与父进程的其他线程共享该进程所拥有的全部资源。线程可以创建和撤销线程，从而实现程序的并发执行。

(2) 设备(Device)。设备是指任何没有处理功能的节点，如打印机。

(3) 文件(File)。文件是指那些能够连接到部署视图中的一些外部文件，用来详细地介绍使用部署视图的各种信息。

(4) URL 地址(URL)。URL 地址是指能够连接到部署视图中的一些外部 URL 地址。这些地址用于介绍部署视图的相关信息。

可以通过部署视图查看拓扑结构中的任何一个特定的节点，了解该节点上组件执行情况，以及该组件中包含了哪些逻辑元素(如类、对象、协作等)，并且最终能够从这些元素追溯到系统初始的需求分析阶段。

3.4.4　构件视图

构件视图(Component View)用来描述系统中的各个实现模块以及它们之间的依赖关系。构件视图包含模型代码库、执行文件、运行库和其他构件的信息，但是按照内容来划分，构件视图主要由包、构件和构件图构成。包是与构件相关的组。构件是不同类型的代码模块，它是构造应用的软件单元，构件可以包括源代码构件、二进制代码构件以及可执行构件等。在构件视图中也可以添加构件的其他信息，如资源分配情况以及其他管理信息等。构件图显示构件及其之间的关系，构件视图主要由构件图构成。一个构件图可以表示一个系统全部或部分的构件体系。从组织内容看，构件图显示了软件构件的组织情况以及这些构件之间的依赖关系。

在构件视图下的元素可以包括各种构件、构件图以及包等。在 Rational Rose 的浏览器中的构件视图，如图 3-57 所示。

在构件视图中，同样可以创建一些模型元素。右击 Component View(构件视图)，在弹出的如图 3-58 所示的快捷菜单的 New 命令下就可以看到构件视图允许创建的模型元素。

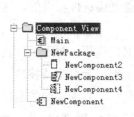

图 3-57　构件视图示例　　　　　图 3-58　在构件视图中可以创建的模型元素

在构件视图中可以创建的模型元素有 5 种，下面分别进行简要的介绍。

(1) 构件图(Component Diagram)。构件图的主要目的是显示系统构件间的结构关系。它被认为是在一个、多个或子系统中，能够独立地提供一个或多个接口的封装单位。构件必须有严格的逻辑，设计时必须进行构造，要能够很容易地在设计中被重用或被替换成一个不同的构件实现，因为一个构件一旦封装了行为，实现了特定接口，那么这个构件就围绕实现这个接口的功能而存在，而功能的完善或改变意味着这个构件需要改变。选择 Component Diagram(构件图)并右击，在弹出的快捷菜单 New 命令下可以看到如图 3-59 所示的在该构件图中允许创建的连接构件的相关文件和 URL 地址。

(2) 构件(Component)。构件是系统中实际存在的可更换部分，它实现特定的功能，符合一套接口标准并实现一组接口，它是构件图中最重要的模型要素。构件代表系统中的一部分物理实施，包括软件代码(源代码、二进制代码或可执行代码)或其等价物(如脚本或命令文件)。在 UML 中，构件使用一个带有标签的矩形来表示。在浏览器中选择某个构件，右击，在弹出的快捷菜单 New 命令下可以看到如图 3-60 所示的在构件下可以创建连接构件的相关文件和 URL 地址。

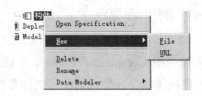

图 3-59 构件图下可以创建的信息   图 3-60 构件下可以创建的元素

(3) 包(Package)。包在构件视图中仍然担当的是划分的功能。使用包可以划分构件视图中的各种构件，不同功能构件可以放置在不同的构件视图的包中。在将构件放置在某个包中的时候，需要认真考虑包与包之间的划分关系，这样才能达到在以后的开发程序中重用的目的。

(4) 文件(File)。文件是指能够连接到构件视图中的一些外部文件，用来详细地介绍使用构件视图的各种信息。

(5) URL 地址(URL)。URL 地址是指能够连接到构件视图的一些外部 URL 地址。这些地址用于介绍构件视图的相关信息。

在以构件为基础的开发(CBD)中，构件视图为架构设计师提供一个开始为解决方案建模的自然形式。构件视图允许架构设计师验证系统的必须功能是由构件实现的，这样确保了最终系统将会被接受。

除此之外，构件视图在不同小组的交流中还担当交流工具的作用。对于项目负责人来讲，构件视图将系统的各种实现连接起来的时候，构件视图能够展示对将要被建立的整个系统的早期理解。对于开发者来讲，构件视图给他们提供了将要建立的系统的高层次架构视图，这将帮助开发者开始建立实现的路标，并决定关于任务分配及(或)增进需求技能。对于系统管理员来讲，他们可以获得将运行于他们系统上的逻辑软件构件的早期视图。虽然系统管理员将无法从图上确定物理设备或物理的可执行程序，但是，他们仍然能够通过构件视图较早地了解关于构件及其关系的信息，了解这些信息能够帮助他们允许系统管理员轻松地计划后面的部署工作。如何进行部署那就需要部署视图来帮忙。

3.5 用 Rational Rose 生成代码

在 Rational 中提供了根据模型元素转换成相关目标语言代码和将代码转换成模型元素的功能，我们称之为"双向工程"。这极大地方便了软件开发人员的设计工作。能够使设计者把握系统的静态结构，起到帮助编写优质的代码的作用。

3.5.1　生成代码的方法

在 Rational Rose 2003 中，不同的版本对于代码生成提供了不同程度的支持，Rational Rose Modeler 版本仅可以提供生成系统的模型，不支持代码生成功能；Rational Rose Professional 版本只提供对一种目标语言的支持，这种语言取决于用户在购买该版本时的选择；Rational Rose Enterprise 版本对 UML 提供了很高的支持，可以使用多种语言进行代码生成，这些语言包括 Ada83、Ada95、ANSI C++、CORBA、Java、COM、Visual Basic、Visual C++、Oracle8 和 XML_DTD 等。可以选择 Tools(工具)|Options(选项)命令来查看如图 3-61 所示支持的语言信息。

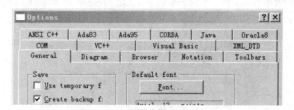

图 3-61　Rational Rose Enterprise 支持的语言信息

使用 Rational Rose 生成代码可以通过以下 4 个步骤进行，下面以目标语言为 Java 的代码为例进行说明。

1. 选择待转换的目标模型

使用 Rational Rose 生成代码一次可以生成一个类、一个构件或一个包，通常在逻辑视图的类图中选择相关的类，在逻辑视图或构件视图中选择相关的包或构件。选择相应的包后，在这个包下的所有的类模型都会转化成目标代码。

2. 检查 Java 语言的语法错误

Rational Rose 拥有独立于各种语言之外的模型检查功能，通过该功能能够在代码生成以前保证模型的一致性。在生成代码前最好进行一下模型的检查，及时地发现模型中的错误和不一致性，以提高生成代码的正确性。检查时选择如图 3-62 所示的 Tools(工具)|Check Model(检查模型)命令，出现的错误会显示在下方的日志窗口中。常见的错误包括对象与类不映射等。

在检查模型错误时，需要及时地对模型进行修正。在 Report(报告)工具栏中，可以通过 Show Usage、Show Instances、Show Access Violations 等功能辅助校正错误。

对于 Java 语言的语法检查，需要选择如图 3-63 所示的 Tools(工具)|Java/J2EE|Syntax Check(语法检查)命令。

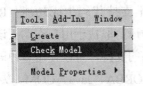

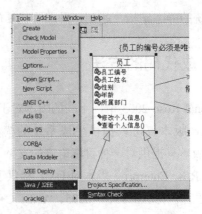

图 3-62　检查模型示例　　　　　　　图 3-63　检查 Java 语言的语法

如果检查出现一些语法错误，也将在日志中进行显示。如果检查正确，则会出现如图3-64 所示的提示信息。

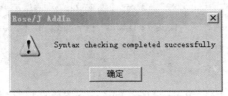

图 3-64　语法检查结果示例

3. 设置代码生成属性

在 Rational Rose 中，可以对类、类的属性、操作、构件和其他一些元素设置一些代码生成属性。如果想改变 Rational Rose 提供的默认设置，可以选择 Tools(工具)|Options(选项)命令来自定义这些代码的生成属性，弹出的对话框如图 3-65 所示。属性设置后，将会影响模型中使用 Java 实现的所有类。

对单个类进行设置的时候，可以使用该类的"规范窗口"对话框，在对应的语言中改变相关属性，如图 3-66 所示。

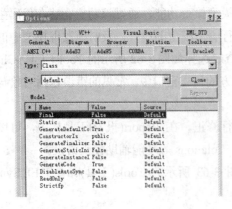

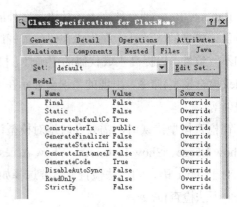

图 3-65　设置 Java 语言代码生成属性　　　　图 3-66　设置单个类的生成

4．生成代码

在使用 Rational Rose Professional 或 Rational Rose Enterprise 版本进行代码生成之前，一般来说需要将一个包或组件映射到一个 Rational Rose 的路径目录中指定生成路径。具体的操作步骤如下：

(1) 选择 Tools(工具)| Java/J2EE | Project Specification(项目规范)命令，弹出如图 3-67 所示的 Project Specification 对话框。

(2) 在 Classpaths 下添加生成的路径，可以选择的目标是生成在一个 jar/zip 文件中或者在一个目录中。

(3) 选择 Tools(工具)| Java/J2EE | Generate Code(生成代码)命令来生成代码。

下面以图 3-68 所示的类模型为例对生成的代码进行说明。

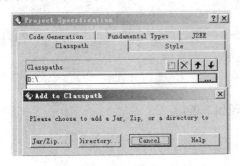
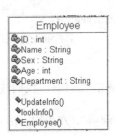

图 3-67　项目生成路径设置　　　　　　　　图 3-68　类模型

在该类模型中，类的名称为 Employee，有 5 个私有属性，即员工编号、员工姓名、性别、年龄、所属部门；还包含 2 个公开的类型方法，方法的名称为"修改个人信息"和"查看个人信息"。通过上面的步骤，对该类进行代码生成，可以获得的代码如程序 Employee.java 所示。在该程序中可以一一对应出在类图中定义的内容。

```
//Source file: D:\\Employee.java
public class Employee
{
//对应图中的 5 个属性
    private int ID;
    private String Name;
    private String Sex;
    private int Age;
    private String Department;
    /**
     * @roseuid 4E16EA6C03B9
     */
    public Employee()//对应图中的方法
    {
    }

    /**
```

```
  * @return Boolean
  * @roseuid 4E155C0D0148

  */
 public Boolean UpdateInfo()//对应图中的方法
 {
  return null;
 }
 /**
  * @return Void
  * @roseuid 4E155C2701D4
  */
 public Void lookInfo()//对应图中的方法
 {
  return null;
 }
}
```

在生成的代码中，我们注意到会出现如下语句：

```
@roseuid 467169E40029
```

这些数字和字母的符号用来标识代码中的类、操作以及其他模型元素，便于 Rational Rose 中的模型与代码进行同步。

3.5.2　逆向工程

在 Rational Rose 中，可以通过收集有关类(Classes)、类的属性(Attributes)、类的操作(Operations)、类与类之间的关系(Relationships)以及包(Packages)和构件(Components)等静态信息，将这些信息转化成对应的模型，在相应的图中显示出来。下面将 Java 代码 Employee.java 逆向转化为 Rational Rose 中的类图。

程序逆向工程代码 Employee.java 示例：

```
public class Employee
{
    private int ID;
    private String Name;
    private String Sex;
    private int Age;
    private String Department;
    public Employee()
    {
    }
```

```
    public Boolean UpdateInfo()
    {
     return null;
    }

    public Void lookInfo()
    {
     return null;
    }
}
```

　　在该程序中，定义一个 Employee 类、类的属性、方法和构造函数。在设定完成生成了路径之后，选择 Tools(工具)|Java/J2EE|Reverse Engineer(逆向工程)命令来进行逆向工程。生成的类如图 3-68 所示，可以一一对应出在程序中所要表达的内容。

3.6　习　　题

1. 填空题

　　(1) Rational Rose 默认支持的目标语言主要包括_____、_____、_____等。

　　(2) _____视图显示的是系统的实际部署情况，它是为了便于理解系统如何在一组处理节点上的物理分布，而在分析和设计中使用的构架视图。

　　(3) 使用 Rational Rose 生成代码的步骤包括_____、_____、_____、_____。

　　(4) 在用例视图中包括了系统中的所有参与者、用例和用例图，必要时还可以在其中添加_____、_____、_____和_____等。

　　(5) _____用来描述系统中的各个实现模块以及它们之间的依赖关系。它包含模型代码库、执行文件、运行库和其他构件的信息。

2. 选择题

　　(1) 下列说法正确的是(　　)。

　　　　A. 在用例视图下可以创建类图

　　　　B. 在逻辑视图下可以创建构件图

　　　　C. 在逻辑视图下可以创建包

　　　　D. 在构件视图下可以创建构件

　　(2) 在 Rational Rose 的逻辑视图下可以创建(　　)。

　　　　A. 类图　　　　　　　　　　　　B. 构件图

　　　　C. 包　　　　　　　　　　　　　D. 活动图

　　(3) Rational Rose 建模工具可以执行的任务有(　　)。

　　　　A. 非一致性检查　　　　　　　　　　　　B. 生成 C++语言代码

C. 报告功能   D. 审查功能

(4) Rational Rose 中支持的视图不包括(   )。

    A. 逻辑视图   B. 构件视图

    C. 部署视图   D. 机构视图

(5) 在构件视图下的元素可以包括(   )。

    A. 构件   B. 构件图   C. 包   D. 类

3. 上机题

(1) 在电脑上安装 Rational Rose 2003 的 Rational Rose Enterprise Edition，并熟悉软件的操作界面和各个主菜单的作用。

(2) 将安装完毕的 Rational Rose Enterprise Edition 操作界面的背景色设置为"浅绿色"、字体大小显示为"五号"。

(3) 使用 Rational Rose 逆向工程的功能将下面的代码转换成逻辑视图(Login View)中的类图。

```
Class Book{
        private int id,
        private string name,
        privare string press,
        private string author,
        private double price
        public Book(int id, string name,string press,string author,double price )
        {
            this.id=id;
            this. name = name;
            this. press = press;
            this. autho = autho;
            this. price = price;
        }
    public void setName(string name)
    {
            this.name=name;
    }
    public string getName()
    {
        return this.name
    }
}
```

第4章 类图和对象图

UML 中的类图描述了系统的静态结构，它不仅定义系统中的类，描述类之间的关系，还包括类的内部结构，在系统的整个生命周期中都是有效的。对象图是类图的实例，几乎具有与类图完全相同的标识。它们的区别在于对象图显示类图的多个对象实例，而不是实际的类。由于对象存在生命周期，所以对象图只能在系统的某一个时间存在。本章主要介绍 UML 类图和对象图的基本概念与图形的表示方法，以及如何使用 Rational Rose 来创建这两类图形。

4.1 类图的概念

类图(Class Diagram)就是用于对系统中的各种概念进行建模，并描绘出它们之间关系的图。它描述了系统的静态结构，而系统的静态结构构成了系统的概念基础。系统中的各种概念是在现实应用中有意义的概念，这些概念包括真实世界中的概念、抽象的概念、实现方面的概念和计算机领域的概念。

在 UML 模型中，可以将概念的类型概括为四种，分别是类、接口、数据类型和构件。UML 给这些类型定义了一个特别的名字叫做类元(Classifer)。在一些关于 UML 的书籍中，也将参与者、信号、节点、用例等包含在内。通常地，可以将类元认为是类，但在技术上，类元是一种更为普遍的术语，它应当包括其他三种类型。可以说创建类图的目的之一就是显示建模系统的类型。

一个类图通过系统中的类以及各个类之间的关系来描述系统的静态方面。类图与数据模型有许多相似之处，区别就是类不仅描述了系统内部信息的结构，也包含了系统的内部行为，系统通过自身行为与外部事物进行交互。

在类图中，一共包含了以下几种模型元素，分别是类(Class)、接口(Interface)、依赖(Dependency)关系、泛化(Generalization)关系、关联(Association)关系以及实现(Realization)关系。并且类图和其他 UML 中图类似，也可以创建约束、注释和包等。一般的类图如图 4-1 所示。

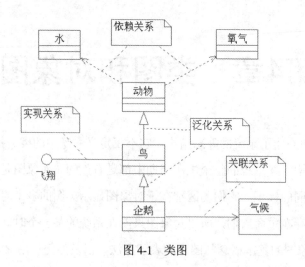

图 4-1　类图

由于静态视图主要被用于支持系统的功能性需求，也就是系统提供给最终用户的服务，而类图的作用是对系统的静态视图进行建模。当对系统的静态视图进行建模时，通常是以下三种方式来使用类图。

(1) 模型化简单的协作。现实世界中的事物是普遍联系的，即使将这些事物抽象成类以后，这些类也是具有相关联系的，系统中的类极少能够孤立于系统中的其他类而独立存在，它们总是与其他的类协同工作，以实现强于单个类的语义。协作是由一些共同工作的类、接口和其他模型元素所构成的一个整体，这个整体提供的一些合作行为强于所有这些元素的行为的和。系统分析者可以通过类图将这种简单的协作进行可视化和表述。

(2) 模型化逻辑数据库模式。在设计数据库时，通常将数据库模式看做数据库概念设计的蓝图，在很多领域中，都需要在关系数据库或面向数据库中存储永久信息。系统分析者可以使用类图来对这些数据库进行模式建模。

(3) 为系统的词汇建模。使用 UML 构建系统最先就是构造系统的基本词汇，以描述系统的边界。对系统的词汇建模要做出如下判断：哪些抽象是系统建模中的一部分，哪些抽象是处于建模系统边界之外的。这是非常重要的一项工作，因为系统最基本的元素在这里会被确定下来。系统分析者可以用类图详细描述这些抽象和它们所执行的职责。类的职责是指对该类的所有对象所具备的那些相同的属性和操作共同组成的功能或服务的抽象。

4.2　UML 中的类

在 UML 中，类定义了一组具有状态和行为的对象，它被表述成为具有相同结构、行为和关系的一组对象的描述符号，所用的属性与操作都被定义在类中。

4.2.1 类的表示

类是面向对象系统组织结构的核心。类是对一组具有相同属性、操作、关系和语义的事物的抽象。这些事物包括了现实世界中的物理实体、商业事物、逻辑事物、应用事物和行为事物等，甚至还包括纯粹的概念性事物。根据系统抽象程度的不同，可以在模型中创建不同的类。

在 UML 的图形表示中，类的表示法是一个矩形，这个矩形由如图 4-2 所示的三个部分构成，分别是类的名称(Name)、类的属性(Attribute)和类的操作(Operation)。类的名称位于矩形的顶端，类的属性位于矩形的中间部位，而矩形的底部显示类的操作。中间部位不仅显示类的属性，还可以显示属性的类型以及属性的初始化值等。矩形的底部也可以显示操作的参数表和返回类型等。

在类的构成中还包含类的职责(Responsibility)、类的约束(Constraint)和类的注释(Note)等信息。

类的属性和操作在 Rational Rose 中可以选择是隐藏或者显示的。也就是说，当在一个类图上画一个类元素时，下面的两个区域是可选择的，如当使用类图仅仅显示类元之间关系的高层细节时，而下面的两个区域没有必要显示就可以隐藏掉如图 4-3 所示类的属性和操作信息。

图 4-2 类的表示   图 4-3 类的简单表示

类也拥有不同的构造型，在 Rational Rose 2003 中默认支持十几种构造型。也可以为类指定相关的类型，在 Rational Rose 2003 中默认支持 Class、ParameterizedClass、InstantiatedClass、ClassUtility、ParameterizedClassUtility、InstantiatedClassUtility 和 MetaClass 等类型，不同类型的类的表示图形也不相同。

4.2.2 类的组成

4.2.1 节初步介绍了类在 UML 中的图形表示，本节将具体地介绍组成一个完整的类图形所需的组成部分。

1. 类的名称(Name)

类的名称是每个类的图形中所必须拥有的元素，用于同其他类进行区分。类的名称通常来自于系统的问题域，并且尽可能地明确表达要描述的事物，不会造成类的语义冲突。类的名称应该是一个名词，且不应该有前缀或后缀。按照 UML 的约定，类的名称的首字母应当大写，如果类的名称由两个单词组成，那么将这两个单词合并，第二个单词首字母也大写。类的名称的书写字体也有规范，正体字说明类是可被实例化的，如图 4-4 所示斜体字说明类为抽象类，代表的是一个名称为 Custmer 的抽象类。

类在它的包含者内有唯一的名字，这个包含者通常可能是一个包，但也可能是另外一个类。包含者对类的名称也有一定的影响。在类中，默认显示包含该类所在的名称。表示一个名称为 Custmer 的类位于名称为 chapter11 的包中，如图 4-5 所示。也可以将这种形式表示成 chapter11::Custmer，即将类的名称分为简单名称和路径名称。单独的名称即不包含冒号的字符串叫做简单名(simple name)。用类所在的包的名称作为前缀的类名叫做路径名(path name)。

图 4-4　抽象类类名示例　　　　　　　图 4-5　包含位置的类

2. 类的操作(Operation)

操作指的是类的所能执行的操作，也是类的一个重要组成部分，描述了在软件系统中所代表的对象具备的动态部分的公共特征抽象。类的操作可以根据不同的可见性由其他任何对象请求以影响其行为。属性是描述类的对象特性的值，而操作用于操纵属性的值进行改变或执行其他动作。操作有时被称为函数或方法，在类的图形表示中它们位于类的底部。一个类可以有零个或多个操作，并且每个操作只能应用于该类的对象。

操作由一个返回类型、一个名称以及参数表来描述。其中，返回类型、名称和参数一起被称为操作签名(Signature of the Operation)。操作签名描述了使用该操作所必需的所有信息。在 UML 中，类的操作的表示语法为([ ]内的内容是可选的)：

　　[可见性] 操作名称 [(参数表)]　[：返回类型] [{属性字符串}]

例如，在上面所举的 Custmer 类的操作，如表 4-1 所示。

表 4-1　Custmer 类的操作

可 见 性	操 作 名 称	参 数 表	返 回 类 型
public	getName	无	String

类的操作由以下几个部分组成：

(1) 可见性。操作的可见性描述了该操作是否对于其他类能够可见，从而是否可以被其他类引用。类中操作的可见性包含三种，分别是公有类型(public)、受保护类型(protected)和私有类型(private)。在 Rational Rose 2003 中，类的操作设置中添加了 Implementation 选项。表 4-2 列出了类操作的可见性。

表 4-2 类操作的可见性

名 称	关 键 字	符 号	Rational Rose 中的图标	语 义
公有类型	public	+	◈	允许在类的外部使用或查看该操作
受保护类型	protected	#	🔑◈	经常和泛化关系等一起使用,子类允许访问父类中受保护类型的操作
私有类型	private	-	🔒◈	只有类本身才能够访问操作,外部一概访问不到
实现类型	Implementation		◈	该操作仅仅在被定义的包中才能够可见

在 Rational Rose 2003 中,类的操作选择表 4-2 所示类型的任意一种,默认的情况为公有类型,即 public 类型。

(2) 操作名称。操作作为类的一部分,每个操作都必须有一个名称以区别于类中的其他操作。通常情况下,操作名称由描述所属类的行为的动词或动词短语构成。和属性的命名一样,操作名称的第一个字母小写,如果操作的名称包含了多个单词,那么这些单词需要进行合并,并且除了第一个英文单词外其余单词的首字母要大写。

(3) 返回类型。返回类型指定了由操作返回的数据类型。它可以是任意有效的数据类型,包括所创建的类的类型。绝大部分编程语言只支持一个返回值,即返回类型至多一个。如果操作没有返回值,在具体的编程语言中一般要加一个关键字 void 来表示,也就是其返回类型必须是 void。

(4) 属性字符串。属性字符串用来附加一些关于操作的除了预定义元素之外的信息,方便对操作的一些内容进行说明。

(5) 参数表。参数表就是由类型、标识符对组成的序列,实际上是操作或方法被调用时接收传递过来的参数值的变量。参数的定义方式采用"名称:类型"的定义方式,如果存在多个参数,则将各个参数用逗号隔开。如果方法没有参数,则参数表就是空的。参数可以具有默认值,也就是说,如果操作的调用者没有提供某个具有默认值的参数的值,那么该参数将使用指定的默认值。

3. 类的属性(Attribute)

属性是类的一个特性,也是类的一个组成部分,描述了在软件系统中所代表的对象具备的静态部分的公共特征抽象,这些特性是这些对象所共有的。当然,有时也可以利用属性的值的变化来描述对象状态。一个类可以具有零个或多个属性。

在 UML 中,类的属性的表示语法为([ ]内的内容是可选的):

[可见性] 属性名称 [: 属性类型] [=初始值] [{属性字符串}]

例如,在上面所举的 Custmer 类的属性,如表 4-3 所示。

表 4-3　Custmer 类中的属性

可　见　性	属性名称	属性类型	初　始　值
private	name	String	
private	age	Integer	10

类的属性由以下几个部分组成：

(1) 可见性。属性的可见性描述了该属性是否对于其他类能够可见，从而是否可以被其他类引用。类中属性的可见性和类操作的可见性一样有三种，分别是公有类型(public)、受保护类型(protected)和私有类型(private)。在 Rational Rose 2003 中，类的属性设置中添加了 Implementation 选项。类的属性可以选择上面四种类型中的任意一种，默认的情况选择私有类型。

(2) 属性名称。属性是类的一部分，每个属性都必须有一个名字以区别于类中的其他属性。通常情况下，属性名称由描述所属类的特性的名词或名词短语构成。按照 UML 的约定，属性的名称的第一个字母小写，如果属性名包含了多个单词，这些单词要合并，并且除了第一个英文单词外其余单词的首字母要大写。

(3) 属性字符串。属性字符串用来指定关于属性的一些附加信息，如某个属性应该在某个区域是有限制的。任何希望添加在属性定义字符串中但又没有合适地方可以加入的规则，都可以放在属性字符串中。

(4) 初始值。在程序语言设计中，设定初始值通常有两个用处。首先，用来保护系统的完整性。在编程过程中，为了防止漏掉对类中某个属性的取值，或者类的属性在自动取值得时候会破坏系统的完整性，可以通过赋初始值的方法保护系统的完整性。其次，为用户提供易用性。设定一些初始值能够有效帮助用户进行输入，从而能够为用户提供很好的易用性。

(5) 属性类型。属性也具有类型，用来指出该属性的数据类型。典型的属性的类型包括 Boolean、Integer、Byte、Date、String 和 Long 等，这些被称为简单类型。这些简单类型在不同的编程语言中会有所区别，但是基本上都是支持的。在 UML 中，类的属性可以是任意的类型，包括系统中定义的其他类，都可以被使用。当一个类的属性被完整定义后，它的任何一个对象的状态都由这些属性的特定值决定。

4. 类的注释(Note)

使用注释可以为类添加更多的描述信息，也是为类提供更多的描述方式中的一种，如图 4-6 所示。

图 4-6　类的注释

5. 类的约束(Constraint)

类的约束指定了该类所要满足的一个或多个规则。在 UML 中，约束是用一个大括号括起来的文本信息。在使用 Rational Rose 2003 表达类与类之间的关联时，通常会对类使用一些约束条件。图 4-7 所示是在 Teacher 类和 Copy 类之间应当满足的约束。

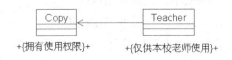

图 4-7 约束示例

6. 类的职责(Responsibility)

在标准的 UML 定义中，有时还应当指明类的另一种信息，那就是类的职责。类的职责指的是对该类的所有对象所具备的那些相同的属性和操作共同组成的功能或服务的抽象。类的属性和操作是对类的具体结构特征和行为特征的形式化描述，而职责是对类的功能和作用的非形式化描述。有了属性、操作和职责，一个类的重要语义内容基本定义完毕。

在声明类的职责的时候，可以非正式地在类图的下方增加一栏，将该类的职责逐条描述出来。类的职责的描述并不是必须的，因此也可以将其作为文档的形式存在，也就是说类的职责其实只是一段或多段文本描述。一个类可以有多种职责，设计得好的类一般至少有一种职责。

4.2.3 类的类型

在 Rational Rose 2003 中，包含一些内置的类的类型，它们是 Class、ParameterizedClass、InstantiatedClass、ClassUtility、ParameterizedClassUtility、InstantiatedClassUtility 和 MetaClass 等。 Class 类型的类也就是我们所说的普通类，还有两种比较常用的类型是 ParameterizedClass 和 InstantiatedClass，分别代表参数化类和实例化类。

1. 实例化类(InstantiatedClass)

实例化类是具有实际变元值的参数化类。类是事物的抽象，参数化类是更高一等的抽象，指明一群有类似属性和行为的类。通过参数的具体化，能产生出不同的类来，这种具体化的类就是实例化类。

2. 参数化类(ParameterizedClass)

参数化类通常被用于创建一系列其他类。可以说，参数化类就是某种容器，所以也被称为模板类。模板类是对一个参数化类的描述符。模板体可能包含代表模板本身的默认元素，还包括形式参数。通过把参数绑定到实际值上就可以生成一个实际的类。模板类里的属性和操作可以用形式参数来定义。

在 UML 表示中，模板类的表示形式如图 4-8 所示，该气候模板类中包含一个名称为

note 的参数。

模板类不是一个直接可用的类(因为它有未绑定的参数)。必须把它的参数绑定到实际的值上以生成实际的类。只有实际的类才可以作为关联的父亲或者目标(但是允许从模板到另一个类的单向关联)。模板类可能是一个普通类的子类，这意味着所有通过绑定模板

图 4-8 带参数的模板类示例

而形成的类都是给定类的子类。它也可以是某个模板参数的孩子，这意味着被绑定的模板类是被当作参数传递的类的孩子。

4.2.4 类的构造型

使用类的构造型可以方便地对类进行分类。在 Rational Rose 2003 中，包含一些内置构造型，包括 Actor、boundary、Business Actor、Business Document、Business Entity、Business Event、Business Goal、Business Worker、control、Domain、entity、Interface、Location、Physical Worker、Resource、Service、Table、View 等，其中 Actor、boundary、control 和 entity 是比较常用的构造型。在用例图中的 Actor 是构造型为 Actor 的类，接口是一种构造型为 Interface 的类。下面简单介绍一下 boundary、control 和 entity 这三种常用的构造型类。

1. 实体类(entity)

在实体类中保存需要放进永久存储体的信息。例如，为数据库中的每一个表创建一个实体类，在数据表中永久存储记录信息，而实体类在系统运行时在内存中保存信息。在 UML 表示中，实体类的表示形式，如图 4-9 所示。

2. 控制类(control)

控制类被用来负责协调其他类的工作，通常其本身并不完成任何功能，其他类也不向其发送很多消息，而是由控制类以委托责任的形式向其他类发出消息。控制类有权知道和执行机构的业务规则，并且可以执行其他流和知道在发生错误时如何对错误进行处理。在 UML 表示中，控制类的表示形式，如图 4-10 所示。

NewClass

NewClass

图 4-9 实体类的表示形式　　　　图 4-10 控制类的表示形式

3. 边界类(boundary)

边界类位于系统与外界的交界处，包括所有窗体、报表、打印机和扫描仪等硬件的接口以及与其他系统的接口。在 UML 表示中，边界类的表示形式，如图 4-11 所示。

除了上述的构造型以外，也可以自己创建新的构造型，如为窗体类创建 Form 构造型。通过构造型还可以方便地将类进行划分，当需要迅速地查找到模型中所有窗体时，之前将

所有的窗体指定成为 Form 构造型后，只需要寻找 Form 构造型的类即可。在默认支持的这些构造型中，它们与类的一般图形表示有所不同。图 4-12 所示是将 Custmer 类的构造型设置成为 Table 的图形。

图 4-11　边界类的表示形式　　　　　　　图 4-12　Table 构造型的类

4.3　类图中的关系

在类图中，类与类之间的关系最常用的通常有四种，它们分别是依赖关系、泛化关系、关联关系和实现关系，如表 4-4 所示。

表 4-4　关系的种类

关　系	功　能	表 示 图 形
依赖关系	两个模型元素之间的依赖关系	---------->
泛化关系	更概括的描述和更具体的种类之间的关系，适应于继承	——————▷
关联关系	类实例间连接的描述	——————>
实现关系	说明和实现间的关系	----------▷

4.3.1　实现关系

实现关系将一种模型元素(如类)与另一种模型元素(如接口)连接起来，是说明和其实现之间的关系。在实现关系中，接口只是行为的说明而不是结构或者实现，而类中则要包含其具体的实现内容，可以通过一个或多个类实现一个接口，但是每个类必须分别实现接口中的操作。虽然实现关系意味着要有像接口这样的说明元素，它也可以用一个具体的实现元素来暗示它的说明(而不是它的实现)必须被支持。例如，这可以用来表示类的一个优化形式和一个简单形式之间的关系。

在 UML 表示中，实现关系使用一条带封闭空箭头的虚线来表示，图 4-13 所示的接口类为 ClassA，具体的实现类为 ClassB。

在 UML 中，接口使用一个圆圈来进行表示，并通过一条实线附在表示类的矩形上来表示实现关系。图 4-14 所示是表示 ClassA 类实现 InterfaceA 和 InterfaceB 接口。

图 4-13 实现关系表示符号   图 4-14 接口和实现示例

4.3.2 泛化关系

泛化关系(generalization)用来描述类的一般和具体之间的关系。具体描述建立在对类的一般描述的基础之上,并对其进行了扩展。因此,在具体描述中不仅包含一般描述中所拥有的所有特性、成员和关系,而且还包含了具体描述补充的信息。泛化关系使用从子类指向父类的一个带有实线的箭头来进行表示,如图 4-15 所示,指向父类的箭头是一个空三角形,每一个分支指向一个子类。这里描述的是人为父类,男人为子类。

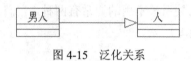

图 4-15 泛化关系

在泛化关系中,一般描述的类称做父类,具体描述的类称做子类。如飞机可以被抽象成是父类,而直升机、滑翔机则通常被抽象成子类。泛化关系还可以在类元(类、接口、数据类型、用例、参与者、信号等)、包、状态机和其他元素中使用。

泛化关系描述的是 is a kind of(是……的一种)的关系,它使父类能够与更加具体的子类连接在一起,有利于对类的简化描述,可以不用添加多余的属性和操作信息,通过相关继承的机制方便地从其父类继承来相关的属性和操作。继承机制利用泛化关系的附加描述构造了完整的类描述。泛化和继承允许不同的类分享属性、操作和它们共有的关系,而不用重复说明。

泛化关系具有三个重要的用途:

(1) 定义可替代性原则,即当一个变量(如参数或过程变量)被声明承载某个给定类的值时,可使用类(或其他元素)的实例作为值(由 Barbara Liskov 提出)。该原则表明无论何时祖先被声明了,则后代的一个实例可以被使用。例如,人这个类被声明,那么男人和女人的对象就是一个合法的值。

(2) 使得多态操作成为可能,即操作的实现是由它们所使用的对象的类,而不是由调用者确定的。这是因为一个父类可以有许多子类,每个子类都可实现定义在类整体集中的同一操作的不同变体。例如,男人和女人的对象会有所不同,它们中的每一个都是人的一种形式,这一点特别有用,因为在不需要改变现有多态调用的情况下就可以加入新的类。一个多态操作可在父类中声明但无实现,其后代类需补充该操作的实现。由于父类中的这种不完整操作是抽象的,其名称通常用斜体表示,也就是父类是抽象类,如图 4-16 所示。

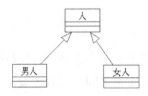

图 4-16　多态示意

(3) 在共享祖先所定义的成分的前提下允许它自身定义增加的描述，这被称做继承。继承是一种机制，通过该机制可以将对类的对象的描述从类及其祖先的声明部分聚集起来。继承允许描述的共享部分只被声明一次而可以被许多类所共享，而不是在每个类中重复声明并使用它，这种共享机制减小了模型的规模。更重要的是，它减少了为了模型的更新而必须做的改变和意外的前后定义不一致。对于其他成分，如状态、信号和用例，继承通过相似的方法起作用。

泛化和实现关系都可以将一般描述与具体描述联系起来。泛化将在同一语义层上的元素连接起来(如在同一抽象层)，并且通常在同一模型内。实现关系将在不同语义层内的元素连接起来(如一个分析类和一个设计类、一个接口与一个类)，并且通常建立在不同的模型内。在不同发展阶段可能有两个或更多的类等级，这些类等级的元素通过实现关系联系起来。两个等级无须具有相同的形式，因为实现的类可能具有实现依赖关系，而这种依赖关系与具体类是不相关的。

4.3.3　依赖关系

依赖表示的是两个或多个模型元素之间语义上的连接关系。它只将模型元素本身连接起来而不需要用一组实例来表达它的意思。它表示了这样一种情形，提供者的某些变化会要求或指示依赖关系中客户的变化。也就是说，依赖关系将行为和实现与影响其他类的类联系起来。

依赖关系还经常被用来表示具体实现间的关系，如代码层实现关系。在概括模型的组织单元，如包时，依赖关系很有用，它在其上显示了系统的构架。例如，编译方面的约束可通过依赖关系来表示。

依赖关系如图 4-17 所示使用一个虚箭头来进行表示，并且使用了一个构造型的关键字位于虚箭头之上来区分依赖关系的种类。

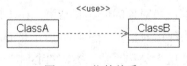

图 4-17　依赖关系

4.3.4　关联关系

关联关系是一种结构关系，指出了一个事物的对象与另一个事物的对象之间的语义上的连接。关联描述了系统中对象或实例之间的离散连接，它将一个含有两个或多个有序表的类，在允许复制的情况下连接起来。一个类的关联的任何一个连接点都叫做关联端，与类有关的许多信息都附在它的端点上。关联端有名称、角色、可见性以及多重性等特性。

最普通的关联是一对类之间的二元关联。二元关联使用一条连接两个类的连线表示，连线上有相互关联的角色名而多重性则加在各个端点上，如图 4-18 所示。

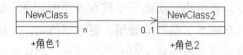

图 4-18　二元关联示例

如果一个关联既是类又是关联，那么它是一个关联类。图 4-19 所示的 NewClass3 便是一个关联类。

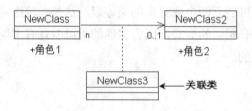

图 4-19　关联类示例

关联的一个实例被称为链。链即所涉及对象的一个有序表，每个对象都必须是关联中对应类的实例或此类后代的实例。系统中的链组成了系统的部分状态。链并不独立于对象而存在，它们从与之相关的对象中得到自己的身份(在数据库术语中，对象列表是链的键)。

关联关系还有两种非常重要的形式，即聚集(Aggregation)关系和组成(Composition)关系。

1. 组成关系(Composition)

组成关系是一种更强形式的关联，在整体中拥有管理部分的特有的职责，有时也被称为强聚合关系。在组合中，成员对象的生命周期取决于聚合的生命周期，聚合不仅控制着成员对象的行为，而且控制着成员对象的创建和结束。在 UML 中，组合关系使用带实心菱形头的实线来表示，其中头部指向整体。图 4-20 所示是心脏与肺、人之间形成的组成关系，其中"人"类中包含"心脏"类和"肺"类，"心脏"类和"肺"类不能脱离"人"类而存在。

2. 聚集关系(Aggregation)

聚集关系描述的是部分与整体关系的关联，简单地说，它将一组元素通过关联组成一个更大、更复杂的单元。聚集关系描述了 has a 的关系。在 UML 中，它用端点带有空菱形的线段来进行表示，空菱形与聚集类相连接，其中头部指向整体。图 4-21 表示 NewClass 和 NewClass2 的聚集关系，其中在 NewClass 中包含 NewClass2。

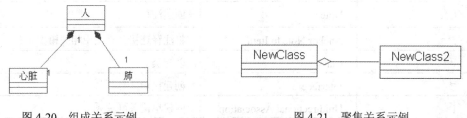

图 4-20　组成关系示例　　　　　　　　　　图 4-21　聚集关系示例

在关联关系中还有一个重要的概念——多重性。多重性是指在关联关系中，一个类的多个实例与另一个类的一个实例相关。关联端可以包含有名字、角色名和可见性等特性，但是最重要的特性则是多重性，多重性对于二元关联很重要，因为定义 n 元关联很复杂。多重性可以用一个取值范围、特定值、无限定的范围或一组离散值来表达。

在 UML 中，多重性是使用一个 ".." 分开的两个数值区间来进行表示的，其格式为 minimun..maximum，其中 minimun 和 maximum 都是整数。当一个端点给出多少赋值时，就表示该端点可以有多个对象与另一个端点的一个对象进行关联。表 4-5 列出了一些多重值及它们含义的例子。

表 4-5　关联的多重性示例

修　饰　符	语　　义	修　饰　符	语　　义
0	仅为 0 个	n	无穷多个
0..1	0 个或 1 个	3	3 个
0..n	0 个到无穷多个	0..5	0 个到 5 个
1	恰为 1 个	5..15	5 个到 15 个
1..n	1 个到无穷多个		

4.4　绘　制　类　图

本节的学习目标是在掌握类图中各种基本概念的基础上，熟练使用 Rational Rose 2003 创建类图和类图中的各种模型元素。

4.4.1　类图和类的创建

在类图编辑区的工具栏中，可以使用的工具按钮如表 4-6 所示，其中包含了所有类图中默认显示的 UML 模型元素。

表 4-6　类图工具栏默认图标

图　标	按 钮 名 称	用　途
	Selection Tool	光标返回箭头，选择工具
ABC	Text Box	创建文本框
	Note	创建注释
	Anchor Note to Item	将注释连接到类图中相关模型元素
	Class	创建类
	Interface	创建接口
	Unidirectional Association	创建单向关联关系
	Association Class	创建关联类并与关联关系连接
	Package	创建包
	Dependency or Instantiates	创建依赖或实例关系
	Generalization	创建泛化关系
	Realize	创建实现关系

1．类图的创建

这里以创建一个"简单即时聊天系统"中的客户端类图为例，演示创建一个类图的具体操作步骤。

(1) 右击浏览器中的 Use Case View(用例视图)。

(2) 弹出如图 4-22 所示的快捷菜单，选中 New(新建)|Class Diagram(类图)命令。

(3) 在如图 4-23 所示的 Use Case View(用例视图)下生成默认名为 New Diagram 的类图，输入新的类图名称"聊天系统客户端类图"。

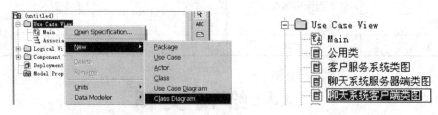

图 4-22　视图的快捷菜单　　　　　　　　图 4-23　创建的新类图

(4) 双击类图名称，即可打开所创建类图的操作界面。

在 Rational Rose 2003 中，可以在每一个包中设置一个默认类图。在创建一个新的空白解决方案的时候，在 Logical View(逻辑视图)下会自动出现一个名称为 Main 的类图，此图即为 Logical View(逻辑视图)下的默认类图。当然，默认类图的标题也可以不是 Main。在操作界面中，右击要作为默认的类图，出现如图 4-24 所示的快捷菜单，选择 Set as Default Diagram(设置默认视图)命令即可。

2. 类图的删除

如果要将上面创建的"聊天系统客户端类图"从用例视图中删除可以按以下步骤操作：

(1) 在浏览器中右击需要删除的"聊天系统客户端类图"。

(2) 弹出如图 4-25 所示的快捷菜单，选择 Delete(删除)命令即可。

图 4-24 设置默认类图

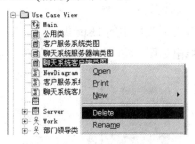

图 4-25 类图快捷菜单

要删除一个类图的时候，通常需要确认一下是否是 Logical View(逻辑视图)下的默认视图，如果是默认视图，将不允许被删除。在删除类图后，该类图中的类并不被删除，它们仍然可以在其他的类图中显示。

3. 类的创建

下面在"聊天系统客户端类图"类图中创建一个名为 User 的用户类。具体步骤如下：

(1) 在"聊天系统客户端类图"的图形编辑工具栏中选择 🗐 按钮，此时光标变为"＋"号。

(2) 在编辑区内中选择任意一个位置单击，系统在该位置创建一个如图 4-26 所示的新类，系统产生的默认名称为 NewClass，在类的名称栏中显示了当前所有已经创建好的类名称列表。如果选择某个类，在模型中存在的该类将被添加到类图中。如果需要将现有的类添加到类图中，除上述的方式外还可以通过在浏览器中选中该类，直接将其拖动到打开的类图中。

(3) 这里将 NewClass 重新命名为 User 即可，创建好的 User 类，如图 4-27 所示。

图 4-26 创建的新类

图 4-27 创建的 User 类

4. 类的删除

删除一个类的方法分为两种：一种是将类从类图中删除，一种是将类永久地从模型中删除。

使用第一种方法删除时该类还存在模型中，如果再用只需要将该类拖动到类图中即可。操作时只需要选中"聊天系统客户端类图"中的 User 类，右击，在弹出的如图 4-28 所示的快捷菜单中选择 Edit(编辑)|Delete(删除)命令即可。

第二种方法将类永久地从模型中删除，其他类图中存在的该类也会一起被删除。可以通过以下步骤进行：

(1) 右击浏览器中的 User 类。

(2) 弹出如图 4-29 所示的快捷菜单，从中选择 Delete(删除)命令即可实现删除。

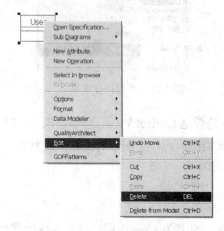

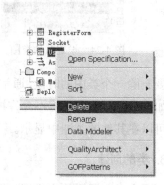

图 4-28　类图中类的快捷菜单　　　　　　　　　图 4-29　浏览器下类的快捷菜单

5. 类属性的创建

下面以在 User 类中添加一个整数类型的 id 属性为例，介绍具体的操作步骤。

(1) 双击类图中的 User 类，弹出如图 4-30 所示的 Class Specification for User(类的规范)对话框，该对话框用于对类的各种属性进行设置。

(2) 打开 Attributes(属性)选项卡，在空白窗口区域单击鼠标右键，在弹出的如图 4-31 所示的快捷菜单中选择 Insert(插入)命令。

图 4-30　设置类规范的对话框　　　　　　　　　图 4-31　Insert 命令

(3) 在空白窗口区域出现如图 4-32 所示的添加属性编辑列表，在 Name(名称)属性项上单击，输入属性名称 id；单击 Type(类型)属性项，输入数据类型 Int，最后单击 OK 按钮，完成属性的创建。

6. 类操作的创建

在 User 类中添加一个没有返回值的操作 setId()。具体操作步骤如下：

(1) 双击类图中的 User 类，弹出 Class Specification for User 对话框。

(2) 打开 Operations(操作)选项卡，在空白窗口区域单击鼠标右键，在弹出的快捷菜单中选择 Insert(插入)命令。

(3) 在空白窗口区域出现如图 4-33 所示的添加操作编辑列表，单击 Operation(操作)属性项，输入操作的名称 setId；单击 Return type(返回类型)属性项，输入 void。单击 OK 按钮，完成操作的创建。

图 4-32　设置类的属性

图 4-33　设置类的操作

设置了一个属性和操作的 User 类，如图 4-34 所示。接着，就可以按照以上步骤，依次设置该类的其他属性和操作。最终创建完成的 User 类如图 4-35 所示。

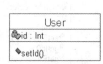

图 4-34　User 类的属性和操作

图 4-35　创建的完整 User 类

7. 类的构造型设置

下面把刚才创建完成的 User 类的构造型设置为 Actor。具体操作步骤如下：

(1) 选中类图中 User 类，右击并从出现的快捷菜单中选择 Open Specification(打开规范)命令，弹出如图 4-36 所示的对话框。

（2）选择 General(常规)选项卡，进入到类的常规设置界面，在 Stereotype 列表中列出了系统所有支持的构造型。这里选择 Actor。

（3）单击 OK 按钮完成设置。此时 User 类显示为如图 4-37 所示的用例构造型。

图 4-36　设置 User 类的构造型

图 4-37　User 类的构造型

8. 类的类型设置

下面演示如何将 User 类的类型设置为 ParameterizedClass。具体操作步骤如下：

（1）右击类图中 User 类，从出现的快捷菜单中选择 Open Specification(打开规范)命令，弹出 Class Specification for User 对话框。

（2）选择如图 4-38 所示的 General 选项卡，其中 Type 列表中列出了系统所支持的所有类的相关类型。这里选择 ParameterizedClass。

（3）单击 OK 按钮，完成设置。设置后的 User 类如图 4-39 所示。

图 4-38　设置类的类型

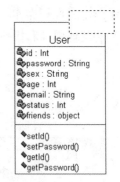

图 4-39　User 类的类型

4.4.2　类与类之间关系的创建

前面介绍过，类与类之间的关系最常用的通常有四种，它们分别是依赖关系、泛化关系、关联关系和实现关系。下面将介绍如何创建和删除这些关系。

1. 关联关系的创建

下面以创建"简单即时聊天系统"中的 User 类关联于 Client 类的关联关系为例，说明具体的操作步骤。

(1) 选择"聊天系统客户端类图"工具栏中的"⌐"图标，此时的光标变为"↑"符号。

(2) 单击 User 类，将光标从 User 类上拖动到 Client 类上即可。创建好的两个类的关联关系，如图 4-40 所示。

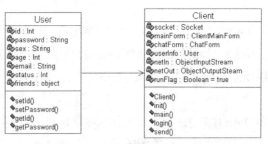

图 4-40 两个类的关联关系

2. 关联关系的删除

删除 User 类和 Client 类之间关联关系的具体操作步骤如下：

(1) 右击两个类之间的关联关系线。

(2) 在弹出的快捷菜单中选择 Edit(编辑)|Delete(删除)命令即可。

从类图中删除关联关系并不代表从模型中删除该关系，关联关系在关联关系连接的两个类之间仍然存在。如果需要从模型中彻底地删除关联关系，只要在上面的第 2 步中选择 Edit(编辑)|Delete from Model(从模型中删除)命令即可。

3. 依赖关系的创建和删除

创建"简单即时聊天系统"中的 User 类依赖于 Client 类的依赖关系的具体操作步骤如下：

(1) 选择"聊天系统客户端类图"工具栏中的"↗"图标，此时的光标变为"↑"符号。

(2) 单击 User 类，将光标从 User 类上拖动到 Client 类上即可。创建好的两个类的依赖关系，如图 4-41 所示。

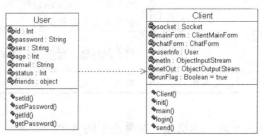

图 4-41 两个类的依赖关系

删除 User 类和 Client 类之间依赖关系的具体步骤和删除关联关系是相同的。

其余的两个关系，即实现关系和泛化关系的创建和删除与这里演示的步骤大同小异，最大的区别是选择工具栏上不同的图标，实现关系创建时选择的是 图标，而泛化关系创建时选择的是 图标。

4.5　对象图的概念

虽然一个类图仅仅显示的是系统中的类，但是存在着一个变量，确定地显示各个类的真实对象实例的位置，那就是对象图(Object Diagram)。对象图描述系统在某一个特定时间点上的静态结构，是类图的实例和快照，即类图中的各个类在某一个时间点上的实例及其关系的静态写照。

对象图中包含对象(Object)和链(Link)。其中，对象是类的特定实例，链是类之间关系的实例，表示对象之间的特定关系。对象图的表示，如图 4-42 所示。

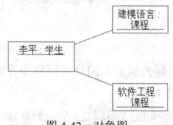

图 4-42　对象图

对象图所建立的对象模型描述的是某种特定的情况，而类图所建立的模型描述的是通用的情况。类图和对象图的区别，如表 4-7 所示。

表 4-7　类图与对象图的区别

类　图	对　象　图
在类中包含三个部分，分别是类名、类的属性和类的操作	对象包含两个部分：对象的名称和对象的属性
类的名称栏只包含类名	对象的名称栏包含"对象名：类名"
类的属性栏定义了所有属性的特征	对象的属性栏定义了属性的当前值
类中列出了操作	对象图中不包含操作内容，因为对属于同一个类的对象，其操作是相同的
类中使用了关联连接，关联中使用名称、角色以及约束等特征定义	对象使用链进行连接，链中包含名称、角色
类是一类对象的抽象，类不存在多重性	对象可以具有多重性

对象图作为系统在某一时刻的快照，是类图中的各个类在某一个时间点上的实例及其关系的静态写照。可以通过以下两个方面来说明它的作用：

● 表示快照中的行为。通过一系列的快照，可以有效表达事物的行为。

● 说明复杂的数据结构。

对于复杂的数据结构，有时很难对其进行抽象成类表达之间的交互关系。使用对象描绘对象之间的关系可以帮助我们说明复杂的数据结构某一时刻的快照，从而有助于对复杂数据结构的抽象。

4.5.1　对象的表示

对象图是由对象(Object)和链(Link)组成的。对象图的目的在于描述系统中参与交互的各个对象在某一时刻是如何运行的。

对象是类的实例，创建一个对象通常可以从两种情况来观察：一种情况是将对象作为一个实体，它在某个时刻有明确的值；另一种情况是作为一个身份持有者，不同时刻有不同的值。一个对象在系统的某一个时刻应当有其自身的状态，通常这个状态使用属性的赋值或分布式系统中的位置来描述，对象通过链和其他对象相联系。

对象可以通过声明的方式拥有唯一的句柄引用，句柄可标识对象和提供对对象的访问，代表了对象拥有唯一的身份。对象通过唯一的身份与其他对象相联系，彼此交换消息。

由于对象是类的实例，对象的表示符号是与类用相同的几何符号作为描述符，但对象使用带有下划线的实例名将它作为个体区分开来。顶部显示对象名和类名，并以下划线标识，使用语法是“对象名：类名”，底部包含属性名和值的列表。在 Rational Rose 2003 中，不显示属性名和值的列表，但可以只显示对象名称，不显示类名，并且对象的符号图形与类图中的符号图形类似，如图 4-43 所示。

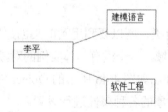

图 4-43　对象的各种表示形式

对象也有其他一些特殊的形式，如多对象和主动对象等。多对象表示多个对象的类元角色。多对象通常位于关联关系的“多”端，表明操作或信号是应用在一个对象集而不是单个对象上的。主动对象是拥有一个进程(或线程)并能启动控制活动的一种对象，它是主动类的实例。

4.5.2　链的表示

链(Link)是两个或多个对象之间的独立连接，是关联的实例。通过链可以将多个对象连接起来，形成一个有序列表，称为元组。对象必须是关联中相应位置处类的直接或间接实例。一个关联不能有来自同一关联的迭代连接，即两个相同的对象引用元组。

链可以用于导航，连接一端的对象可以得到另一端的对象，也就可以发送消息(称通过联系发送消息)。如果连接对目标方向有导航性，这一过程就是有效的。如果连接是不可导航的，访问可能有效或无效，但消息发送通常是无效的，相反方向的导航另外定义。

图 4-44　链的表示示例

在 UML 中，链的表示形式为一个或多个相连的线或圆弧。在自身相关联的类中，链是两端指向同一对象的回路。如图 4-44 所示是链的普通和自身关联的表示形式。

4.6　绘制对象图的方法

对象图无须提供单独的形式。类图中就包含了对象，所以只有对象而无类的类图就是一个"对象图"。然而，"对象图"在描述各方面特定使用时非常有用。对象图显示了对象的集合及其联系，代表了系统某时刻的状态。它是带有值的对象，而非描述符。在许多情况下对象可以是原型。

在 Rational Rose 2003 中不直接支持对象图的创建，但是可以利用协作图来创建。协作图可显示一个可多次实例化的对象及其联系的总体模型，包含对象和链的描述符。如果协作图实例化，则产生了对象图。

下面以创建"简单即时聊天系统"中 User 类的实例对象"张无忌"为例，说明创建对象的具体操作步骤。

(1) 要创建对象，必须先有类，所以要利用到前文创建好的 User 类。直接将浏览器中的 User 类拖动到协作图编辑区域，一个没有具体实例的对象就创建好了，如图 4-45 所示。

(2) 双击该对象的图标，弹出如图 4-46 所示的 Object Specification for Untitled(对象规范)对话框，该对话框用于对对象的各种属性进行设置。

: User

图 4-45　User 类的对象图　　图 4-46　Object Specification for Untitled 对话框

(3) 在 Name(对象名称)文本框中输入"张无忌"。在 Class(所属类)列表框中列出了所有已经在模型中存在的类，选择 User。单击 OK 按钮完成实例对象"张无忌"的创建。

添加了两个对象后，就可以创建对象间的链。下面以"简单即时聊天系统"中对象

User 和 Client 为例，介绍创建链的具体步骤。

(1) 选择协作图图形编辑工具栏中的 ∕ 图标，此时的光标变为 "↑" 符号。

(2) 单击 User 对象，将光标从 User 对象拖动到 Client 对象上即可。添加链以后显示的对象图如图 4-47 所示。

图 4-47　对象图的链

如果要设置链的名称、关联、角色和可见性等可以双击链的线段，在弹出的 Link Specification for Untitled(链规范)对话框中进行设置。

4.7　创建类图和对象图实例分析

使用 UML 进行静态建模所要达到的目标是根据相关的用例或场景抽象出合适的类。同时，分析这些类之间的关系。类的识别贯穿于整个建模过程。例如，分析阶段主要识别问题域相关的类，在设计阶段需要加入一些反映设计思想、方法的类以及实现问题域所需的类，在编码实现阶段，因为语言的特点，可能需要加入一些其他的类。

使用下列步骤创建类图：

(1) 根据问题域确定系统需求，确定类和关联。

(2) 明确类的含义和职责，并确定属性和操作。

以上只是创建类图的常用步骤，可以根据使用识别类的方法的不同而有所不同。比如确定类的关联过程中，在确定类即确定关联只是表达的是一个整体的关联，在确定属性和操作后也要重新确定关联，这时确定关联便比较细化了。在进行迭代开发中，确定类和关联都需要一个逐步的迭代过程。

4.7.1　确定类和关联

进行系统建模的很重要的一个挑战就是怎样决定需要哪些类来构建系统。类的识别是一个需要大量技巧的工作，一些寻找类的技巧包括：名词识别法；根据用例描述确定类；使用 CRC 分析法；根据边界类、控制类、实体类的划分来帮助分析系统中的类；参考设计模式确定类；对领域进行分析或利用已有领域分析结果得到类；利用 RUP 中如何在分析和设计中寻找类的步骤等。通过这些方法会有效地帮助我们识别出系统的类。下面简要地介绍一下名词识别法和根据用例描述确定类。

名词识别法是通过识别系统问题域中的实体来识别对象和类。对系统进行描述，描述应该使用问题域中的概念和命名，从系统描述中标识名词及名词短语，其中的名词往往可以标识为对象，复数名词往往可以标识为类。

　　从用例中也可以识别出类。用例图实质上是一种系统描述的形式，自然可以根据用例描述来识别类。针对各个用例，通常可以根据以下问题辅助识别：

- 用例描述中出现了哪些实体？
- 用例的完成需要哪些实体合作？
- 用例执行过程中会产生并存储哪些信息？
- 用例要求与之关联的每个角色的输入是什么？
- 用例反馈与之关联的每个角色的输出是什么？
- 用例需要操作哪些硬设备？

　　在面向对象应用中，类之间传递的信息数据要么可以映射到发送方的某些属性，要么该信息数据本身就是一个对象。综合不同的用例识别结果，就可以得到整个系统的类，在类的基础上，又可以分析用例的动态特性来对用例进行动态行为建模。

　　下面以一个简单的聊天系统为例，介绍如何去创建系统的类图。该聊天系统由客户端和服务器端两部分组成，其提供了包括注册、客户登录、添加好友、删除好友、私聊、群聊、好友上下线提示和用户管理的功能，这些功能由三层组成，即界面类、控制类和相应的实体类信息类。根据这些功能中的名词可以识别出客户端按系统要求可以抽象出如下 10 个类：

(1) 消息实体类(Message)：用于描述在客户端和服务器端间所传递的消息对象。

(2) 用户实体类(User)：用于描述用户的信息。

(3) 登录界面类(LoginForm)：主要用于描述操作登录的操作界面。

(4) 注册界面类(RegisterForm)：主要用于描述用户注册的操作界面。

(5) 客户端主窗口类(ClientMainForm)：主要描述客户端的主界面。

(6) 新增好友界面类(AddFriendForm)：主要描述新增好友的操作界面。

(7) 修改用户信息界面类(ModifyUserForm)：主要描述修改用户信息的操作界面。

(8) 聊天界面类(ChatForm)：主要描述用户进行聊天的操作界面。

(9) 客户端工作类(Client)：主要处理客户端与服务器的通信，它属于控制类。

(10) 窗口基类(Form)：所有操作界面的基类。

　　确定了客户端的类后，就要从中找到它们之间的关系。分析这些类之后，可以发现它们之间存在着如下关系：

　　(1) 关联关系。所有的操作界面类与 Client 类之间就是一种普通的关联关系；Client 类要使用 Message 类进行网络通信，所以二者也是关联关系；用户要通过客户端与操作界面交互也是一种关联的关系。

　　(2) 泛化关系。所有的操作界面类都是一个窗口，因此都是窗口基类的派生类。

4.7.2　确定属性和操作

　　现在已经创建好了相关的类和初步的关联，然后就可以添加属性和操作以便提供数据存储和需要的功能。这个时候，类的属性和操作的添加依赖于前期制定的系统功能。例如，会在 User 类中定义用户都具有的属性，如编号、密码、年龄、性别、电子邮件、状态、好友等。每个类的操作也都会有所不同。为了符合项目建模的习惯，这里确定的类属性和操作都使用英文做标识。

　　根据以上所述，使用 Rational Rose 根据绘制类图和对象图的方法，最后创建客户端具体的类图如图 4-48 所示。

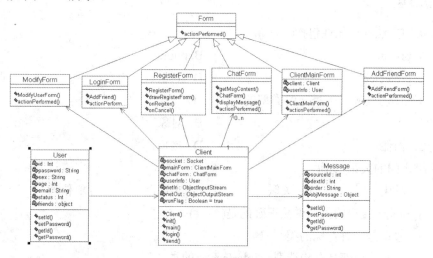

图 4-48　聊天系统客户端类图示例

4.7.3　根据类图创建对象图

　　对象图就是类图在系统运行时某一个时刻的实例，有了上面的类图，就可以用创建对象图的方法，为每一个类创建一个实例和彼此之间的链来构成对象图。图 4-49 所示就是聊天系统客户端的对象图。

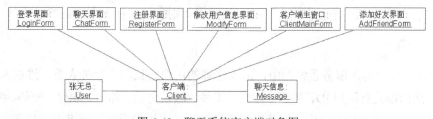

图 4-49　聊天系统客户端对象图

4.8　习　　题

1. 填空题

(1) _____ 的目的在于描述系统中参与交互的各个对象在 _____ 是如何运行的。

(2) _____是两个或多个对象之间的独立连接，是关联的实例。

(3) 在 UML 的图形表示中，类是由_____、_____和_____三个部分组成的。

(4) _____关系使用一个从客户指向提供者的虚箭头来进行表示。

(5) 在_____中包含一系列操作但是不包含属性，并且它没有对外界可见的关联。

2. 选择题

(1) 类中方法的可见性包括(   )。

    A. private   B. public

    C. protected   D. abstract

(2) 下面属于 UML 中类元的类型的是(   )。

    A. 类   B. 对象

    C. 构件   D. 接口

(3) 类之间的关系包括(   )。

    A. 泛化   B. 关联   C. 实现   D. 依赖

(4) 下列关于接口的关系说法正确的是(   )。

    A. 接口是一种特殊的类

    B. 所有接口都是有构造型<<interface>>的类

    C. 一个类可以通过实现接口从而支持接口所指定的行为

    D. 在程序运行的时候，其他对象可以不仅需要依赖于此接口，还需要知道该类
        对接口实现的其他信息

(5) 下列关于类方法的声明正确的是(   )。

    A. 方法定义了类所许可的行动

    B. 从一个类所创建的所有对象可以使用同一组属性和方法

    C. 每个方法应该有一个参数

    D. 如果在同一个类中定义了类似的操作，则它们的行为应该是类似的

3. 上机题

(1) 在一个"客户服务系统"中，需要管理的用户包括客户服务人员、维护人员、部门领导，他们都具有用户 ID、姓名、性别、年龄、联系电话、部门、职位、密码、登录名。其中，维护人员具有三个操作，即接受派工任务、填写维护报告、查询派工任务；部门领导具有五个操作，即安排派工任务、修改派工任务、删除派工任务、查询派工任务和处理投诉；客户人员具有四个操作，即增加客户、修改客户、删除客户和查找客户。根据这些信息，创建系统的类图。创建后的类图，如图 4-50 所示。

图 4-50　类图

(2) 在上题中，客户服务人员、维护人员、部门领导都具有一些共同的属性，所以可以进行抽象出一个单独的抽象系统用户类，客户服务人员、维护人员、部门领导分别是系统用户类的继承。根据这些信息，重新创建包括类关系的类图。重新创建后的类图，如图4-51 所示。

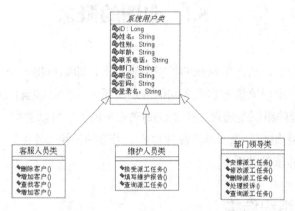

图 4-51　实现继承关系的类图

(3) 根据图 4-51，创建相应的带参数的对象图，要求使用 Actor 构造型来表示。创建后的对象图，如图4-52 所示。

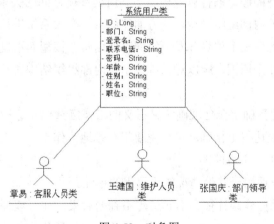

图 4-52　对象图

第5章 包 图

一个大型系统中往往包含了数量庞大的模型元素，如何组织管理这些元素就是一个重要的问题。包就是一种有效的组管理机制。包类似于文件系统中的文件夹或目录结构，用于对模型元素进行分组，并为这些元素提供一个命名空间。而包图是由包和包之间的联系构成的模型视图，它是维护和控制系统总体结构的重要工具。本章将详细介绍包图的各种概念、表示方法和实例应用。

5.1 包图的概念

在开发软件系统时，如何将系统的模型组织起来，即如何将一个大系统有效分解成若干个较小的子系统并准确地描述它们之间的依赖关系是一个必须解决的重要问题。在 UML 的建模机制中，模型的组织是通过包(Package)来实现的。包可以把所建立的各种模型(包括静态模型和动态模型)组织起来，形成各种功能或用途的模块，并可以控制包中元素的可见性以及描述包之间的依赖关系。

5.1.1 模型的组织结构

计算机系统的模型自身是一个计算机系统的制品，被应用在一个给出了模型含义的大型语境中。其包括模型的内部组织、整个开发过程中对每个模型的注释说明、一个默认值集合、创建和操纵模型的假定条件以及模型与其所处环境之间的关系等。

模型需要有自己的内部组织结构，一方面能够将一个大系统进行分解，降低系统的复杂度；另一方面能够允许多个项目开发小组同时使用某个模型而不发生过多的相互牵涉。

因为存在着如下几个原因，所以对系统模型的内部组织结构通常采用先分层再细分成包的方式。

(1) 组织单元的边界确定会使准确定义语义的工作复杂化，这种单块模型表达的信息可能比包结构的模型表达得更精确。虽然说要想有效地工作于一个大的单块模型上的多个工作组彼此不相互妨害是不可能的。

(2) 单块模型没有适用于其他情况的可重用的单元。

(3) 对大模型的某些修改往往会引起意想不到的后果。如果模型被适当分解成具有良好接口的小的子系统，那么对其中一个小的、独立的单元所进行的修改所造成的后果可以跟踪确定。

不管怎样，将大系统分解成由精心挑选的单元所构成的层次组织结构，是人类千百年来所发明的设计大系统的方法中最可靠的方法。

将系统分层很常用的一种方式是将系统分为三层结构，也就是用户界面层、业务逻辑层和数据访问层，如图 5-1 所示。

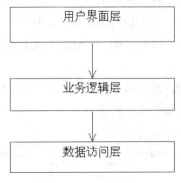

图 5-1 三层结构

用户界面代表与用户进行交互的界面，既可以是 Form 窗口，也可以是 Web 的界面形式。随着应用的复杂性和规模性，界面的处理也变得具有挑战性。一个应用可能有很多不同的界面表示形式，通过对界面中数据的采集和处理，以及响应用户的请求与业务逻辑层进行交换。

业务逻辑层用来处理系统的业务流程，它接受用户界面请求的数据，并根据系统的业务规则返回最终的处理结果。它将系统的业务规则抽象出来，按照一定的规则形成在一个应用层上。对开发者来讲，这样可以专注于业务模型的设计。把系统业务模型按一定的规则抽取出来，抽取的层次很重要，这也是判断开发人员是否优秀的依据。

数据访问层是程序中和数据库进行交互的层。手写数据访问层代码是非常枯燥无味，浪费时间的重复活动，还有可能在编译程序的时候出现好多漏洞。通常可以利用一些工具创建数据访问层，减少数据访问层代码的编写。

模型和模型内的各个组成部分都不是被孤立地建造和使用的。它们都是模型所处的大环境中的一部分，这个大环境包括建模工具、建模语言和语言编译器、操作系统、计算机网络环境、系统具体实现方面的限制条件等。

在构建一个系统的时候，系统信息应该包括环境所有方面的信息，并且系统信息的一部分应被保存在模型中，如项目管理注释、代码生成提示、模型的打包、编辑工具默认命令的设置。其他方面的信息应分别保存，如程序源代码和操作系统配置命令。即使模型中的信息，对这些信息的解释也可以位于多个不同地方，包括建模语言、建模工具、代码生成器、编译器或命令语言等。模型内的各个组成部分也通过各种关系相互连接，表现为层与层之间的关系、包与包之间的关系以及类与类之间的关系等。

如果包的规划比较合理，那么它们能够反映系统的高层架构——有关系统由子系统和它们之间的依赖关系组合而成。包与包之间的依赖关系概述了包的内容之间的依赖关系。

5.1.2 包图和包

包图(Package Diagram)是一种维护和描述系统总体结构的模型的重要建模工具。对复杂系统进行建模时，通常需要处理大量的类、接口、构件、节点和图，这就有必要将这些元素进行分组，即把语义相近并倾向于同一变化的元素组织起来加入同一个包中，以方便理解和处理整个模型。

包图由包之间的关系组成，通过各个包与包之间关系的描述，展现出系统的模块与模块之间的依赖关系。包图模型如图 5-2 所示。

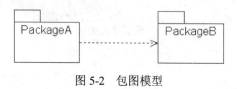

图 5-2　包图模型

包是包图中最重要的概念，它包含了一组模型元素和图，如图 5-2 中的 PackageA 和 PackageB 就是两个包。

对于系统中的每个模型元素，如果它不是其他模型元素的一部分，那么它必须在系统中唯一的命名空间内进行声明。包含一个元素声明的命名空间被称为拥有这个元素。包是一个可以拥有任何种类的模型元素的通用的命名空间。可以这样说，如果将整个系统描述为一个高层的包，那么它就直接或间接地包含了所有的模型元素。在系统模型中，每个图必须被一个唯一确定的包所有，同样这个包可能被另一个包所包含。

包构成进行配置控制、存储和访问控制的基础。所有的 UML 模型元素都能用包来进行组织。每一个模型元素或者为一个包所有，或者自己作为一个独立的包，模型元素的所有关系组成了一个具有等级关系的树状图。然而，模型元素(包括包)可以引用其他包中的元素，所以包的使用关系组成了一个网状结构。

在 UML 中创建包图是为了以下的目的：

(1) 在逻辑上把一个复杂的系统模块化。包图的基本功能就是通过合理规划自身功能，反应系统的高层架构，在逻辑上将系统进行模块化分解。

(2) 组织源代码。从实际应用中，包最终还是组织源代码的方式。

(3) 描述需求高阶概况。在前面介绍过有关包的两种特殊形式，分别是业务分析模型和业务用例模型，可以通过包来描述系统的业务需求，但是业务需求的描述不如用例等细化，只能是高阶概况。

(4) 描述设计的高阶概况。设计也是同样，可以通过业务设计包来组织业务设计模型，描述设计的高阶概况。

5.2 包的表示

包图中的包有着以下基本模型元素，包括包的名称、包的可见性、包的构造型等，它们在 UML 中都有不同的表示方式。

5.2.1 包的命名

在 UML 中，包的标准形式是使用两个矩形进行表示的，即一个小矩形(标签)和一个大矩形，小矩形连接在大矩形的左上角上，包的名称位于大矩形的中间，如图 5-3 所示。

同其他的模型元素的名称一样，每个包都必须有一个与其他包相区别的名称。包的名称是一个字符串，它有两种形式：简单名(simple name)和路径名(path name)。其中，简单名仅包含一个名称字符串；路径名是以包处于的外围包的名字作为前缀并加上名称字符串，但是在 Rational Rose 2003 中，使用简单名称后加上 "(from 外围包)" 的形式。图 5-4 所示 PackageA 包拥有 InPackageA 包。

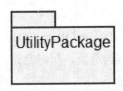

图 5-3　包的图形表示形式

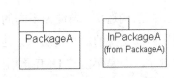

图 5-4　包的命名示例

在包下可以创建各种模型元素，如类、接口、构件、节点、用例、图以及其他包等。在包图下允许创建的各种模型元素根据各种视图下所允许创建的内容决定，如在用例视图下的包中，只能允许创建包、角色、用例、类、用例图、类图、活动图、状态图、序列图和协作图等。

5.2.2 包的可见性

包对自身所包含的内部元素的可见性也有定义，使用关键字 private、protected 或 public 来表示：

(1) private 定义的私有元素对包外部元素完全不可见。

(2) protected 定义的被保护的元素只对那些与包含这些元素的包有泛化关系的包可见。

(3) public 定义的公共元素对所有引入的包以及它们的后代都可见。

这三种关键字在 Rational Rose 2003 中如图 5-5 所示的包中包含了 ClassA、ClassB 和 ClassC 三个类，public 关键字以 "+" 表示，protected 关键字用 "#" 表示，private 关键字用 "-" 表示。

图 5-5　包中元素的可见性

通常，一个包不能访问另一个包的内容。包是不透明的，除非它们被访问或引入依赖关系才能打开。访问依赖关系直接应用到包和其他包容器中。在包层，访问依赖关系表示提供者包的内容可被客户包中的元素或嵌入于客户包中的子包所引用。提供者中的元素在它的包中要有足够的可见性，使得客户可以看到它。

一个包只能看到其他包中被指定为具有公共可见性的元素。具有受保护可见性的元素只对包含它的包的后代包具有可见性。可见性也可用于类的内容(属性和操作)。一个类的后代可以看到它的祖先中具有公共或受保护可见性的成员，而其他的类则只能看到具有公共可见性的成员。

对于引用一个元素而言，访问许可和正确的可见性都是必须的。所以，如果一个包中的元素要看到不相关的另一个包的元素，则第一个包必须访问或引入第二个包，且目标元素在第二个包中必须有公共可见性。

要引用包中的内容，使用 PackageName::PackageElement 的形式，这种形式叫做全限定名(fully qualified name)。

5.2.3　包的构造型

包也有不同的构造型，表现为不同的特殊类型的包。在 Rational Rose 2003 中创建包时不仅可以使用内部支持的一些构造型，也可以自己创建一些构造型，用户自定义的构造型也标记为关键字，但是不能与 UML 预定义的关键字相冲突。

在 Rational Rose 2003 中，支持四种包的构造型。

(1) 业务设计包如图 5-6 所示。

(2) 业务用例模型包如图 5-7 所示。

BusinessDesign Model

图 5-6　业务设计包

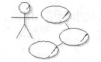

BusinessUseCase Model

图 5-7　业务用例模型包

(3) 业务分析模型包如图 5-8 所示。

(4) CORBA Module 包如图 5-9 所示。

BusinessAnalysis Model

图 5-8　业务分析模型包

图 5-9　CORBA Module 包

5.2.4　包的子系统

　　子系统是有单独说明和实现部分的包。它表示具有对系统其他部分存在接口的连贯模型单元。子系统使用具有构造型关键字 subsystem 的包表示。在 Rational Rose 2003 中，子系统的表示形式，如图 5-10 所示。

　　系统是组织起来以完成一定目的的连接单元的集合，由一个高级子系统建模，该子系统间接包含共同完成现实世界目的的模型元素的集合。一个系统通常可以用一个或多个视点不同的模型描述。系统使用一个带有构造型 system 的包表示，在 Rational Rose 2003 中，内部支持的有两种系统。

　　(1) 程序系统如图 5-11 所示。

　　(2) 业务系统如图 5-12 所示。

图 5-10　子系统示例　　　　图 5-11　程序系统　　　　图 5-12　业务系统

5.3　包图中的关系

　　包图中包之间的关系总体可以概括为依赖关系和泛化关系。

5.3.1　依赖关系

　　两个包之间存在着依赖关系通常是指这两个包所包含的模型元素之间存在着一个和多个依赖。对于由对象类组成的包，如果两个包的任何对象类之间存在着如何一种依赖，则这两个包之间就存在着依赖关系。包的依赖关系同样是使用一根虚箭线表示，虚箭线从依赖源指向独立目的包，如图 5-13 所示。

图 5-13　包的依赖

　　图 5-13 中，"汽车"包和"发动机"包之间存在着依赖，因为"汽车"包所包含的任

何类依赖于"发动机"包所包含的任何类，没有发动机就没有汽车，这是非常明显的道理。

　　包间依赖关系的存在表示存在一个自底向上的方法(一个存在声明)，或存在一个自顶向下的方法(限制其他任何关系的约束)，对应的包中至少有一个给定种类的依赖关系的关系元素。这是一个"存在声明"，并不意味着包中的所有元素都有依赖关系。这对建模者来说是表明存在更进一步的信息的标志，但是包层依赖关系本身并不包含任何更深的信息，它仅仅是一个概要。自顶向下方法反映了系统的整个结构，自底向上方法可以从独立元素自动生成。在建模中两种方法有它们自己的地位，即使在单个的系统中也是这样。

　　依赖关系在独立元素之间出现，但是在任何规模的系统中，应从更高的层次观察它们。包之间的依赖关系概述了包中元素的依赖关系，即包间的依赖关系可从独立元素间的依赖关系导出。包间的依赖关系可以分为很多种，如实现依赖、继承依赖、访问和引入依赖等。实现依赖也被称为细化关系，继承依赖也被称为泛化关系。

　　独立元素之间属于同一类别的多个依赖关系被聚集到包间的一个独立的包层依赖关系中，独立元素包含在这些包中。如果独立元素之间的依赖关系包含构造型，为了产生单一的高层依赖关系，包层依赖关系中的构造型可能被忽略。

　　在创建包的依赖关系时，尽量避免循环依赖。循环依赖关系如图 5-14 所示。

　　通常为解决循环依赖关系，需要将 PackageA 包或者 PackageB 包中的内容进行分解，将依赖于另一个包中的内容转移到另外一个包中。图 5-15 表示将 PackageA 中的依赖 PackageB 中的类转移到 PackageC 包中。

　　图 5-14　包的循环依赖关系　　　　　　　　图 5-15　循环依赖分解示例

　　包的依赖性可以加上许多构造型规定它的语义，其中最常见的是引入依赖。引入依赖(Import Dependency)是包与包之间的一种存取(Access)依赖关系。引入是指允许一个包中的元素存取另一个包中的元素，引入依赖是单向的。引入依赖的表示方法是在虚箭线上标有构造型《Import》，箭头从引入方的包指向输出方的包。引入依赖没有传递性，一个包的输出不能通过中间的包被其他的包引入。

　　图 5-16 所示的包 Package1 显式地引入了包 Package2，而包 Package2 也显式地引入了包 Package3。因此，Package3::C1 对包 Package2 的内容是可见的，但是由于 Package3::C2 是受保护的，因此它是不可见的。同样，Package2::B2 对包 Package1 的内容也是不可见的，因为它是私有的。由于包 Package4 没有引入 Package3，所以不允许 Package4 访问 Package3 中的任何内容。

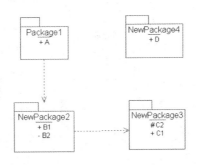

图 5-16　包的引入依赖

5.3.2　泛化关系

　　包之间的泛化关系与对象类之间的泛化关系十分类似，对象类之间的泛化的概念和表示在此大都可以使用。泛化关系表达事物的一般和特殊的关系。如果两个包之间存有泛化关系，就是指其中的特殊性包必须遵循一般性包的接口。实际上，对于一般性包可以加上一个性质说明，表明它只不过是定义了一个接口，该接口可以有多个特殊包实现。

　　就像类的继承一样，包可以替换一般的元素，并可以增加新的元素。图 5-17 所示的包 GUI 包含两个公共类：Window 和 Form，一个受保护的类 EventHandler。特殊包 WindowGUI 继承了一般包 GUI 的公共类 Window 和受保护的类 EventHandler，覆盖了公共类 Form，并添加了一个新的类 VBForm。

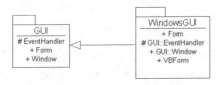

图 5-17　包的泛化关系

5.4　包　的　嵌　套

　　包可以拥有其他包作为包内的元素，子包又可以拥有自己的子包，这样可以构成一个系统的嵌套结构，以表达系统模型元素的静态结构关系。

　　包的嵌套可以清晰地表现系统模型元素之间的关系，但是在建立模型时包的嵌套不宜过深，包的嵌套的层数一般以 2 到 3 层为宜。图 5-18 所示是嵌套包的结构，在售票包中嵌套了订单包、价格包和座位选择包，这些子包之间存在着依赖关系。在建立模型时，为了简化也可以只绘出子包，不绘出子包间的结构关系。

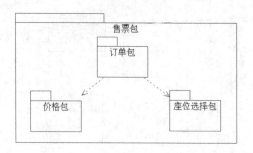

图 5-18　包的嵌套

5.5　绘 制 包 图

在 Rational Rose 中，用例视图(Use Case View)、逻辑视图(Logical View)和构建视图
(Component View)本身就是一个包图。一般情况下，可以在逻辑视图和构件视图中创建包
图中的包。

5.5.1　包的创建

下面根据"简单即时聊天系统"在 Logical View(逻辑视图)中创建一个名为"控制"
的包，创建的方法有两种

第一种方法是通过工具栏或菜单栏来创建。具体的操作步骤如下：

(1) 在逻辑视图的图形编辑工具栏中，选择用于创建包的 □ 按钮，或者在菜单栏中选
择 Tools(工具)|Create(新建)|Package(包)命令。此时光标变为"+"符号。

(2) 单击图形编辑区域的任意一个空白处，系统在该位置创建一个默认名称为
NewPackage 的包，如图 5-19 所示。

图 5-19　创建包图

(3) 将 NewPackage 重新命名成新的名称"控制"。

(4) 选中已经创建好的"控制"包，单击鼠标右键，在弹出的快捷菜单中选择 Open
Specification(打开规范)命令，弹出"Package Specification for 控制"对话框，该对话框用

于对包的属性进行设置。

(5) 选择如图 5-20 所示的 General(常规)选项卡，在 Stereotype 列表框中列出了系统支持的所有包的构造型，这里使用默认的选项。

(6) 单击 OK 按钮完成创建包的过程。创建后的包如图 5-21 所示。

图 5-20　设置包的构造型　　　　图 5-21　重命名包

第二种方法是通过浏览器创建包。具体的操作步骤如下：

(1) 在浏览器中右击 Logical View(逻辑视图)。

(2) 从弹出的快捷菜单中选择 New(新建)|Package(包)命令。

(3) 输入包的名称"控制"。

如果想将包添加进类图中，只需要将该包拖入类图即可。

如果想删除刚才创建的"控制"包，可以按以下的具体步骤进行：

(1) 在浏览器中右击"控制"包。

(2) 从弹出的快捷菜单中选择 Delete 命令。

这种方式是将包从模型中永久删除，包及包中内容都将被删除。如果仅需要将包从包图中移除，只要右击"控制"包，在弹出的快捷菜单中选择 Exit(编辑)|Delete from Model(从模型中删除)命令即可，此时包仅仅从该类图中移除，在浏览器中和其他类图中仍然可以存在。

5.5.2　添加包中的类

在包图中，可以增加在包所在目录下的类。例如，在 PackageA 包所在的目录下创建了两个类，分别是 ClassA 和 ClassB。将这两个类添加到包中可以按照以下的步骤进行：

(1) 右击编辑区中 PackageA 包的图标，弹出如图 5-22 所示的快捷菜单。

(2) 选择 Select Compartment Items 命令，弹出如图 5-23 所示的对话框。

(3) 在对话框的左侧显示了在该包目录下的所有类的列表。选中要添加的类，通过中间的添加按钮将 ClassA 和 ClassB 添加到右侧的 Selected Items 列表中。

(4) 单击 OK 按钮完成操作。生成的显示类的包如图 5-24 所示。

 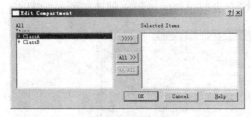

图 5-22　添加类到包中　　　　　　图 5-23　添加类　　　　　　图 5-24　显示类的包

5.5.3　包的依赖关系创建

包和包之间与类和类之间一样，也可以有依赖关系，并且包的依赖关系和类的依赖关系的表示形式一样，使用依赖关系的图标进行。下面在 Logical View(逻辑视图)中添加"控制"包和"视图"包的依赖关系。具体的操作步骤如下：

(1) 单击图形工具栏中的 图标。

(2) 将鼠标移动到"控制"包上，按下鼠标左键不要松，移动鼠标至"视图"包后松开鼠标。注意线段箭头的方向为松开鼠标左键时的方向，箭头应由依赖的包指向被依赖的包，不可画反。创建后的依赖关系如图 5-25 所示。

图 5-25　创建的包依赖关系

5.6　创建包图实例分析

使用包的目的是把模型元素组织成组，并为它定名，以便作为整体处理。如果开发的是一个小型系统，涉及的模型元素不是太多，那么可以把所有的模型元素组成一个包，使用包和不使用包的区别不是太大。但是，对于一个大型的、复杂的系统，通常需要把系统设计模型中的大量的模型元素组织成包，给出它们的联系，以便处理和理解整个系统。下面就以"简单即时聊天系统"为例，进行包图的绘制。

5.6.1　确定包的分类

包是一种维护和描述系统结构模型的重要建模方式，我们可以根据系统的相关分类准则，如功能、类型等，通过这些准则将系统的各种构成文件放置在不同的包中，并通过对各个包之间关系的描述，展现出系统的模块与模块之间的依赖关系。一般情况下，系统的包往往包含很多划分的准则，但是这些准则通常需要满足系统架构设计的需要。

这里使用下列的步骤创建系统的包图：

(1) 根据系统的架构需求，确定包的分类准则。

(2) 在系统中创建相关包，在包中添加各种文件，确定包之间的依赖关系。

分析"简单即时聊天系统"，采用 MVC 架构进行包的划分。可以在逻辑视图下确定三个包，分别为模型包、视图包和控制包。

模型包是对系统应用功能的抽象，在包中的各个类封装了系统的状态。模型包代表了商业规则和商业数据，存于 EJB 层和 Web 层。在模型包中，包含了用户实体类、消息实体类、用户信息类、系统管理员类等参与者类或其他的业务类，在这些类中，其中一些类的数据需要对数据库进行存储和访问，这时通常采取提取出来一些单独用于数据库访问的类的方式。

视图包是对系统数据表达的抽象，在包中的各个类对用户的数据进行表达，并维护与模型中的各个类数据的一致性。视图包中的类包括登录界面类、注册界面类、客户端主窗口类、新增好友界面类、聊天界面类和服务端界面类等。视图代表系统界面内容的显示，它完全存在于 Web 层。

控制包是对用户与系统交互事件的抽象，它把用户的操作编程系统的事件，根据用户的操作和系统的上下文调用不同的数据。控制对象协调模型与视图，它把用户请求翻译成系统能够识别的事件，用来接受用户请求和同步视图与模型之间的数据。在 Web 层，通常有一些 Serverlet 来接受这些请求，并通过处理成为系统的事件。控制包中的类包括客户端工作类、服务类、工作线程类。

5.6.2 创建包和关系

根据上面的分析，利用 MVC 架构创建"简单即时聊天系统"的包，如图 5-26 所示。接着可以根据包之间的关系，在图中将其表达出来。在 MVC 架构中，控制包可以对模型包修改状态，并且可以选择视图包的对象；视图包可以使用模型包中的类进行状态查询，三个包之间是互相依赖的关系。根据这些内容，创建的简单即时聊天系统的包图如图 5-27 所示。

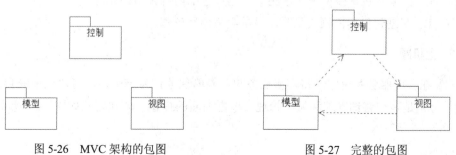

图 5-26　MVC 架构的包图　　　　　　　　图 5-27　完整的包图

5.7　习　题

1. 填空题

(1) _____是用于把元素组织成组的通用机制。

(2) 包的可见性关键字包括_____、_____和_____。

(3) 包之间的关系总的来讲可以概括为_____和_____。

(4) 将系统分层很常用的一种方式是将系统分为_____、_____和_____的三层结构。

(5) 包是包图中最重要的概念，它包含了一组_____。

2. 选择题

(1) 在 Rational Rose 2003 中，支持(　　)的构造型。

    A. 业务设计包 　　　　　　　　B. 业务分析模型包

    C. 业务用例模型包 　　　　　　　D. CORBA Module 包

(2) 对照子系统进行建模时，在 Rational Rose 2003 中，内部支持的系统有(　　)。

    A. 数据系统 　　　　　　　　　　B. 视图系统

    C. 程序系统 　　　　　　　　　　D. 业务系统

(3) 建立模型时包的嵌套不宜过深，包的嵌套的层数一般以(　　)为宜。

    A. 2~3 层 　　　　　　　　　　　B. 3~4 层

    C. 1~2 层 　　　　　　　　　　　D. 3~5 层

(4) 下列关于包的描述中正确的是(　　)。

    A. 每个包必须有一个区别于其他包的名称

    B. 包中可以包含其他元素，如类、接口、组件和用例等

    C. 引入(import)使得一个包中的元素可以单向访问另一个包中的元素

    D. 包的可见性分为 protected、public 和 private

(5) 下列对于创建包的说法不正确的是(　　)。

    A. 在序列图和协作图中可以创建包

    B. 在类图中可以创建包

    C. 如果将包从模型中永久删除，包及包中内容都将被删除

    D. 在创建包的依赖关系时，尽量避免循环依赖

3. 上机题

(1) 在客户服务系统中，将客服业务的功能单独地作为一个包，在该包中嵌套了两个子包，分别是客户咨询管理和派工管理。根据上面的描述，创建包图如图 5-28 所示。

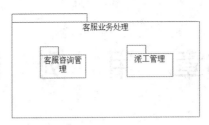

图 5-28 嵌套包图

(2) 细化上题的包图，在客服咨询管理嵌套了三个子包，分别是咨询、投诉和报修；派工管理中嵌套了两个子包，即维护安排和回访安排。根据以上要求画出嵌套 2 层的包图，如图 5-29 所示。

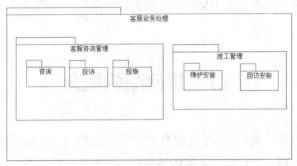

图 5-29 嵌套多层的包图

(3) 上题中子包对父包都存在着依赖的关系，现在要求将包进行分解，并创建它们彼此间的关系，如图 5-30 所示。

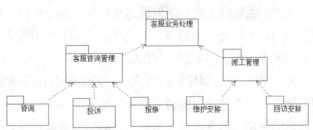

图 5-30 创建包图的关系

第6章 用 例 图

用例图对于软件开发具有重要的意义。在软件开发时，无论采用面向对象方法还是传统方法，首先要做到的就是了解需求，即用户的业务需要。在实践中，分析典型用例是开发者准确、迅速地了解用户要求和相关概念最常用、最有效的方法，是用户和开发者一起深入剖析系统功能需求的起点。从本质上来说，一个用例是用户和计算机之间为达到某个目的的一次典型的交互过程。在 UML 中，用例模型是由用例图来描述的，本章将对用例图进行详细的介绍。

6.1　用例图的概念

用例图是由参与者、用例以及它们之间的关系构成的用于描述系统功能的动态视图。它是需求分析中的产物，主要作用是描述参与者和用例之间的关系，帮助开发人员可视化地了解系统的功能。借助于用例图，系统用户、系统分析人员、系统设计人员、领域专家能够以可视化地方式对问题进行探讨，减少了大量交流上的障碍，便于对问题达成共识。

用例图中用例和参与者之间的对应关系又叫做通信关联(Communication Association)，它表示参与者使用了系统中的哪些用例。用例图是从软件需求分析到最终实现的第一步，它显示了系统的用户和用户希望提供的功能，有利于用户和软件开发人员之间的沟通。

要在用例图上显示某个用例，可以使用一个人形符号表示一个参与者(表示一个系统用户)，再绘制一个椭圆表示用例，然后将用例的名称放在椭圆的中心或椭圆下面的中间位置。用例图上参与者和用例之间的关系使用带箭头或者不带箭头的线段来描述，箭头表示在这一关系中哪一方是对话的主动发起者，箭头所指方是对话的被动接受者。如果不想强调对话中的主动与被动关系，可以使用不带箭头的线段。图 6-1 所示就是一个简单的用例图。

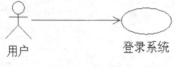

用户　　　　　　　　　　登录系统

图 6-1　用例图

进行用例建模时，所需的用例图数量是根据系统的复杂度来衡量的。对于较复杂的大中型系统，一张用例图显然是不够的，这时就需要用多个用例图来共同描述复杂的系统。这时，用例模型中的参与者和用例会大大增加，这样的系统往往会需要几张甚至几十张用例图。而一个简单的系统中往往只需要有一个用例图就可以描述清楚所有的关系。但是一个系统的用例图也不应当过多。

在面向对象的分析设计方法中，用例图可以用于描述系统的功能性需求。另外，用例还定义了系统功能的使用环境与上下文，每一个用例都描述了一个完整的系统服务。用例方法比传统的"软件需求规约"(Software Requirement Specification)更易于被用户所理解和接受，可以作为开发人员和用户之间针对系统需求进行沟通的一个有效手段。

与传统的 SRS 方法相比，用例图可视化地表达了系统的需求，具有直观、规范等优点，克服了纯文字性说明的不足。另外，用例方法是完全从外部来定义系统功能，它把需求和设计完全地分离开来。不用关心系统内部是如何完成各种功能的，系统对于我们来说就是一个黑箱子。用例图可视化地描述了系统外部的使用者(抽象为参与者)和使用者使用系统时系统为这些使用者提供的一系列服务(抽象为用例)，并清晰地描述了参与者和参与者之间的泛化关系，用例和用例之间的包含关系、泛化关系、扩展关系，以及用例和参与者之间的关联关系。所以，从用例图中可以得到对于被定义系统的一个总体印象。

6.2　用例图的表示

为了掌握好用例图，有必要详细地了解用例图中的参与者(角色)、用例和系统边界。只有了解这些概念，才能在建模中使用好用例图。

6.2.1　参与者的表示

参与者是指存在于系统外部并直接与系统进行交互的人、系统、子系统或类的外部实体的抽象。每个参与者可以参与一个或多个用例，每个用例也可以有一个或多个参与者。在用例图中使用一个人形图标来表示参与者，参与者的名字写在人形图标下面，如图 6-2 所示。

参与者名称

图 6-2　参与者

很多初学者都把参与者理解为人，这是错误的。参与者代表的是一个集合，通常一个参与者可以代表一个人、一个计算机子系统、硬件设备或者时间等。人是其中最常见也是最容易理解的参与者，对于前文提到的聊天系统来说，它的参与者就是进行聊天的用户。

在有些系统中，一个进程也可以作为参与者，如时间。当手机的充值的话费余额不足时，系统就会以发短信或电子邮件的形式提示相关用户应及时充值，否则会强制停机。由于这一时间是系统设计的功能，不需要每次去人为地进行控制，因此也是一个参与者。

一个系统也可以作为参与者，比如现在出现的便利店信用卡还款业务，需要和外部的应用程序建立联系来验证信用卡以便还款。其中，外部信用卡程序就是一个参与者，是一个系统。

一个用例的参与者可以有以下两种类型的划分：

(1) 可以划分为主要参与者和次要参与者。主要参与者指的是执行系统主要功能的参与者，次要参与者指的是使用系统次要功能的参与者。标出主要参与者有利于找出系统的核心功能，往往也是用户最关心的功能。

(2) 可以划分为发起参与者和参加参与者。发起参与者发起了用例的执行过程，一个用例只有一个发起参与者，可以有若干个参加参与者。在用例中标出发起参与者是一个有用的做法。

在使用用例图时要注意的是：参与者虽然可以代表人或事物，但参与者不是指人或事物本身，而是表示人或事物当时所扮演的角色。例如，小章是证券公司的工作人员，他参与证券管理系统的交互，这时他既可以作为管理员这个角色参与管理，也可以作为证券公司的用户来参与证券交易，在这里小章扮演了两个角色，是两个不同的参与者。因此，不能将参与者的名字表示成参与者的某个实例。又例如，小章作为证券公司的客户来买卖股票，但是参与者的名字还是证券公司的用户而不能是小章。

6.2.2　用例的表示

用例是参与者(角色)可以感受到的系统服务或功能单元。它定义了系统是如何被参与者使用，描述了参与者为了使用系统所提供的某一完整功能而与系统之间发生的一段对话。用例最大的优点就是站在用户的角度上(从系统的外部)来描述系统的功能。它把系统当作一个黑箱子，并不关心系统内部是如何完成它所提供的功能，表达了整个系统对外部用户可见的行为。UML 中通常用图 6-3 所示的一个椭圆图形来表示用例，用例名称写在椭圆下方。

每个用例在其所属的包里都有唯一的名字，该名字是一个字符串，包括简单名和路径名。用例的路径名就是在用例名前面加上用例所属的包的名字。图 6-4 所示为带路径名的用例。用例名可以包括任意数目的字母、数字和除冒号以外的大多数标点符号。用例的名字可以换行，但应易于理解，它往往是一个能准确描述功能的动词短语或者动名词组。

用例名　　　　　　　　　　　　　　包：用例名

图 6-3　用例　　　　　　　图 6-4　带路径名的用例

用例和参与者之间存在着一定的关系，这种关系属于关联关系，又称做通信关联。关联关系是双向的一对一关系，这种关系表明了哪个参与者与用例通信。

在使用用例时要了解它的三个明显的特征：

(1) 用例表明的也是一个类，而不是某个具体的实例。用例所描述的是它代表的功能的各个方面，包含了用例执行期间可能发生的各种情况。例如，对于 ATM 系统中存款这个用例，小章持银行卡去存钱，系统收到消息后将钱存入到 ATM 机的过程是一个实例。而小李持银行卡存款时，系统收到消息后因为钱币有问题而将钱退回给小李也是一个实例。

(2) 用例必须由某一个参与者触发激活后才能执行，即每个用例至少应该涉及一个参与者。如果存在没有参与者的用例，就可以考虑将这个用例并入其他用例之中。

(3) 用例是一个完整的描述。一个用例在编程实现的时候往往会被分解成多个小用例(函数)，这些小用例的执行会有先后之分，其中任何一个小用例的完成都不能代表整个用例的完成。只有当所有的小用例完成，并最终产生了返回给参与者的结果，才能代表整个用例的完成。

6.3 参与者之间的关系

用例图中的参与者之间有时会出现泛化关系，这种关系和类图中类之间的泛化关系是相似的。但是在确定这种关系前，还是要先识别出用例图中的各个参与者。

6.3.1 识别参与者

在获取用例前首先要确定系统的参与者，识别参与者的时候不要把目光只停留在使用计算机的人身上，直接或间接地与系统交互的任何人和事都是参与者。识别参与者可以从以下八个方面入手：

(1) 系统开发出来后，使用系统主要功能的是谁。

(2) 谁需要借助系统来完成日常的工作。

(3) 系统需要从哪些人或其他系统中获得数据。

(4) 系统会为哪些人或其他系统提供数据。

(5) 系统会与哪些其他系统交互。其他系统包括计算机系统和计算机中的其他应用软件。其他系统可以分为两类：一类是该系统要使用的系统；另一类是启动该系统的系统。

(6) 系统是由谁来维护和管理的，以保证系统处于工作状态。

(7) 系统控制的硬件设备有哪些。

(8) 谁对本系统产生的结果感兴趣。

要注意的是，由于参与者总是处于系统外部，因此他们可以处于人的控制之外。例如，在汽车租赁管理系统中有一个比较特殊的参与者。当客户到了还车的时间却还没归还汽车，系统会提醒客户代表致电客户，由于时间不在人的控制之内，因此时间也是一个参与者。这些操作并不是由外部的人或系统触发的，它是由一个抽象出来的时间参与者来触发的，如图 6-5 所示。

图 6-5　系统中时间用例图

6.3.2　参与者间的泛化关系

由于参与者实质上也是类，所以它拥有与类相同的关系描述，即参与者与参与者之间主要是泛化关系(或称为"继承"关系)。泛化关系的含义是把某些参与者的共同行为提取出来表示成通用行为，并描述成超类。泛化关系表示的是参与者之间的一般/特殊关系，在 UML 图中，使用图 6-6 所示带空心三角箭头的实线表示泛化关系，箭头指向超类参与者。

在需求分析中很容易碰到用户权限问题，就拿一个人力资源管理系统来说，普通员工有权进行个人信息的操作，而部门经理和项目经理在常规操作之外还有权进行部门管理和项目管理的操作。用例图如图 6-7 所示。

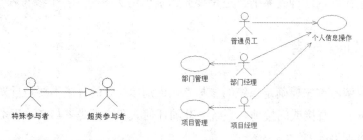

图 6-6　参与者泛化关系　　　　　图 6-7　人力资源管理系统

在这个例子中会发现部门经理和项目经理都是一种特殊的普通员工，他们拥有普通用户所拥有的全部权限，此外他们还有自己独有的权限。这里可进一步把普通用户、部门经理和项目经理之间的关系抽象成泛化关系，如图 6-8 所示。

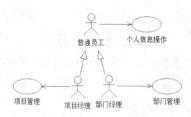

图 6-8　泛化后的用例图

图 6-8 中的普通员工是父类，部门经理和项目经理是子类。通过泛化关系，可以有效地减少用例图中通信关联的个数，简化用例模型，便于理解。

6.4　用例之间的关系

用例除了与其参与者发生关联外，还可以与用例之间产生多种关系，这些关系包括包含关系、扩展关系和泛化关系。应用这些关系的目的是从系统中抽取出公共行为及其变体。

6.4.1　识别用例

任何用例都不能在缺少参与者的情况下独立存在。同样，任何参与者也必须有与之关联的用例。所以识别用例的最好方法就是从分析系统参与者开始，在这个过程中往往会发现新的参与者。当找到参与者之后，就可以根据参与者来确定系统的用例，主要是看各参与者如何使用系统，需要系统提供什么样的服务。可以通过以下几个方面来寻找用例：

- 参与者是否会将外部的某些事件通知给系统。
- 系统中发生的事件是否通知参与者。
- 是否存在影响系统的外部事件。
- 参与者希望系统提供什么功能。
- 参与者是否会读取、创建、修改、删除、存储系统的某种信息。如果是的话，参与者又是如何完成这些操作的。

除了与参与者有关的问题，还可以通过一些与参与者无关的问题来发现用例。例如，系统需要解决什么样的问题，系统的输入/输出信息有哪些等。

需要注意的是，用例图的主要目的就是帮助人们了解系统功能，便于开发人员与用户之间的交流，所以确定用例的一个很重要的标准就是用例应当易于理解。对于同一个系统，不同的人对于参与者和用例可能会有不同的抽象，这就要求在多种方案中选出最好的一个。对于这个被选出的用例模型，不仅要做到易于理解，还要做到不同的受众对于它的理解是一致的。

6.4.2　用例的粒度

用例的粒度指的是用例所包含的系统服务或功能单元的多少。用例的粒度越大，用例包含的功能越多，反之则包含的功能越少。用例的粒度对于用例模型来说是很重要的，它不但决定了用例模型级的复杂度，而且也决定了每一个用例内部的复杂度。

在确定用例粒度的时候，应该根据每个系统的具体情况，具体问题具体分析，在尽可能保证整个用例模型的易理解性前提下决定用例的大小和数目。如果用例的粒度很小，得到的用例数就会太多。反之，如果用例的粒度很大，那么得到的用例数就会很少。如果用例数目过多，会造成用例模型过大和引入设计的困难大大提高。如果用例数目过少，会造成用例的粒度太大，不便于进一步的充分分析。

当大致确定用例个数后，就可以很容易地确定用例粒度的大小。对于比较简单的系统，因为系统的复杂度一般比较低，所以可以适当加大用例模型一级的复杂度，也就是可以将较复杂的用例分解成多个用例。对于比较复杂的系统，因为系统的复杂度已经很高，这就要求我们加强控制用例模型一级的复杂度，也就是将复杂度适当地移往用例内部，让一个用例包含较多的需求信息量。

例如，人力资源管理系统中的部门经理维护部门信息的用例如图 6-9 所示。

可以根据具体的操作把它抽象成如图 6-10 所示的 3 个用例，它展示的系统需求和单个用例是完全一样的。

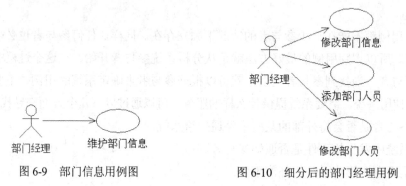

图 6-9　部门信息用例图　　　　图 6-10　细分后的部门经理用例

6.4.3　用例规约

用例图只是在总体上大致描述了一下系统所提供的各种服务，以便对系统有一个总体的认识。但对于每一个用例，还需要有详细的描述信息，以便让别人对于整个系统有一个更加详细的了解，这些信息包含在用例规约之中。而用例模型指的也不仅仅是用例图，而是由用例图和每一个用例的详细描述——用例规约所组成的。每一个用例的用例规约都应该包含以下内容：

(1) 简要说明(Brief Description)。对用例作用和目的的简要描述。

(2) 事件流(Flow of Event)。事件流包括基本流和备选流。基本流描述的是用例的基本流程，是指用例"正常"运行时的场景。备选流描述的是用例执行过程中可能发生的异常和偶尔发生的情况。基本流和备选流组合起来应该能够覆盖一个用例所有可能发生的场景。

(3) 用例场景(Use-Case Scenario)。同一个用例在实际执行的时候会有很多不同的情况发生，称为用例场景，也可以说用例场景就是用例的实例，用例场景包括成功场景和失败场景。在用例规约中，由基本流和备选流的组合来对场景进行描述。在描述用例的时候要注意覆盖所有的用例场景，否则就有可能遗漏某些需求。此外，场景还能帮助测试人员进行测试，帮助开发人员检查是否完成所有的需求。

(4) 特殊需求(Special Requirement)。特殊需求指的是一个用例的非功能性需求和设计约束。特殊需求通常是非功能性需求，包括可靠性、性能、可用性和可扩展性等，如法律或法规方面的需求、应用程序标准和所构建系统的质量属性等。设计约束可以包括开发工具、操作系统及环境、兼容性等。

(5) 前置条件(Pre-Condition)。执行用例之前系统必须所处的状态。例如，前置条件是要求用户有访问的权限或要求某个用例必须已经执行完。

(6) 后置条件(Post-Condition)。用例执行完毕后系统可能处于的一组状态。例如，要求在某个用例执行完后，必须执行另一个用例。

因为用例规约基本上是用文本方式来表述的，有些问题难以描述清楚。为了更加清晰地描述事件流，往往需要配以其他图形来描述。例如，加入序列图适合于描述基于时间顺序的消息传递和显示涉及类交互而与对象无关的一般形式，加入活动图有助于描述复杂的决策流程，加入状态转移图有助于描述与状态相关的系统行为。还可以在用例中粘贴用户界面或其他图形，但是一定要注意表达的简单明了。

6.4.4 标识用例间的关系

通常可以在用例之间抽象出包含、扩展和泛化这三种关系。这几种关系都是从现有的用例中抽取出公共信息，再通过不同的方法来重用这部分公共信息。

1. 泛化

用例的泛化指的是一个父用例可以被特化形成多个子用例，而父用例和子用例之间的关系就是泛化关系。在用例的泛化关系中，子用例继承了父用例所有的结构、行为和关系，子用例是父用例的一种特殊形式。此外，子用例还可以添加、覆盖、改变继承的行为。在UML 中，用例的泛化关系通过图 6-11 所示的三角箭头从子用例指向父用例来表示。

当发现系统中有两个或者多个用例在行为、结构和目的方面存在共性时，就可以使用泛化关系。这时，可以用一个新的(通常也是抽象的)用例来描述这些共有部分，这个新的用例就是父用例。

例如，在淘宝上购物可以有多种付款的方式，那么支付这个复杂的用例就可以用泛化关系来表示。如图 6-12 所示，将分期付款、支付宝付款、货到付款泛化为支付用例，支付为父用例，具体的支付方式为子用例。

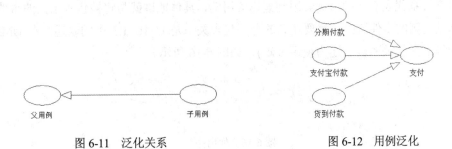

图 6-11 泛化关系　　　　　图 6-12 用例泛化

2. 扩展

在一定条件下，把新的行为加入到已有的用例中，获得的新用例叫做扩展用例，原有的用例叫做基础用例，从扩展用例到基础用例的关系就是扩展关系。一个基础用例可以拥有一个或者多个扩展用例，这些扩展用例可以一起使用。值得注意的是，在扩展关系中是基础用例而不是扩展用例被当作例子使用。在 UML 中，扩展关系是通过带箭头的虚线段加<<extend>>字样来表示的，箭头指向基础用例，如图 6-13 所示。

扩展关系往往被用来处理异常或者构建灵活的系统框架。使用扩展关系可以降低系统的复杂度，有利于系统的扩展，提高系统的性能。扩展关系还可以用于处理基础用例中的那些不易描述的问题，使系统更加清晰、易于理解。

下面结合一个具体的例子来说明，图 6-14 所示为人力资源管理系统中部门经理用例图的部分内容。在本用例中，基础用例是"身份验证"，扩展用例是"修改密码"。在一般情况下，只需要执行"身份验证"用例即可。但是如果登录用户想修改密码，这时就不能执行用例的常规动作，如果去修改"身份验证"用例，势必增加系统的复杂性。这时就可以在基础用例"身份验证"中增加插入点，当用户想修改密码时，就执行扩展用例"修改密码"。

图 6-13　扩展关系　　　　　　图 6-14　部门经理身份验证

3. 包含

包含关系指用例可以简单地包含其他用例具有的行为，并把它所包含的用例行为作为自身行为的一部分。在 UML 中，包含关系是通过图 6-15 所示的带箭头的虚线段加<<include>>字样来表示的，箭头由基础用例(Base)指向被包含用例(Inclusion)。

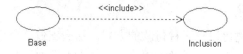

图 6-15　包含关系

包含关系代表着基础用例会用到被包含用例，具体地讲就是将被包含用例的事件流插入到基础用例的事件流中。需要注意的是，包含关系是 UML 1.3 中的表述，在 UML 1.1 中，同等语义的关系被表述为使用(uses)，如图 6-16 所示。

图 6-16　使用关系

在处理包含关系时，具体的做法就是把几个用例的公共部分单独地抽象出来成为一个新的用例。主要有以下两种情况需要用到包含关系：

(1) 一个用例的功能过多、事件流过于复杂时，可以把某一段事件流抽象成为一个被包含的用例，以达到简化描述的目的。例如，人力资源管理系统中的部门经理要对部门信息进行维护，包括修改部门信息、添加部门人员、修改部门人员。在进行这些操作时都先要登录到系统才可以执行。图 6-17 所示的用例图就是把部门经理的用例中会用到的一段行为抽象出来，成为一个新的用例——登录系统。而原有的用例都会包含这个新抽象出来的用例。如果以后需要对登录系统进行修改，则不会影响到其他的三个用例。并且由于是同一个用例，不会发生同一段行为在不同用例中描述不一致的情况。

图 6-17　包含关系

(2) 当多个用例用到同一段的行为，则可以把这段共同的行为单独抽象成为一个用例，然后让其他用例来包含这一用例。

包含关系具有以下两个显著的优点：

(1) 不但可以避免在多个用例中重复地描述同一段行为，而且还可以避免在多个用例中对同一段行为描述的不一致。

(2) 提高了用例模型的可维护性，当需要对公共需求进行修改时，只需要修改一个用例而不必修改所有与其有关的用例。

虽然用例泛化关系和包含关系都可以用来复用多个用例中的公共行为，但是它们还是存在很大的区别。

(1) 用例的泛化关系类似于面向对象中的继承，它把多个子用例中的共性抽象成一个父用例，子用例在继承父用例的基础上可以进行修改。但是子用例和子用例之间又是相互独立的，任何一个子用例的执行不受其他子用例的影响；而用例的包含关系是把多个基础用例中的共性，抽象为一个被包含用例，可以说被包含用例就是基础用例中的一部分，基础用例的执行必然引起被包含用例的执行。

(2) 用例的泛化关系中，所有的子用例都有相似的目的和结构，它们是整体上的相似。而用例的包含关系中，基础用例在目的上可以完全不同，但是它们都有一段相似的行为，它们的相似是部分的相似而不是整体的相似。

同样地，包含关系和扩展关系也有着以下三种比较大的区别：

(1) 基础用例的执行并不一定会涉及扩展用例，扩展用例只有在满足一定条件下才会被执行。而在包含关系中，当基础用例执行后，被包含用例是一定会被执行的。

(2) 在扩展关系中，基础用例提供了一个或者多个插入点，扩展用例为这些插入点提供了需要插入的行为。而在包含关系中，插入点只能有一个。

(3) 即使没有扩展用例，扩展关系中的基础用例本身就是完整的。而对于包含关系，基础用例在没有被包含用例的情况下就是不完整的存在。

6.5 系 统 边 界

所谓系统边界，是指系统与系统之间的界限。通常所说的系统可以认为是由一系列的相互作用的元素形成的具有特定功能的有机整体。系统同时又是相对的，一个系统本身又可以是另一个更大系统的组成部分，因此，系统与系统之间需要使用系统边界进行区分。系统边界以外的同系统相关联的其他部分称为系统环境。

用例图中的系统边界用来表示正在建模系统的边界。边界内表示系统的组成部分，边界外表示系统外部。虽然有系统边界的存在，但是使用Rational Rose 2003 并不支持绘制用例图的系统边界。如果采用 Microsoft 的 Visio 建模工具，系统边界在用例图中可以用方框来表示，同时附上系统的名称，参与者画在边界的外面，用例画在边界里面，如图 6-18 所示。

图 6-18　系统边界

系统边界决定了参与者，如果系统边界不一样，它的参与者就会发生很大的变化。例如，对于一个证券交易系统来说，它的参与者就是进行证券买卖的交易客户，但是如果将系统边界扩大，那么系统参与者还将包括证券公司的员工。

在项目开发过程中，边界是一个非常重要的概念。系统与环境之间存在着边界，子系统与其他子系统之间存在着边界，子系统与整体系统之间存在着边界。在系统开发过程中，系统边界占据了举足轻重的地位，只有搞清楚了系统边界，才能更好地确定系统的参与者和用例。

总之，没有完整的边界就不会有完整的分类，也就不会有完整的系统，边界的重要性一点也不亚于系统本身。

6.6 绘制用例图

前面已经了解了什么是用例图和用例图中的各个要素，下面介绍如何使用Rational Rose 画出用例图。

6.6.1 创建用例图

在创建参与者和用例之前，首先要建立一张新的用例图。下面将以在 Use Case View 用例视图中创建简单即时聊天系统的"聊天系统客户端用例图"为例，说明创建的步骤：

(1) 右击浏览器中的 Use Case View 图标，弹出如图 6-19 所示的快捷菜单，选择 New|Use Case Diagram(用例图)命令。

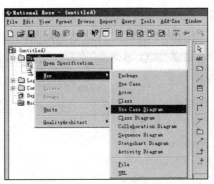

图 6-19 创建新的用例图

New 菜单下的命令不仅能创建新的用例图，还能创建其他 UML 元素。New 菜单下的各个命令代表的含义，如表 6-1 所示。

表 6-1 用例图菜单项说明

菜 单 项	功 能	包 含 命 令
New	新建 UML 元素	Package(新建包)
		Use Case(新建用例)
		Actor(新建参与者)
		Class(新建类)
		Use Case Diagram(新建用例图)
		Class Diagram(新建类图)
		Collaboration Diagram(新建协作图)
		Sequence Diagram(新建顺序图)
		Statechart Diagram(新建状态图)
		Activity Diagram(新建活动图)

(2) 创建新的用例图后，在浏览器的 Use Case View 树形结构下多了一个名为 NewDiagram 的图标，这就是新建的用例图图标。

(3) 右击此图标，在弹出的如图 6-20 所示的快捷菜单中选择 Rename(重命名)命令为新创建的用例图命名。一般用例图的名字都有一定的含义，最好不要使用没有任何意义的名称。这里命名为"聊天系统客户端用例图"。

图 6-20　命名用例图

(4) 双击"聊天系统客户端用例图"图标，会出现如图 6-21 所示的用例图编辑工具栏和编辑区。其中，左边是用例图的工具栏，右边是用例图的编辑区。

图 6-21　工具栏和编辑区

为了能更好地画用例图，这里介绍一下用例图工具栏中各个图标的名称和用途，如表 6-2 所示。

表 6-2　用例图工具栏

图　　标	名　　称	用　　途
	Selection Tool	选择一个项目
ABC	Text Box	将文本框加进框图
	Note	添加注释
	Anchor Note to Item	将图中的注释与用例或参与者相连
	Package	添加包
	Use Case	添加用例
	Actor	添加新参与者
	Unidirectional Association	关联关系
	Dependency or Instantiates	包含、扩展等关系
	Generalization	泛化关系

如果需要创建新的用例图元素，则先单击用例图工具栏中需要创建的元素图标，然后在用例图编辑区内再单击，就可以在鼠标单击的位置创建所需的用例图元素。

6.6.2　创建参与者

参与者是每个用例的发起者，是用例图中重要的组成部分。这里以在“聊天系统客户端用例图”创建参与者“用户”为例，演示创建的具体步骤：

(1) 单击“聊天系统客户端用例图”工具栏中的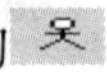图标。

(2) 在用例图编辑区内要绘制参与者的地方单击鼠标左键画出参与者，画出的参与者 NewClass，如图 6-22 所示。NewClass 是创建参与者的默认名称，在下面的列表中列出了当前模型中已经创建好的类，可以直接选择使用。这里可以选择列表中的“用户”类。

这样一个名为“用户”的参与者就创建好了，如图 6-23 所示。

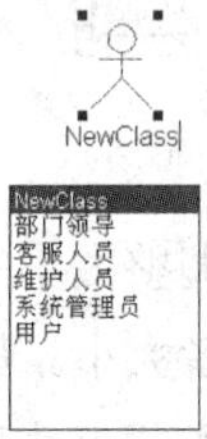

图 6-22　创建参与者

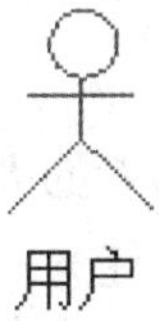

图 6-23　创建参与者“用户”

除了通过这种方式来为创建的参与者命名之外，还可以通过对话框的方式来设置。其步骤为：

(1) 双击已画出的 NewClass 参与者，会弹出 Class Specification for NewClass(类规范)对话框。该对话框用于对参与者各种属性进行设置。

(2) 选择 General(常规)选项卡可以对参与者的常规属性进行设置，如图 6-24 所示。

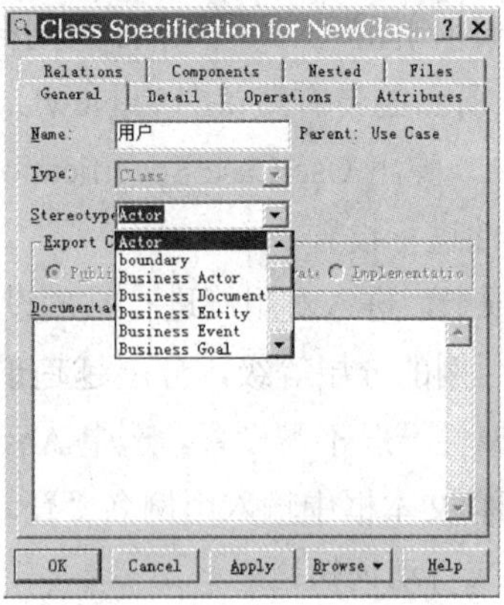

图 6-24　设置参与者属性

在这个界面中，Name(名称)文本框用于设置参与者的名称；因为参与者也属于类的一种，所以 Type(类型)列表框中默认类型为 Class(类)并且是只读不可修改的状态；Stereotype(构造类型)列表框列出了系统支持的所有构造类型，因为用例图所默认的类构造型是 Actor(用例),所以无须改动;Documentation(文件)文本框用于输入对参与者的信息进行详尽说明的文字。这里在 Name(名称)文本框中输入"用户",最后单击 OK 按钮即可,如图 6-25 所示。

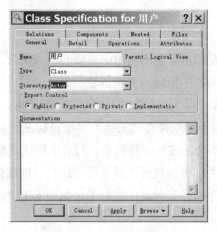

图 6-25　修改参与者属性

可以对已画出的参与者的大小进行调整。单击需要调整大小的参与者,就会在参与者四角出现 4 个黑点,拖曳任意一个黑点就可以调整参与者大小。如果觉得画出来的参与者的位置不正确,可以通过鼠标左键拖曳参与者在用例图编辑区内随意移动。

6.6.3　创建用例

用例是外部可见的一个系统功能单元,一个用例对于外部用户来说就像是可使用的系统操作。下面在"聊天系统客户端用例图"创建一个名为"登录"的用例。具体的操作步骤如下:

(1) 单击"聊天系统客户端用例图"工具栏中的 ⬭ 图标,在编辑区内要绘制用例的地方单击鼠标左键画出如图 6-26 所示的带有默认名为 NewUseCase 的新用例。

(2) 双击 NewUseCase 用例,弹出 Use Case Specification for NewUseCase(用例规范)对话框。该对话框用于对用例属性进行设置。

(3) 打开 General(常规)选项卡,进入对用例进行常规设置的界面,如图 6-27 所示。其中,Rank(等级)属性用于设置用例的分层等级,分层越趋于底层越接近计算机解决问题的水平,反之则越抽象,但这个属性一般不需设置。选中 Abstract(抽象)复选框,表示该用例是抽象用例。这里在 Name(名称)文本框中输入用例名"登录",在输入用例名称时要注意的是,用例的名称一般为动词或者动词短语。

(4) 单击 OK 按钮。创建完成的登录用例如图 6-28 所示。

图 6-26 创建用例   图 6-27 修改用例属性   图 6-28 登录用例

6.6.4 创建用例和参与者之间的关联

创建了用例和参与者之后，必须绘制两者之间的关联关系。这里创建参与者"用户"和"登录"用例的关联，操作步骤如下：

(1) 单击"聊天系统客户端用例图"工具栏中的 图标。

(2) 将鼠标移动到参与者"用户"上，这时按下鼠标左键不要松，移动鼠标至"登录"用例上后松开鼠标。注意线段箭头的方向为松开鼠标左键时的方向，关联关系的箭头应由参与者指向用例，不可画反，如图 6-29 所示。

还可以设置或修改关联关系的属性，具体方法可以参照参与者和用例属性的设置方法。

图 6-29 用户登录的关联

6.6.5 创建用例之间的关系

前面已经讲到，用例之间的关系主要是包含关系、扩展关系和泛化关系。这里介绍如何创建"聊天系统客户端用例图"中用户的"聊天管理"用例和"私聊"用例的包含关系。具体的操作步骤如下：

(1) 单击"聊天系统客户端用例图"工具栏中的 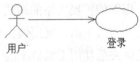 图标，将鼠标移动到"聊天管理"用例，这时按下鼠标左键不要松，移动鼠标至"私聊"用例上后松开鼠标。注意线段箭头的方向为松开鼠标左键时的方向，如图 6-30 所示。

(2) 双击包含虚线段，弹出如图 6-31 所示的 Dependency Specification for Untitled 对话框。该对话框用于对用例关系的属性进行设置。其中，Stereotype(用例关系类型)列表框中列出了用例间所有可用的关系，这里选择 include(包含)。

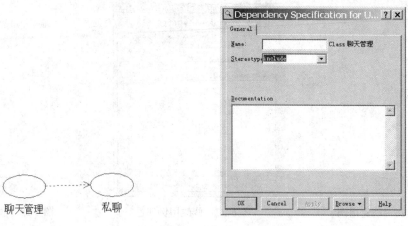

图 6-30　创建包含关系　　　　　　　　图 6-31　选择关系类型

(3) 单击 OK 按钮，最终绘制完成的用户聊天管理的包含关系如图 6-32 所示。

图 6-32　用例之间的包含关系

用例的扩展关系的画法和包含关系类似，在这里就不再详述。但是需要注意的是，扩展关系的箭头由扩展用例指向基础用例，它的 Stereotype(用例关系类型)值为 extend；用例的泛化关系使用工具栏上的⬏图标来绘制，线段由子用例指向父用例即可，只是线段上没有文字的表示。

6.7　创建用例图实例分析

为了加深对用例图绘制的理解，下面通过一个项目系统来讲解用例图的创建过程。这里通过一个简单的即时聊天系统讲解如何使用Rational Rose创建用例图。

6.7.1　需求分析

互联网时代的信息交流显得非常的重要，为了方便用户之间的即使沟通和联络，开发了一套类似于 QQ 和淘宝旺旺的简单即时聊天系统，它能够提供即时交流的功能。系统的功能性需求包括以下内容。

1. 注册的功能

实现了申请聊天账号的功能。在本系统中，要实现交流就必须要拥有合法的账号。一个新用户在提交了自己的个人信息(如姓名、昵称、性别等)后，由服务器为其分配一个唯一的账号。

2. 用户的登录功能

主要实现了从客户端登录系统。用户在登录时需要输入账户和密码，并将它们发送到服务器端进行身份验证，当验证通过时，服务器将该用户的好友信息发回到客户端。

3. 添加好友的功能

实现对好友的添加功能。在本系统中用户只能与好友聊天，所以在与某位用户聊天前必须先将对方添加到好友列表中。实现的过程是：先输入好友的账号，然后由客户端提交到服务器端，再由服务器询问对方是否同意将他加为好友，当得到许可后就完成了好友的添加。

4. 删除好友的功能

实现从好友列表中将好友删除的功能。当用户不愿意再与某个好友聊天，可以将其从好友列表中删除。实现的过程是：首先选择一个待删除的好友，然后向服务器端提出删除好友的请求，当服务器许可后即可完成好友的删除操作。

5. 私聊的功能

实现了好友间的单独聊天功能。实现的过程是：用户首先从好友列表中选择一个好友，然后打开私聊窗口，通过该聊天窗口来实现与好友的交流。

6. 群聊的功能

主要实现与所有好友群聊的功能。实现的过程是：首先打开群聊窗口，用户输入群聊信息并由客户端转交到服务器中，服务器则根据该用户的好友列表群发到所有好友的客户端。

7. 好友上下线提示的功能

当好友上线时会自动通知其所有已上线的好友，当其下线时也需要自动通知其所有在线的好友。实现的过程是：当好友上线时，服务器会自动取出当前用户好友列表，并根据列表对其好友分别通知，当用户下线时就会向服务器传送下线命令，再由服务器将好友下线命令转发给其好友。

8. 用户管理的功能

实现用户信息修改的功能。实现过程为：用户通过客户端程序中的用户信息修改窗口来实现用户个人信息的修改，当信息修改确定后就将该用户的信息传递到服务器，由服务器完成用户信息的更新操作。用户信息一旦修改成功，其在线好友只有重新登录后，才会显示更新后的个人信息。

6.7.2 识别参与者

进行需求分析后，了解了系统的总体信息，明白了系统需要提供什么功能，下一步就可以开始确定参与者了。要确定参与者，首先要分析系统的主要任务和系统所涉及的问题，分析使用该系统主要功能的是哪些人，谁需要借助系统来完成工作，系统为哪些人提供数据，以及谁来维护和管理系统。

通过对"简单即时聊天系统"的需求分析，可以确定：

- 对于该系统来说，最主要的使用者就是进行聊天的用户，所以首先要考虑到的参与者就是聊天用户。用户通过该系统完成所有聊天的功能，没有用户，则该系统就没有存在的价值和意义，所以用户是该系统的主要参与者。

- 不管什么系统，基本都会有比较专业的人员来负责管理系统，本系统也不例外。系统服务器端的实际操作者是系统管理员，他负责在服务器端对系统进行监控和服务器端的维护操作。所以系统管理员也是本系统的参与者。

由上面的分析可以看出，对于简单即时聊天系统来说，严格意义上的参与者只有两个，即用户和系统管理员。

6.7.3 确定用例

任何用例都必须由某一个参与者触发后才能产生活动，所以当确定系统的参与者后，就可以从系统参与者开始来确定系统的用例。简单即时聊天系统由客户端和服务器端两大部分构成，能够确定的用例如下。

1. 客户端的用例

(1) 系统功能

- 注册
- 登录
- 修改个人信息
- 退出

(2) 好友管理

- 新增好友
- 删除好友
- 查找好友
- 好友上下线提示

(3) 聊天管理

- 私聊
- 群聊

2. 服务器端的用例

(1) 服务器维护

● 登录

● 启动服务器

● 停止服务器

● 退出

(2) 服务器状态监视

● 查看在线用户

● 查看系统日志

6.7.4 构建用例模型

确定参与者和用例后,就可以开始着手创建用例图。根据上文的分析,用户首先要在聊天系统注册成为会员,然后才能登录到该系统。在系统中可以进行修改个人信息、好友管理和聊天管理的操作。其中,好友管理用例中包含了新增好友、删除好友和好友上下线提示三个用例;在删除好友时,首先应执行查找好友的功能,所以删除好友用例和查找好友用例之间的关系属于包含关系。同时,聊天管理用例中也包含了私聊和群聊的功能。用户使用完本系统应退出聊天系统。根据以上分析最终绘制的完整客户端用例图,如图 6-33 所示。

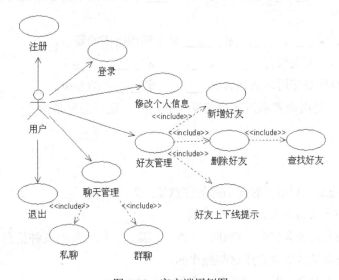

图 6-33 客户端用例图

根据客户端用例图创建的方法和服务器端确定的各种用例,使用前文介绍的绘制用例图的方法,最终完整的"聊天系统服务器端用例图",如图 6-34 所示。

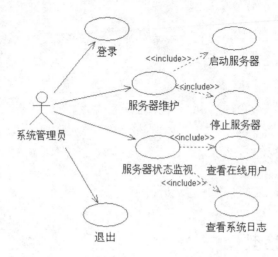

图 6-34　服务器端用例图

6.8　习　题

1. 填空题

(1) 由_____、_____以及它们之间的_____构成的用于描述系统功能的动态视图称为用例图。

(2) _____、_____、_____和_____是用例图组成的要素。

(3) 用例中的主要关系有_____、_____和_____。

(4) 用例的粒度是指用例所包含的_____或_____的多少。

(5) _____是用来表示正在建模系统的边界，这里边界是指_____与_____之间的界限。

2. 选择题

(1) 下面哪些是识别用例时要引起的注意要点？(　　)

    A. 参与者希望系统提供什么功能

    B. 参与者是否会读取、创建、修改、删除、存储系统的某种信息。如果是的话，参与者又是如何完成这些操作的

    C. 参与者是否会将外部的某些事件通知给系统

    D. 系统将会有哪些人来使用

(2) 下面(　　)不是构成用例图的基本元素。

    A. 参与者　　　　　　　　　　B. 泳道

    C. 系统边界　　　　　　　　　D. 用例

(3) 下面是用例间主要关系的有(　　)。

    A. 扩展   B. 包含

    C. 依赖   D. 泛化

(4) 下列对系统边界描述正确的是( )。

    A. 系统边界是指系统与系统之间的界限

    B. 用例图中的系统边界用来表示正在建模系统的边界

    C. 边界内表示系统的组成部分，边界外表示系统外部

    D. 可以使用 Rational 绘制用例中的系统边界

(5) 在 ATM 自动存款机的工作模型中，用户通过输入密码将钱存入 ATM 机，下面属于参与者的是( )。

    A. 用户   B. ATM 取款机

    C. ATM 取款机管理员   D. 存款

3. 上机题

在客户服务管理系统中，有三个参与者，分别是客服人员、部门领导和维护人员。

(1) 客服人员登录系统后，通过身份验证，能够维护个人信息、修改密码、修改基本信息、维护客户信息和维护客户咨询信息，根据这些用例在 Rational Rose 中创建客服人员的用例图，如图 6-35 所示。

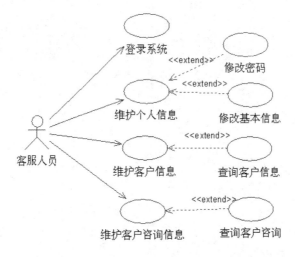

图 6-35　客服人员用例图

(2) 部门领导登录系统后，通过身份验证，可以处理派工、处理投诉、安排回访、安排上门维护和统计查询客户来电情况等，根据这些用例在 Rational Rose 中创建部门领导的用例图，如图 6-36 所示。

(3) 维护人员登录系统后，通过身份验证，能够查询派工单、接受派工、填写报告、处理派工单等，根据这些用例在 Rational Rose 中创建维护人员的用例图，如图 6-37 所示。

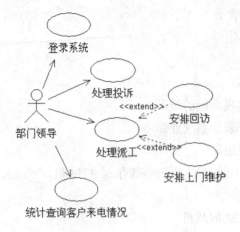

图 6-36　部门领导用例图

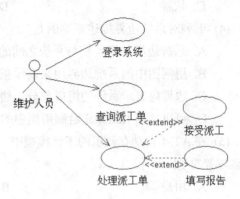

图 6-37　维护人员用例图

第7章 序 列 图

序列图也称为"顺序图",是一种对象之间的交互图,用于描述执行系统功能的各个不同对象角色之间相互协作的顺序关系、互相传递的消息,显示跨越多个对象的系统控制流程。序列图强调的是事件发生的时间以及消息传递的先后次序,它和协作图同属于系统动态模型中的重要组成部分。通过序列图可以了解复杂对象或系统提供一项服务过程中内部消息的传递过程。本章将介绍序列图的概念、表示和在 UML 中绘制的方法。

7.1 序列图的概念

序列图用于表现一个交互,该交互是一个协作中的各种类元角色间的一组消息交换,但重于强调时间顺序。

所谓交互(Interaction),是指在具体语境中由为实现某个目标的一组对象之间进行交互的一组消息所构成的行为。一个结构良好的交互过程类似于算法,简单、易于理解和修改。

UML 提供的交互机制通常为以下两种情况进行建模:

(1) 控制流方面进行建模。可以针对一个用例、一个业务操作过程或系统操作过程,也可以针对整个系统。描述这类控制问题的着眼点是消息在系统内如何按照时间顺序被发送、接收和处理的。

(2) 系统的动态方面进行建模。在动态行为方面进行建模时,通过描述一组相关关联、彼此相互作用的对象之间的动作序列和配合关系,以及这些对象之间传递、接收的消息来描述系统为实现自身的某个功能而展开的一组动态行为。

在 UML 的表示中,序列图将交互关系表示为一个二维图,其中包含了四个基本的模型元素,分别是对象、生命线、激活和消息。其中,纵向是时间轴,时间沿竖线向下延伸。横向代表了在协作中各独立对象的角色。角色使用生命线进行表示,当对象存在时,生命线用一条虚线表示,此时对象不处于激活状态,当对象的过程处于激活状态时,生命线是一个双道线。序列图中的消息使用从一个对象的生命线到另一个对象生命线的箭头表示。箭头以时间顺序在图中从上到下排列。

图 7-1 显示的是一个部门经理查看部门员工信息的序列图。在该序列图中,涉及三个对象之间进行交互,分别是部门经理(章琴)、WebInterface(登录页面)和 DataManager(数据管理)。章琴首先通过登录页面进行登录,登录页面需要通过数据管理获得用户章琴的验证信息。成功验证以后,章琴通过登录页面向数据管理获取部门员工的信息进行显示。

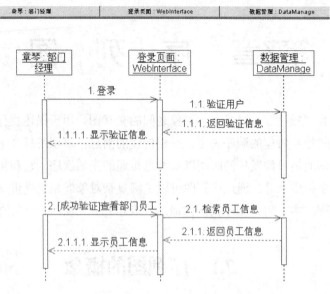

图 7-1　序列图示例

序列图作为一种描述在给定语境中消息是如何在对象间传递的图形化方式，在使用其进行建模时，主要可以将其用途分为以下三个方面：

(1) 有效地描述如何分配各个类的职责以及各类具有相应职责的原因。可以根据对象之间的交互关系来定义类的职责，各个类之间的交互关系构成一个特定的用例。例如，"Customer 对象向 Address 对象请求其街道名称"指出 Address 对象应该具有"知道其街道名"这个职责。

(2) 细化用例的表达。前面已经提到，序列图的主要用途之一，就是把用例表达的需求转化为进一步、更加正式层次的精细表达。

(3) 确认和丰富一个使用语境的逻辑表达。一个系统的使用情境就是系统潜在的使用方式的描述，一个使用情境的逻辑可能是一个用例的一部分或是一条控制流。

7.2　序列图的表示

要掌握好序列图，首先需要了解序列图是由哪些对象构成的、这些对象的具体作用和在 UML 图形中是如何表示的。序列图是由对象、生命线、激活和消息等构成的。

7.2.1　对象的表示

序列图中的对象(Object)和对象图中对象的概念一样，都是类的实例。序列图中的对象可以是系统的参与者或者任何有效的系统对象。对象的表示形式也和对象图中的对象的表示形式一样，使用包围名称的矩形框来标记，所显示的对象及其类的名称带有下划线，两者用冒号隔开，使用"对象名:类名"的形式，对象的下部有一条被称为"生命线"的垂直虚线，如图 7-2 所示。

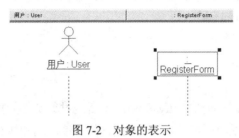

图 7-2 对象的表示

如果对象的开始位置位于序列图的顶部，那就意味着序列图在开始交互的时候该对象就已经存在了，如果对象的位置不在顶部，那么表明对象在交互的过程中将被创建。

通常将一个交互的发起对象称为主角，对于大多数软件来讲，主角通常是一个人或一个组织。主角实例通常由序列图中的第一条(最左侧)生命线来表示，也就是把它们放在模型的开始之处。如果在同一序列图中有多个主角实例，就应尽量使它们位于最左侧或最右侧的生命线。同样，那些与主角相交互的角色被称为反应系统角色，通常放在图的右边。在许多软件中，这些角色经常被称为 backend entities(后台实体)。也就是那些系统通过存取技术交互的系统，如消息队列、Web 服务等。

在序列图中，可以通过以下几种方式使用对象：

(1) 区分同一个类的不同对象之间如何交互时，先给出对象命名，然后描述同一类对象的交互。也就是说，同一序列图中的几条生命线可以表示同一个类的不同对象，两个对象是根据对象名称进行区分的。

(2) 不指定对象的类，先用对象创建序列图，随后再指定它们所属的类。这样可以描述系统的一个场景。

(3) 使用对象生命线来建立类与对象行为的模型，这也是序列图的主要目的。

(4) 表示类的生命线可以与表示该类对象的生命线平行存在。可以将表示类的生命线对象名称设置为类的名称。

7.2.2 生命线的表示

生命线(Lifeline)是一条垂直的虚线，如图 7-2 所示，用来表示序列图中的对象在一段时间内的存在。每个对象的底部中心的位置都带有生命线。生命线是一个时间线，从序列图的顶部一直延伸到底部，所用时间取决于交互持续的时间，也就是说生命线表现了对象存在的时段。

对象与生命线结合在一起称为对象的生命线。对象存在的时段包括对象在拥有控制线程时或被动对象在控制线程通过时。当对象拥有控制线程时，对象被激活，作为线程的根。被动对象在控制线程通过时，也就是被动对象被外部调用，通常称为活动，它的存在时间包括过程调用下层过程的时间。

生命线间的箭头代表对象之间的消息传递，指向生命线箭头表示对象接收信息，通常由一个操作来完成，箭尾表示对象发送信息，由一个操作激活。生命线之间箭头排列的几何顺序，代表了消息的时间顺序。

7.2.3　激活的表示

序列图可以描述对象的激活(Activation)，激活是对象操作的执行，它表示一个对象直接地或通过从属操作完成操作的过程。它对执行的持续时间和执行与其调用者之间的控制关系进行建模。在传统的计算机和语言上，激活对应栈帧的值。激活是执行某个操作的实例，它包括这个操作调用其他从属操作的过程。

在序列图中，激活使用一个细长的矩形框表示它的顶端与激活时间对齐而底端与完成时间对齐。被执行的操作根据不同风格表示成一个附在激活符号旁或在左边空白处的文字标号。进入消息的符号也可表示操作。在这种情况下，激活上的标号可以被忽略。如果控制流是过程性的，那么激活符号的顶部位于用来激发活动的进入消息箭头的头部，而符号的底部位于返回消息箭头的尾部。图 7-3 所示是包含三个操作的激活示例。

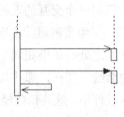

图 7-3　激活示例

7.2.4　消息的表示

消息(Messages)是从一个对象(发送者)向另一个或几个其他对象(接收者)发送信号，或由一个对象(发送者或调用者)调用另一个对象(接收者)的操作。它可以有不同的实现方式，如过程调用、活动线程间的内部通信、事件的发生等。

从消息的定义可以看出，消息由三部分组成，分别是发送者、接收者和活动。

- 发送者是发出消息的类元角色。
- 接收者是接收到消息的类元角色，接收消息的一方也被认为是事件的实例。接收者有两种不同的调用处理方式可以选用，通常由接收者的模型所决定。一种方式为操作作为方法实现，当信号到来时它将被激活。过程执行完后，调用者收回控制权，并可以收回返回值。另一种方式是主动对象，操作调用可能导致调用事件，它触发一个状态机转换。
- 活动为调用、信号、发送者的局部操作或原始活动，如创建或销毁等。

在序列图中，消息的表示形式为从一个对象(发送者)的生命线指向另一个对象(目标)的生命线的箭头。在 Rational Rose 2003 序列图的图形编辑工具栏中，消息的形式如表 7-1 所示。

表 7-1　序列图中消息符号表示

符　　号	名　　称	含　　义
→	Object Message	两个对象之间的普通消息,消息在单个控制线程中运行
⮌	Message to Self	对象的自身消息
┄→	Return Message	返回消息
→	Procedure Call	两个对象之间的过程调用
→	Asynchronous Message	两个对象之间的异步消息,也就是说客户发出消息后不管消息是否被接收,继续别的事务

在序列图中,显示了如图 7-4 所示五种消息的图形表示形式。

消息按时间顺序从顶到底垂直排列。如果多条消息并行,它们之间的顺序不重要。消息可以有序号,但因为顺序是用相对关系表示的,通常也可以省略序号。在 Rational Rose 2003 中,可以设置是否显示消息的序号。操作步骤如下:

(1) 选择 Tools(工具)| Options(选项)命令,弹出如图 7-5 所示的 Options 对话框。

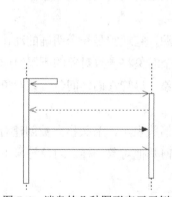

图 7-4　消息的几种图形表示示例

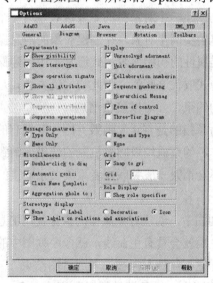

图 7-5　Options 对话框

(2) 选择 Diagram(图)选项卡,在 Display(显示)选项组的 Sequence numbering 复选框中打"√"就可以显示消息的序号。如果不显示序号,只要把复选框中"√"去掉即可。

在 Rational Rose 2003 中还可以设置消息的频率。消息的频率可以让消息按规定时间间隔发送,例如每 10s 发送一次消息。主要包括以下两种设置。

● 定期消息(Periodic),按照固定的时间间隔发送。

● 不定期消息(Aperiodic),只发送一次,或者在不规则时间发送。

除此之外,还可以利用消息的规范设置消息的其他类型,如同步(Synchronous)消息、阻止(Balking)消息和超时(Timeout)消息等。

- 超时消息表示发送者发出消息给接收者，如果接收者超过一定时间未响应，则发送者放弃这个消息。
- 阻止消息表示发送者发出消息给接收者，如果接收者无法立即接收消息，则发送者放弃这个消息。
- 同步消息表示发送者发出消息后等待接收者响应这个消息。

7.3　序列图中的对象行为

在序列图中除了四个基本的模型元素以外，还包括对象的创建与销毁以及顺序的分支和从属流等概念。这些概念在标准的 UML 中都是被支持的。

7.3.1　对象的创建和销毁

这里的创建一个对象指的是发送者发送一个消息后实例化的一个对象，也就是在交互过程中创建的实例化对象。在创建对象的消息操作中，可以有参数，用于新生对象实例的初始化。类属性的初始值表达式通常是由创建操作计算的，其结果用于属性的初始化。当然也可以隐式取代这些值，因此初始值表达式是可重载的默认项。创建操作后，新的对象遵从其类的约束，并可以接收消息。

销毁对象指的是将对象销毁并回收其拥有的资源，它通常是一个明确的动作，也可以是其他动作、约束或垃圾回收机制的结果。销毁一个对象将导致对象的所用组成部分被销毁，但是不会销毁一般关联或者聚集关系连接的对象，尽管它们之间包含该对象的链接将被消除。

在序列图中，创建对象操作的执行使用消息的箭头表示，箭头指向被创建对象的框。对象创建之后就会具有生命线，就像序列图中的任何其他对象一样。对象符号下方是对象的生命线，它持续到对象被销毁或者图结束。

在序列图中，对象被销毁是使用在对象的生命线上画大×表示，在销毁新创建的对象或者序列图中的任何其他对象时，都可以使用。它的位置是在导致对象被销毁的信息上或者在对象自我终结的地方。

创建对象与销毁对象的示例如图 7-6 所示，在该例中创建了一个"注册页面"对象，在使用后又将其进行了销毁。

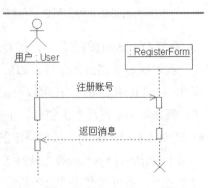

图 7-6　创建和销毁对象示例

7.3.2 分支与从属流

在 UML 中，存在两种方式可以来修改序列图中消息的控制流，分别是分支和从属流。

- 分支指的是从同一点发出多个消息并指向不同的对象，根据条件是否互斥，可以有条件和并行两种结构。
- 从属流指的是从同一点发出多个消息指向同一个对象的不同生命线。

引起一个对象的消息产生分支可以有很多种情况，在复杂的业务处理过程中，要根据不同的条件进入不同的处理流程中，这通常被称做条件分支，另一种情况是当执行到某一点的时候需要向两个或两个以上对象发送消息，消息是并行的，这时被称为并行分支。

由于序列图只表示某一个活动按照时间顺序的经历过程，所以在 Rational Rose 2003 中，对序列图的画法没有明显的支持，但可以使用两种方法来临时解决分支的问题：

(1) 对于非常复杂的业务来说，可以采用协作图和序列图相辅助的方法来表达完整的信息，还可以利用状态图和活动图，其中状态机对分支有良好的表达。

(2) 在序列图中产生分支的地方插入一个引用的方式。对于每个分支，分别用一个单独的序列图来表示。这种方法要求分支后不再聚合，并且各分支间没有太多具体关联。

从属流是从对象由于不同的条件执行了不同的生命线分支。如用户在保存或删除一个文件时，向文件系统发送一条消息，文件系统会根据保存或删除消息条件的不同执行不同的生命线。这里要说明的是，从属流在 Rational Rose 2003 中也不支持，因为添加从属流以后会明显增加序列图的复杂度。

7.4 绘制序列图

学习了关于序列图中的各种概念，下面介绍如何通过 Rational Rose 2003 绘制序列图和序列图中的各种模型元素，包括创建对象、生命线、消息的具体步骤。

7.4.1 序列图的创建和删除

在序列图的工具栏中可以使用的工具按钮，如表 7-2 所示，其中包含了所有 Rational Rose 2003 默认显示的 UML 模型元素。

表 7-2 序列图的图形编辑工具栏按钮

图 标	按钮名称	用 途
↖	Selection Tool	光标返回箭头，选择工具
ABC	Text Box	创建文本框
▱	Note	创建注释

(续表)

图　　标	按钮名称	用　　途
	Anchor Note to Item	将注释连接到序列图中相关模型元素
	Object	序列图中对象
	Object Message	两个对象之间的普通消息，消息在单个控制线程中运行
	Message to Self	对象的自身消息
	Return Message	返回消息
	Destruction Marker	销毁对象标记

　　下面以在"简单即时聊天系统"中创建一个"添加好友序列图"为例，说明操作步骤。一共有两种方法来创建，第一种方法是通过浏览器。具体操作步骤如下：

　　(1) 右击浏览器中的 Use Case View(用例视图)。

　　(2) 在弹出的快捷菜单中，选中 New(新建)|Sequence Diagram(序列图)命令。

　　(3) 在如图 7-7 所示的 NewDiagram 中输入新的序列名称"添加好友序列图"。

　　(4) 双击就可进入"添加好友序列图"的编辑界面。

　　第二种创建的方法是通过菜单栏。具体操作步骤如下：

　　(1) 选择 Browse(浏览)|Interaction Diagram(交互图)命令，或者在标准工具栏中单击 按钮，弹出如图 7-8 所示的 Select Interaction Diagram(选择交互图)对话框。该对话框用于交互图的创建。

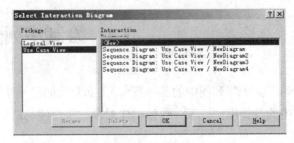

图 7-7　创建序列图　　　　　　　　　图 7-8　添加序列图

　　(2) 在左侧的关于包的列表框中选择要创建的序列图的包位置 Use Case View(用例视图)。

　　(3) 在右侧的 Interaction Diagram(交互图)列表框中选择<New>(新建)选项。

　　(4) 单击 OK 按钮，在弹出的对话框中输入新的交互图的名称 "添加好友序列图"，并选择 Diagram Type(图的类型)为"序列图"。

　　如果要删除"添加好友序列图"就比较简单，具体步骤如下：

　　(1) 在浏览器中右击"添加好友序列图"。

　　(2) 在弹出的快捷菜单中选择 Delete 命令即可。

7.4.2 序列图中对象的创建和删除

下面在"添加好友序列图"中创建一个 User 类的对象"王海"和一个 ClientMainForm 类的对象"客户端主窗口"。创建序列图中的对象可以通过工具栏和菜单栏两种方法进行。使用工具栏的具体步骤如下：

(1) 在图形编辑工具栏中单击 早 按钮，此时光标变为"＋"号。

(2) 在序列图中选择任意一个位置，系统在该位置创建如图 7-9 所示的一个新对象。

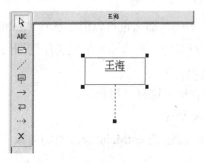

图 7-9 创建对象

(3) 在对象的名称栏中输入 User 类对象的名称"王海"。这时对象的名称也会在对象上端的栏中显示。

使用菜单栏创建 User 类的对象具体步骤如下：

(1) 选择 Tools(浏览)|Create(创建)|Object(对象)，此时光标变为"＋"号。

(2) 以下的步骤与使用工具栏添加对象的步骤类似，按照使用工具栏添加对象的步骤添加即可。

在序列图中创建的对象，可以通过设置对象名、对象的类、对象的持续性以及对象是否有多个实例等增加对象的细节。具体的操作步骤如下：

(1) 右击刚才创建的 User 类对象"王海"。

(2) 在弹出的快捷菜单中选择 Open Specification(打开规范)命令，弹出图 7-10 所示的 "Object Specification for 王海"(对象规范)对话框。该对话框用于设置对象的各种属性。

图 7-10 序列图中对象的设置

在"对象规范"对话框中，Name(名称)文本框可以设置对象的名称，在整个模型中，对象具有唯一的名称。在 Class(类)列表框中可以选择新建一个类或选择一个现有的类。选择完一个类后，此时的对象就是该类的实例了。在 Persistence(持续性)选项组中可以设置对象的持续型，有三种选项，分别是 Persistent(持续)、Static(静态)和 Transient(临时)。Persistent(持续)表示对象能够保存到数据库或者其他的持续存储器中，如硬盘、光盘或软盘中。Static(静态)表示对象是静态的，保存在内存中，直到程序终止才会销毁，不会保存在外部持续存储器中。Transient(临时)表示对象是临时对象，只是短时间内保存在内存中。默认选项为 Transient。

如果对象实例是多对象实例，那么也可以通过选择 Multiple instances(多个实例)来设置。多对象实例在序列图中没有明显的表示，但是将序列图与协作图进行转换的时候，在协作图中就会明显地表现出来。

(3) 这里在 Class(类)列表框中选择"用户"。

(4) 单击 OK 按钮，完成设置。

(5) 按照以上相同的步骤创建 ClientMainForm 类的对象"客户端主窗口"。创建完成的两个对象如图 7-11 所示。

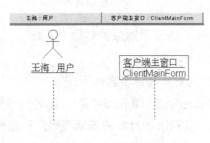

图 7-11　创建的对象

删除"添加好友序列图"中的"王海"对象，可以通过以下步骤进行：

(1) 右击"添加好友序列图"中的"王海"对象。

(2) 在弹出的快捷菜单中选择 Edit(编辑)|Delete from Model(从模型中删除)或者直接按 Ctrl+D 快捷键即可。

7.4.3　消息的创建

下面在"添加好友序列图"中创建对象"王海"与对象"客户端主窗口"之间的消息 actionPerformed。具体的步骤如下：

(1) 选择"添加好友序列图"的图形编辑工具栏中的 → 图标，或者选择 Tools(工具)|Create(新建)| Object Message(对象消息)命令，此时的光标变为"↑"符号。

(2) 单击发出消息对象"王海"的生命线，将消息的线段拖动到接收消息对象"客户端主窗口"的生命线上。

(3) 双击消息的线段，弹出如图 7-12 所示的 Message Specification for actionPerformed"

(消息规范)对话框。该对话框用于对消息的各种属性进行设置。

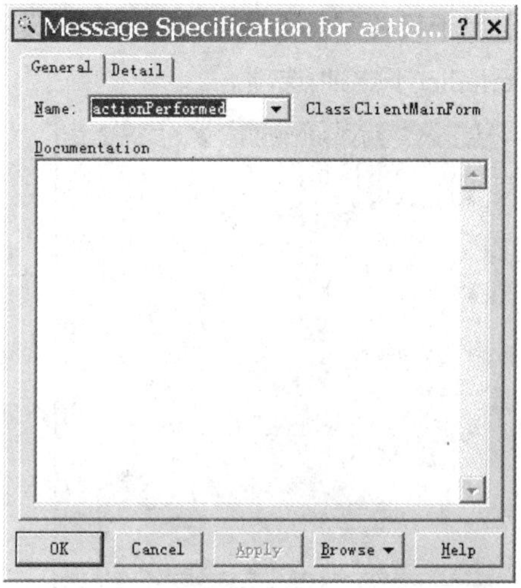

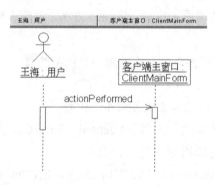

图 7-12 消息规范设置

(4) 该对话框中，General(常规)选项卡用以设置消息常规属性。在 Name 列表框中可以设置消息的名称，消息的名称也可以是消息接收对象的一个执行操作。这里在 Name 列表框中输入一个执行操作 actionPerformed。

(5) 单击 OK 按钮，完成操作。创建好的消息如图 7-13 所示。

图 7-13 创建的消息

7.4.4 消息的设置

在 UML 中可以对创建的消息进行各种属性的设置。下面把刚才创建的消息设置成为"返回消息"。具体步骤如下：

(1) 双击创建的消息线段，弹出 Message Specification for actionPerformed(消息规范)对话框。

(2) 单击 Detail(详细)选项卡，进入如图 7-14 所示的消息详细设置界面。该界面中的 Synchronization(同步)选项组可以设置消息的类别，其中从上至下分别可以选择常规消息 (Simple)、同步消息(Synchronous)、阻止消息(Balking)、超时消息(Timeout)、过程调用

(Procedure Call)、异步消息(Asynchronous)和返回消息(Return)，默认的是 Simple(常规消息)选项。Frequency(频率)选项组用于设置消息的频率，包括两种设置：定期(Periodic)和不定期(Aperiodic)，默认的是 Aperiodic(不定期)选项。

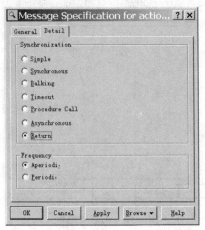

图 7-14　消息的详细设置

(3) 这里在 Synchronization(同步)选项组中选择 Return(返回消息)。

(4) 单击 OK 按钮，返回消息的设置，如图 7-15 所示。

在序列图中，为了增强消息的表达内容，还可以增加一些脚本在消息中。例如，对上一节创建的消息添加解释"调用 actionPerformed 方法，创建添加好友的界面"。操作步骤如下：

(1) 单击"添加好友序列图"的图形编辑工具栏中的 ^{ABC} 按钮，此时的光标变为"↑"符号。

(2) 在图形编辑区中，单击需要放置脚本的位置。

(3) 在文本框中输入脚本的内容"调用 actionPerformed 方法，创建添加好友的界面"。

(4) 选中文本框，按住 Shift 键后选择消息。

(5) 选择 Edit(编辑)|Attach Script(绑定脚本)命令。创建的消息脚本，如图 7-16 所示。

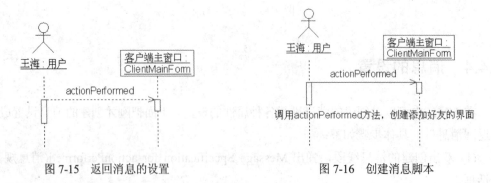

图 7-15　返回消息的设置　　　　　　　　图 7-16　创建消息脚本

如果要将该脚本从消息中删除，可以通过以下的步骤：

(1) 右击该绑定的脚本。

(2) 在弹出的快捷菜单中选择 Edit(编辑)|Detach Script(分离脚本)命令即可。

7.4.5　生命线的设置

在序列图中，生命线是一条位于对象下端的垂直的虚线，表示对象在一段时间内的存在。当对象被创建后，生命线便存在。当对象被激活后，生命线的一部分虚线变成细长的矩形框。在 Rational Rose 2003 中，是否将虚线变成矩形框是可选的，可以通过菜单栏设置是否显示对象生命线被激活时的矩形框。下面以设置不显示"添加好友序列图"中对象生命线被激活的矩形框为例，说明操作步骤。

(1) 选择 Tools(工具)|Options(选项)命令，弹出 Options(选项)对话框。

(2) 选择 Diagram(图)选项卡，在如图 7-17 所示 Display 选项组的 Focus of control 复选框中打"√"，就可以显示生命线激活时的矩形框，如果不需要显示则将复选框中的"√"去掉即可。

(3) 单击 OK 按钮。不显示矩形激活框的序列图，如图 7-18 所示。

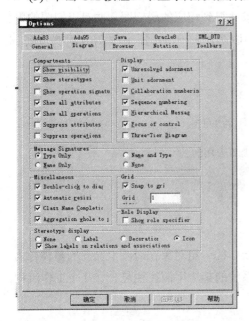

图 7-17　显示对象生命线的设置　　　　　　图 7-18　隐藏激活矩形框

7.4.6　对象的销毁

销毁对象表示对象生命线的结束，在对象生命线中使用一个"×"来进行标识。下面将"添加好友序列图"中"客户端主窗口"对象的生命线通过添加标记来销毁。具体步骤如下：

(1) 在"添加好友序列图"的图形编辑工具栏中单击 ×️ 按钮，此时的光标变为"+"符号。

(2) 单击"客户端主窗口"对象的生命线，此时销毁标记在生命线中进行标识显示，该对象生命线自销毁标记以下的部分将消失，如图 7-19 所示。

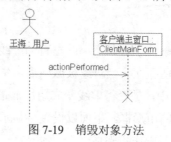

图 7-19　销毁对象方法

7.5　创建序列图实例分析

在前面的章节中，虽然完成了对简答即时聊天系统的静态建模，但是没有对系统业务进行动态建模，在 UML 中通常是给出系统需求并得到相应的用例图，并对用例图的内部结构和行为进行动态建模。下面就以聊天系统中图 7-20 所示的用户添加好友用例为例，进行序列图的创建。

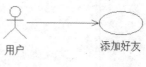

图 7-20　用户添加好友用例

7.5.1　需求分析

根据系统的用例或具体的场景，描绘出系统中的一组对象在时间上交互的整体行为，是使用序列图进行建模的目标。一般情况下，系统的某个用例往往包含好几个工作流程，这时就需要创建几个序列图进行描述。

这里使用下列步骤创建一个序列图：

(1) 根据系统的用例或具体的场景，确定角色的工作流程。

(2) 确定工作流程中涉及的对象，从左到右将这些对象顺序地放置在序列图的上方。其中重要的角色放置在左边。

(3) 为某一个工作流程进行建模，使用各种消息将这些对象连接起来。从系统中的某个角色开始，在各个对象的生命线之间从顶至底依次将消息画出。如果需要约束条件，可以在合适的地方附上条件。

(4) 如果需要将这些为单个工作流程建模的序列图集成到一个序列图中，可以通过相关脚本说明绘制出关于该用例的总图。通常一个完整的用例的序列图是复杂的，这时不必将为单个工作流程建模的序列图集成在一个总图中，只需要绘制一个总图即可。甚至还需要将一张复杂的序列图进行分解，分解成一些简单的序列图。

根据上述，可以将"用户添加好友"用例使用表格来描述，如表 7-3 所示。

表 7-3 用户添加好友用例

名 称	内 容	名 称	内 容
标识	PC 002	扩展	N/A
描述	用户在客户端添加好友	包含	N/A
前提	用户已经登录系统	继承自	N/A
结果	用户成功添加了好友		

可以通过更加具体的描述来确定用户添加好友的工作流程。基本工作流程如下：

(1) 用户在客户端主界面上单击"新增好友"按钮，客户端主界面响应单击操作，调用 actionPerformed 方法，创建新增好友的界面。

(2) 用户在新增好友界面上输入待添加好友的编号，此处可以单击"查找"按钮查找用户信息，也可以单击"新增"按钮添加好友，此时用户单击"新增"按钮，调用新增好友界面类中的 actionPerformed 方法响应用户单击操作。

(3) 新增好友界面类调用客户端主类中的 sendAddFriend 方法，准备将要添加的好友信息发往服务器端，一方面 Client 类通过 Socket 与服务器端的侦听端口建立连接，服务器端 Server 类创建相应的工作线程对象 Work，Work 类调用 receive 方法准备接收客户端发送的 Message 消息对象；另一方面，Client 类调用 addFriend 方法准备发送新增好友消息，最后通过 send 方法，将准备好的新增好友消息 Message 对象调用 writeObject 方法发往服务器端，同时调用 receive 方法接收来自服务器端工作线程类的返回消息。

(4) 服务器端的工作线程类 Work 通过 receive 方法收到客户端发来的新增好友消息对象 Message，通过 chatProtocol 方法解析消息对象，并调用 addFriend 方法实现新增好友的操作。

(5) 服务器端的工作线程类 Work 在 addFriend 方法中，调用服务器主类 Server 的 addFriend 方法在当前用户的好友列表 UserInfo 中更新好友的信息。

(6) 服务器端主类 Server 调用 saveUserDB 方法将好友信息保存到文件中，并将控制权返回给服务器端的工作线程类。

(7) 服务器端的工作线程类 Work 调用 sendMessage 方法将返回结果消息调用 writeObject 方法发往客户端，并调用 closeConn 方法关闭网络连接。

(8) 客户端类 Client 通过 receivce 方法接收到来自服务器端的返回消息，将其返回到新增好友界面通知用户，并调用 closeNet 方法关闭网络连接。

7.5.2 确定序列对象

建模序列图的下一步是从左到右布置在该工作流程中所有的参与者和对象，同时也包含要添加消息的对象生命线。从新增好友交互操作的工作流程的描述可以知道它是由用户角色、客户端主窗口类 ClientMainForm、新增好友窗口类 AddFriendForm、客户端主类 Client、服务器端类 Server、服务器工作线程类 Work 和用户信息类 UserInfo 组成,如图 7-21 所示。

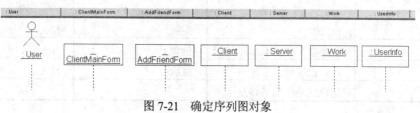

图 7-21　确定序列图对象

7.5.3　创建的序列图

下面对聊天系统添加好友的流程进行建模,按照消息的过程,一步一步将消息绘制在序列图中,并添加适当的脚本绑定到消息中。根据本章绘制序列图中介绍的方法,添加好友基本工作流程的序列图,如图 7-22 所示。

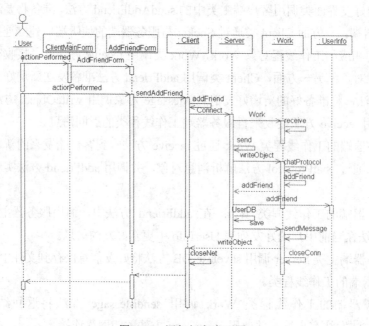

图 7-22　添加好友序列图

7.6 习　　题

1. 填空题

(1) 在 UML 的表示中,交互图将_____表示为一个二维图。其中,横向是_____,时间沿竖线向下延伸。纵向代表了在协作中各独立对象的_____。

(2) 序列图构成的对象是_____、_____、_____和_____。

(3) _____指的是从同一点发出多个消息并指向不同的对象，根据条件是否互斥，可以有_____和_____两种结构。

(4) 生命线是一条垂直的_____，用来表示_____中的_____在一段时间内的存在。

(5) 序列图中的对象的表示形式使用包围名称的_____来标记，所显示的对象及其类的名称带有_____，两者用冒号隔开。

2. 选择题

(1) 序列图中的消息有着不同的类型，下列选项中属于输入消息类型的有( )。

    A. 定期消息   B. 不定期消息

    C. 阻止消息   D. 同步消息

(2) 下列关于序列图的用途，说法不正确的是( )。

    A. 描述系统在某一个特定时间点上的动态结构

    B. 确认和丰富一个使用语境的逻辑表达

    C. 细化用例的表达

    D. 有效地描述如何分配各个类的职责以及各类具有相应职责的原因

(3) 下列选项属于消息的组成部分的是( )。

    A. 接收者   B. 发送者

    C. 活动   D. 编号

(4) 在序列图中，返回消息的符号是( )。

    A. 直线箭头   B. 虚线箭头

    C. 直线   D. 虚线

(5) 下列关于序列图的说法正确的是( )。

    A. 序列图是对对象之间传送消息的时间顺序的可视化表示

    B. 序列图从一定程度上更加详细地描述了用例表达的需求，将其转化为进一步、更加正式层次的精细表达

    C. 序列图的目的在于描述系统中各个对象按照时间顺序的交互的过程

    D. 在 UML 的表示中，序列图将交互关系表示为一个二维图。其中，横向是时间轴，时间沿竖线向下延伸。纵向代表了在协作中各独立对象的角色

3. 上机题

(1) 对客户服务系统中的客服人员修改客户信息的用例进行动态建模，该交互操作的动态建模由客服对象、客户信息界面类 CustomerInfoUI、客服信息控制类 CustomerInfoController 和客户信息类 CustomerInfo 组成，在序列图中创建这些对象，如图 7-23 所示。

图 7-23　创建序列图对象

(2) 在上题创建的序列图对象中，根据修改客户信息的用例，添加消息和脚本信息完成如图 7-24 所示的完整序列图建模。

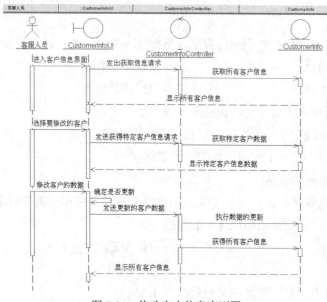

图 7-24　修改客户信息序列图

(3) 对客户服务系统中的客服人员删除客户信息的用例进行动态建模，在逻辑视图 (Logical View)中创建序列图，如图 7-25 所示。

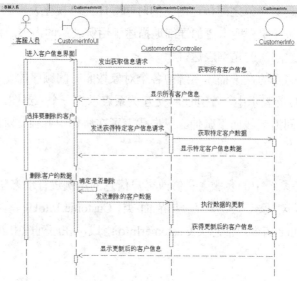

图 7-25　删除用户信息序列图

第8章 活 动 图

在面向对象的建模中，还有一类和结构化分析方法类似的图形模型，那就是活动图。活动图可以用于描述系统、用例、程序模块中逻辑流程的先后执行次序和并行活动，是对人类组织的现实世界中工作流程的建模，可以帮助分析人员理解系统高层活动的执行行为。通过本章的学习，能够从整体上理解活动图，掌握活动图的画法。

8.1 活动图的概念

活动图(activity diagram)是一种用于描述系统行为的模型视图，它可用来描述动作和动作导致对象状态改变的结果，而不用考虑引发状态改变的事件。通常，活动图记录单个操作或方法的逻辑、单个用例或商业过程的逻辑流程。

活动图是模型中的完整单元，表示一个程序或工作流，常用于计算流程和工作流程建模。活动图着重描述了用例实例或对象的活动，以及操作实现中所完成的工作。活动图通常出现在设计的前期，即在所有实现决定前出现，特别是在对象被指定执行所有活动前。

活动图和传统的流程图很相似，往往流程图所能表达的内容，大多数情况下活动图也可以表达，不过二者之间还是有明显的区别：

(1) 活动图不仅能够表达顺序流程控制还能够表达并发流程控制。

(2) 活动图是面向对象的，而流程图是面向过程的。

活动图可以算是状态图的一种变种，并且活动图的符号与状态图的符号非常相似，有时会让人混淆。我们要注意活动图与状态图的区别：

(1) 活动图中的状态转换不需任何触发事件，活动图中的动作可以放在泳道中，泳道可以将模型中的活动按照职责组织起来。而状态图则不可以。

(2) 活动图的主要目的是描述动作及对象的改变结果，而状态图则是以状态的概念描述对象、子系统、系统在生命周期中的各种行为。

在 UML 中，活动的起点用来描述活动图的开始状态，用黑的实心圆表示。活动的终止点描述活动图的终止状态，用一个含有实心圆的空心圆表示。活动图中的活动既可以是手动执行的任务，也可以是自动执行的任务，用圆角矩形表示。状态图中的状态也是用矩形表示，不过活动的矩形与状态的矩形比较起来更加柔和，更加接近椭圆。活动图中的转换描述一个活动转向另一个活动，用带箭头的实线段表示，箭头指向转向的活动，可以在转换上用文字标识转换发生的条件。活动图中还包括分支与合并、分叉与汇合等模型元素。分支与合并的图标和状态图中判定的图标相同，分叉与汇合则用一条加粗的线段表示。图 8-1 所示为一个简单的活动图模型。

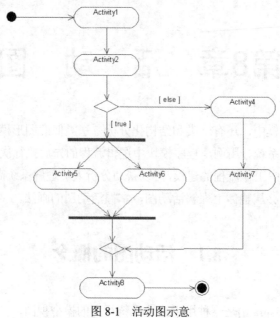

图 8-1　活动图示意

活动图的作用主要体现在以下五个方面:

(1) 活动图对用例描述尤其有用,它可建模用例的工作流,显示用例内部和用例之间的路径。它可以说明用例的实例是如何执行动作以及如何改变对象状态。

(2) 活动图对理解业务处理过程十分有用。活动图可以画出工作流用以描述业务,有利于与领域专家进行交流。通过活动图可以明确业务处理操作是如何进行的,以及可能产生的变化。

(3) 描述复杂过程的算法,在这种情况下使用的活动图和传统的程序流程图的功能是差不多的。

(4) 显示如何执行一组相关的动作,以及这些动作如何影响它们周围的对象。

(5) 描述一个操作执行过程中所完成的工作。说明角色、工作流、组织和对象是如何工作的。

要注意的是,通常活动图假定在整个计算机处理的过程中没有外部事件引起中断,否则普通的状态图更适合描述此种情况。

8.2　活动图的表示

UML 活动图中包含的图形元素有动作状态、活动状态、组合状态、分叉与汇合、分支与合并、泳道、对象流。本节将重点介绍活动图在建模工具中是如何表示的。

8.2.1 活动状态的表示

活动状态是非原子性的，用来表示一个具有子结构的纯粹计算的执行。活动状态可以分解成其他子活动或动作状态，可以被使转换离开状态的事件从外部中断。活动状态可以有内部转换，可以有入口动作和出口动作。活动状态具有至少一个输出完成转换，当状态中的活动完成时该转换激发。活动状态可以用另一个活动图来描述自己的内部活动。

动作状态是一种特殊的活动状态。可以把动作状态理解为一种原子的活动状态，即它只有一个入口动作，并且它活动时不会被转换所中断。动作状态一般用于描述简短的操作，而活动状态用于描述持续事件或复杂性的计算。一般来说，活动状态可以活动多长时间是没有限制的。

活动状态和动作状态的表示图标相同，都是平滑的圆角矩形。两者不同的是，活动状态可以在图标中给出入口动作和出口动作等信息，如图 8-2 所示。

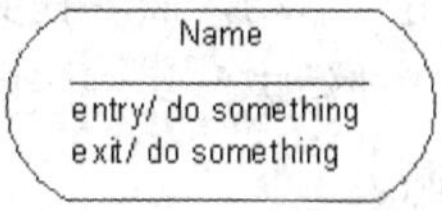

要注意的是，活动状态是一个程序的执行过程的状态而不是一个普通对象的状态。离开一个活动状态的转换通常不包括事件触发器。转换可以包括动作和监护条件，如果有多个监护条件赋值为真，那么将无法预料最终的选择结果。

图 8-2 活动状态示意

8.2.2 动作状态的表示

动作状态是原子性的动作或操作的执行状态，它不能被外部事件转换中断。动作状态的原子性决定了动作状态要么不执行，要么就完全执行，不能中断。例如，发送一个信号、设置某个属性值等。动作状态不可以分解成更小的部分，它是构造活动图的最小单位。

从理论上讲，动作状态所占用的处理时间极短，甚至可以忽略不计。而实际上，它需要时间来执行，但是时间要比可能发生事件需要的时间短的多。动作状态没有子结构、内部转换或内部活动，它不能有由事件触发的转换。动作状态可以有转入，转入可以是对象流或者动作流。动作状态通常有一个输出的完成转换，如果有监护条件也可以有多个输出的完成转换。

在 UML 中，动作状态使用平滑的圆角矩形表示，如图 8-3 所示，动作状态表示的动作写在矩形内部。

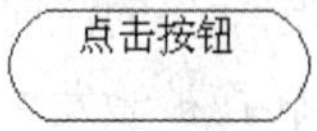

点击按钮

图 8-3 动作状态

动作状态通常用于对工作流执行过程中的步骤进行建模。在一张活动图中，动作状态允许在多处出现。不过动作状态和状态图中的状态不同，它不能有入口动作和出口动作，也不能有内部转移。

8.2.3　组合活动的表示

　　组合活动是一种内嵌活动图的状态。我们把不含内嵌活动或动作的活动称为简单活动，把嵌套了若干活动或动作的活动称为组合活动。

　　如果一些活动状态比较复杂，就会用到组合活动。例如，在淘宝网上购物，当选购完商品后就需要付款。虽然付款只是一个活动状态，但是付款却可以包括不同的情况。如果是支付宝金账户会员可以享受到优惠的折扣，而普通会员只能进行全额的付款。于是，在付款这个活动状态中，就又内嵌了两个活动，所以付款活动状态就是一个组合活动。

　　一个组合活动在表面上看是一个状态，但其本质却是一组子活动的概括。一个组合活动可以分解为多个活动或者动作的组合。每个组合活动都有自己的名字和相应的子活动图。一旦进入组合活动，嵌套在其中的子活动图就开始执行，直到到达子活动图的最后一个状态，组合活动结束。与一般的活动状态一样，组合活动不具备原子性，它可以在执行的过程中被中断。

　　使用组合活动可以在一幅图中展示所有的工作流程细节，但是如果所展示的工作流程较为复杂，这就会使活动图难以理解。所以，当流程复杂时也可将子图单独放在一个图中，然后让活动状态引用它。图 8-4 所示是一个组合活动的示例。

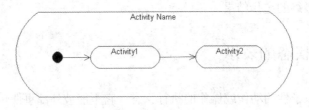

图 8-4　组合活动

8.2.4　分支与合并的表示

　　分支在活动图中很常见，它是转换的一部分，它将转换路径分成多个部分，每一部分都有单独的监护条件和不同的结果。当动作流遇到分支时，会根据监护条件(布尔值)的真假来判定动作的流向。分支的每个路径的监护条件应该是互斥的，这样可以保证只有一条路径的转换被激发。在活动图中，离开一个活动状态的分支通常是完成转换，它们是在状态内活动完成时隐含触发的。要注意的是，分支应该尽可能地包含所有的可能，否则可能会有一些转换无法被激发。这样最终会因为输出转换不再重新激发而使活动图冻结。

　　合并指的是两个或者多个控制路径在此汇合的情况。合并是一种便利的表示法，省略它不会丢失信息。合并和分支常常成对使用，合并表示从对应分支开始的条件行为的结束。

　　在活动图中，分支与合并都是用空心的菱形表示。分支有一个输入箭头和两个输出箭头，而合并有两个输入箭头和一个输出箭头。图 8-5 所示是分支与合并的示意图。

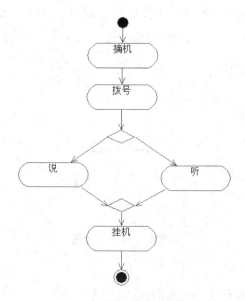

图 8-5 分支与合并示意图

要注意区分合并和汇合。合并汇合了两个以上的控制路径，在任何执行中，每次只走一条，不同路径之间是互斥的关系。而汇合则汇合了两条或两条以上的并行控制路径。在执行过程中，所有路径都要走过，先到的控制流要等其他路径的控制流都到后，才能继续运行。

8.2.5 分叉与汇合的表示

并发(concurrency)指的是在同一时间间隔内，有两个或者两个以上的活动执行。对于一些复杂的大型系统而言，对象在运行时往往不止存在一个控制流，而是存在两个或者多个并发运行的控制流。为了对并发的控制流建模，在 UML 中引入了分叉和汇合的概念。分叉用来表示将一个控制流分成两个或者多个并发运行的分支，汇合用来表示并行分支在此得到同步。

分叉和汇合在 UML 中的表示方法相似，都用粗黑线表示。分叉具有一个输入转换，两个或者多个输出转换，每个转换都可以是独立的控制流。图 8-6 所示是一个简单的分叉示意图。

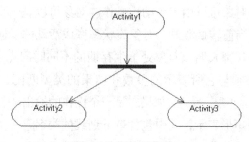

图 8-6 分叉示意图

汇合与分叉相反，汇合具有两个或者多个输入转换，只有一个输出转换。先完成的控制流需要在此等待，只有当所有的控制流都到达汇合点时，控制才能继续往下进行。图 8-7 所示为一简单的汇合示意图。

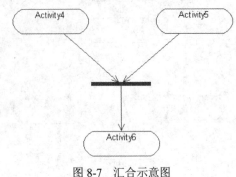

图 8-7　汇合示意图

8.2.6　对象流的表示

活动图中交互的简单元素是活动和对象，控制流(control flow)就是对活动和对象之间的关系的描述。详细地说，控制流表示动作与其参与者和后续动作之间以及动作与其输入和输出对象之间的关系。而对象流就是一种特殊的控制流。

对象流(object flow)是将对象流状态作为输入或输出的控制流。在活动图中，对象流描述了动作状态或者活动状态与对象之间的关系，表示了动作使用对象以及动作对对象的影响。

关于对象流的几个重要概念有：

- 动作状态
- 活动状态
- 对象流状态

在前面的章节中，已经介绍了动作状态和活动状态，这里不再详述。下面重点介绍一下对象流中的对象。

对象是类的实例，用来封装状态和行为。对象流中的对象表示的不仅仅是对象自身，还表示了对象作为过程中的一个状态存在。因此，也可以将这种对象称为对象流状态(object flow state)，用以和普通对象区别。

在活动图中，一个对象可以由多个动作操作。对象可以是一个转换的目的，以及一个活动的完成转换的源。当前转换激发，对象流状态变成活动的。同一个对象可以不止一次地出现，它的每一次出现都表明该对象处于生存期的不同时间点。

一个对象流状态必须与它所表示的参数和结果的类型匹配。如果它是一个操作的输入，则必须与参数的类型匹配。反之，如果它是一个操作的输出，则必须与结果的类型匹配。

活动图中的对象用矩形表示，其中包含带下划线的类名，在类名下方的中括号中则是状态名，表明了对象此时的状态。图 8-8 所示是对象的示例。

对象流表示了对象与对象、操作或产生它或使用它的转换间的关系。为了在活动图中把它们与普通转换区分开，用带箭头的虚线而非实线来表示对象流。如果虚线箭头从活动指向对象流状态，则表示输出。输出表示了动作对对象施加了影响，影响包括创建、修改、撤销等。如果虚线箭头从对象流状态指向活动，则表示输入。输入表示动作使用了对象流所指向的对象流状态。如果活动有多个输出值或后续控制流，那么箭头背向分叉符号。反之，如果有多输入箭头，则指向汇合符号。图 8-9 所示为包含对象流的活动图。

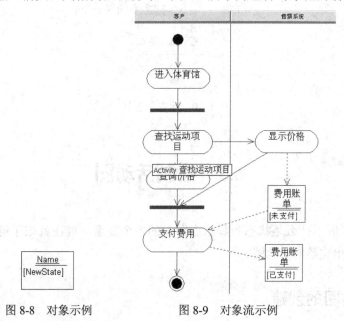

图 8-8 对象示例　　　　图 8-9 对象流示例

8.2.7 泳道的表示

为了对活动的职责进行组织而在活动图中将活动状态分为不同的组，称为泳道(swimlane)。每个泳道代表特定含义的状态职责的部分。在活动图中，每个活动只能明确地属于一个泳道，泳道明确地表示了哪些活动是由哪些对象进行的。每个泳道都有一个与其他泳道不同的名称。

每个泳道可能由一个或者多个类实施，类所执行的动作或拥有的状态按照发生的事件顺序自上而下地排列在泳道内。而泳道的排列顺序并不重要，只要布局合理、减少线条交叉即可。

在活动图中，每个泳道通过垂直实线与它的邻居泳道相分离。在泳道的上方是泳道的名称，不同泳道中的活动既可以顺序进行也可以并发进行。虽然每个活动状态都指派了一条泳道，但是转移则可能跨越数条泳道。图 8-10 所示是泳道示例图。

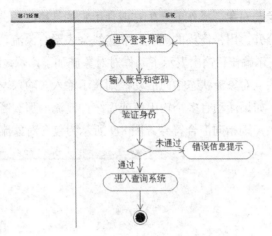

图 8-10　泳道示意图

8.3　绘制活动图

前面已经了解了什么是状态图和状态图中的各个要素，现在就来了解一下如何使用 Rational Rose 画出完整的活动图。

8.3.1　活动图的创建

下面以在 Logic View(逻辑视图)中创建一个"用户注册活动图"为例，演示活动图的创建步骤：

(1) 右击浏览器中的 Logic View(逻辑视图)图标，在弹出的如图 8-11 的快捷菜单中选择 New|Activity Diagram(活动图)命令。

图 8-11　创建活动图

(2) 在 Logic View(逻辑视图)下会创建 State/Activity Model(状态/动作模型)目录，目录下是新建的默认名称为 New Diagram 的活动图。

(3) 右击 New Diagram 活动图，在弹出的快捷菜单中选择 Rename(重命名)来修改新创建的活动图名字为"用户注册活动图"，如图 8-12 所示。

(4) 双击浏览器中创建的"用户注册活动图"，会出现如图 8-13 所示的活动图绘制区域。

图 8-12　修改活动图名称

图 8-13　活动图绘图区

在绘制区域的左侧为状态图工具栏，其中列出了状态图工具栏中各个按钮的图标、按钮的名称以及按钮的用途，如表 8-1 所示。

表 8-1　活动图工具栏中按钮

图　标	名　　称	用　　途
	Selection Tool	选择一个项目
ABC	Text Box	将文本框加进框图
	Note	添加注释
	Anchor Note to Item	将图中的注释与用例或角色相连
	State	添加状态
	Activity	添加活动
	Start State	初始状态
	End State	终止状态
	State Transition	状态之间的转换
	Transition to self	状态的自转换
	Horizontal Synchronization	水平同步
	Vertical Synchronization	垂直同步
◇	Decision	判定

(续表)

图 标	名 称	用 途
	Swimlane	泳道
	Object	对象
	Object Flow	对象流

8.3.2 初始和终止状态的创建

活动图中包括了初始和终止状态。初始状态在活动图中用实心圆表示，终止状态在活动图中用含有实心圆的空心圆表示。下面在"用户注册活动图"中创建初始状态和终止状态。步骤如下：

(1) 单击"用户注册活动图"工具栏中初始状态图标 和终止状态图标 。

(2) 在编辑图形区域要绘制的地方单击鼠标左键即可，创建的初始和终止状态，如图 8-14 所示。

图 8-14　创建的初始和终止状态

8.3.3 动作状态的创建

下面以在"用户注册活动图"中创建一个名为"输入用户信息"的动作状态为例，说明动作状态的创建。步骤如下：

(1) 单击"用户注册活动图"工具栏中的 图标。

(2) 在编辑区域要绘制动作状态的地方单击鼠标左键，新创建一个默认名称为 NewActivity 的动作状态，如图 8-15 所示。

(3) 双击 NewActivity 动作状态，弹出 Activity Specification for NewActivity(活动图规范)对话框。该对话框用于对活动图各种元素属性进行设置。

(4) 选择 General(常规)选项卡，进入如图 8-16 所示的设置动作状态属性的界面。

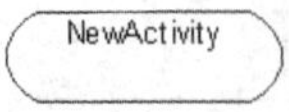

NewActivity

图 8-15　创建动作状态　　　　　图 8-16　修改动作状态属性

该界面与其他模型元素的规范对话框界面类似，Name(名称)文本框可以设置动作状态的名称；在 Stereotype(构造型)列表框中可以选择系统中支持
的所有动作状态的构造型。

(5) 这里在 Name(名称)文本框中输入"输入用户信息"。

图 8-17 创建的动作状态

(6) 单击OK按钮即可。创建好的动作状态如图8-17所示。

8.3.4 活动状态的创建

活动状态的创建方法和动作状态类似，区别在于活动状态能够添加动作。活动状态的创建方法可以参考动作状态，下面是在"用户注册活动图"中创建一个"输入用户信息"活动状态后添加动作的操作步骤。

(1) 双击"输入用户信息"活动状态，弹出 Activity Specification for NewActivity(活动图规范)对话框。

(2) 选择 Actions(活动)选项卡进入为活动状态添加动作的界面。

(3) 在列表框空白处单击鼠标右键，在弹出的快捷菜单中选择图 8-18 所示的 Insert(插入)命令。

(4) 双击列表中出现的默认动作 Entry，进入图 8-19 所示的 Detail(详情)选项卡。

该界面可对动作进行设置。在 When(何时)列表框中有 On Entry(进入动作)、On Exit(退出动作)、Do(进行的动作)和 On Event(动作事件)四个动作选项，可以根据自己的需求来选择；Name 文本框要求用户输入动作的名称。

图 8-18 插入活动状态

图 8-19 创建活动状态

如果在 When(何时)列表框中选择了 On Event(动作事件)，则 When 下的选项组会处于可填写的状态，要求在 Event(事件)文本框中输入事件的名称；在 Arguments(参数)文本框中输入参数；在 Condition(事件发生条件)文本框中输入条件等。如果选择其他三种选项，则不需要填写这些内容。

(5) 这里在 When(何时)列表框中选择了 On Entry(进入动作)，在 Name 文本框中输入动作的名称"进入动作"。

(6) 单击 OK 按钮，完成了设置的活动状态如图 8-20
所示。

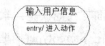

图 8-20　活动状态的设置

8.3.5　泳道的创建

泳道用于将活动按照职责进行分组。下面在"用户注册活动图"中创建"用户"、"系统"和"数据库"三个泳道。具体步骤如下：

(1) 单击"用户注册活动图"工具栏中的 口 图标。

(2) 在图形编辑区域单击，就可以创建如图 8-21 所示的名为 NewSwimlane 的泳道。

(3) 右击 NewSwimlane 泳道，在弹出的快捷菜单中选择 Open Specification(打开规范)命令，出现如图 8-22 所示的 Swimlane Specification for NewSwimlane(泳道规范)对话框。该对话框用于对泳道属性进行设置，对话框中主要是通过 Name 文本框输入泳道的名称。

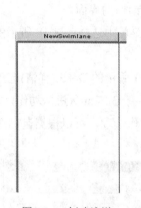

图 8-21　创建泳道

图 8-22　修改泳道属性

(4) 这里在 Name 文本框中输入泳道的名称"用户"。

(5) 单击 OK 按钮，创建好一个名为"用户"的泳道，如图 8-23 所示。

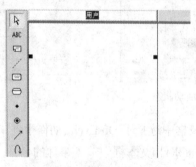

图 8-23　创建的用户泳道

(6) 根据以上步骤，再分别创建"系统"和"数据库"这两个泳道。创建后的三个泳道如图 8-24 所示。

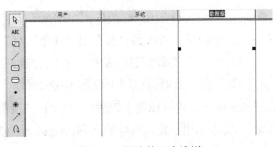

图 8-24 创建的三个泳道

8.3.6 转换的创建

活动图的转换用带箭头的直线表示，箭头指向转入的方向。下面在"用户注册活动图"中创建起始状态和"输入用户信息"动作状态的转换。

(1) 单击"用户注册活动图"工具栏中的 ↗ 图标。

(2) 单击图形编辑区中的起始状态，按住鼠标左键不放，拖动鼠标箭头到"输入用户信息"动作状态上，松开鼠标左键即可。创建的转换如图 8-25 所示。

图 8-25 创建的转换

8.3.7 分支的创建

在活动图的绘制中，经常要创建分支来描述活动图中的逻辑判断，下面以"用户注册活动图"为例进行说明。该活动图中系统需要验证审核用户的注册信息。如果审核的注册信息不能通过，显示提示的信息，如果审核通过，保存用户的注册信息。这里涉及三个活动状态：审核用户注册信息、显示注册失败信息和保存用户注册信息。后两者就是两个分支。三个活动状态的创建请参考前面的内容，创建分支的步骤如下：

(1) 单击"用户注册活动图"工具栏中的 ◇ 图标。

(2) 在绘制区域要创建分支的地方单击鼠标左键，出现表示分支的菱形图形。

(3) 单击"用户注册活动图"工具栏中的 ↗ 图标。

(4) 在图形编辑区域单击"审核用户注册信息"动作状态，按住鼠标左键不放，拖动鼠标箭头到表示分支的菱形图形。

(5) 单击"用户注册活动图"工具栏中的 ↗ 图标，在图形编辑区域单击表示分支的菱形图形，按住鼠标左键不放，拖动鼠标箭头到"显示注册失败信息"动作状态。

(6) 单击"用户注册活动图"工具栏中的 ↗ 图标，在图形编辑区域单击表示分支的菱形图形，按住鼠标左键不放，拖动鼠标箭头到"保存用户注册信息"动作状态。

(7) 双击连接菱形和"显示注册失败信息"动作状态的转换，弹出 State Transition Specification(状态转换规范)对话框。该对话框用于设置转换的属性。

(8) 单击 General(常规)选项卡，进入如图 8-26 所示的设置转换常规属性界面。

该界面中的 Event(事件)文本框用于输入事件的名称；Arguments(参数)文本框用于输入事件的参数；Stereotype(构造型)列表框用于输入构造型。

(9) 这里在 Event(事件)文本框中输入事件的名称"不合法"。

(10) 按照步骤(7)~(9)，在连接菱形和"保存用户注册信息"动作状态的转换上设置事件名称"合法"。最终创建活动图中的分支如图 8-27 所示。

图 8-26　设置事件名称

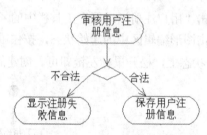

图 8-27　创建的分支

对于活动图中常见的分叉的创建步骤与分支大同小异，区别在于使用的是工具栏上 ▬ 或 ▎ 图标，前一个图标表示创建一个水平的分叉，后一个图标表示创建一个垂直的分叉。

8.4　创建活动图实例分析

使用活动图进行建模是为了根据系统的用例或具体的场景，描绘出系统中的两个或者更多类对象之间的过程控制流。在一般情况下，一个完整的系统往往包含很多的类和控制流，这就需要创建活动图来进行描述。一般使用下列步骤创建一个活动图：

(1) 标识活动图的用例。

(2) 建模用例的路径。

(3) 创建活动图。

下面将以简单即时聊天系统中的用户注册为例，介绍如何去创建系统的活动图。

8.4.1　确定需求用例

在建模活动图之前，需要首先确定要为哪个对象建模，并明确所要建立模型的核心问

题。这就要求我们要确定需要建模的系统的用例和用例的参与者。对于"用户注册"用例
来说,参与者是用户,涉及的用例有两个:

- 输入注册信息。
- 审核注册信息。如果审核的注册信息不能通过,则显示提示的信息,如果审核通过,
  则显示成功的提示信息。

图 8-28 所示为用户注册用例图。

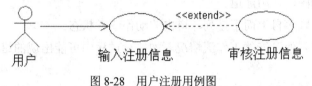

图 8-28　用户注册用例图

8.4.2　确定用例路径

在开始创建用例的活动图时,往往先建立一条明显的路径执行工作流,然后从该路径
进行扩展图 8-29 所示为"用户注册"用例的工作流示意图。

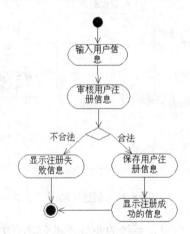

图 8-29　用例流程示意图

用户输入注册的信息,系统判断用户提交的注册信息是否合法,如果不合法,在注册
界面显示注册失败的信息。否则,显示注册成功的信息。

在建立工作流的时候,要注意以下几点:

(1) 识别出工作流的边界,也就是要识别出工作流的初始状态和终止状态,以及相应
的前置条件和后置条件。

(2) 识别出工作流中有意义的对象,对象可以是具体的某个类的实例,也可以是具有
一定抽象意义的组合对象。

(3) 识别出各种状态之间的转换。

(4) 考虑分支与合并、分叉与汇合的情况。

8.4.3 创建完整的活动图

当弄清楚系统要处理什么样的问题，并建立了工作流路径后，就可以开始正式地创建活动图。

在创建活动图的过程中，要注意以下几点问题：

(1) 细化活动图，使用泳道。

(2) 按照时间顺序自上而下排列泳道内的动作或者状态。

(3) 考虑用例其他可能的工作流情况。如执行过程中可能出现的错误，或是可能执行其他活动。

(4) 使用并发时，不要漏掉任何分支，尤其是当分支比较多的时候。

图 8-30 所示为完整的"用户注册"用例活动图。

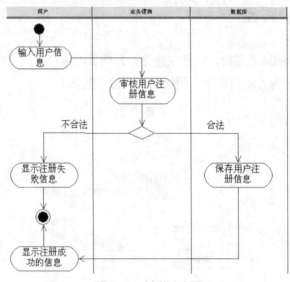

图 8-30 创建活动图

用户在注册页面输入个人信息，系统的业务逻辑会对该注册信息进行验证，如数据是否合法，用户名是否已存在等。如果通过验证审核，则将这些信息保存到数据库中，并向注册页面发送注册成功的提示信息，显示给用户。如果管理员输入账号、密码、动态码等登录信息后验证未通过，则登录失败。如果验证审核未能通过，则向注册页面发送注册失败的提示信息，显示给用户。

8.5 习　　题

1. 填空题

(1) ＿＿＿＿＿＿是模型中的完整单元，表示一个程序或工作流，常用于计算流程和工作流程建模。

(2) 动作状态是原子性的_____或_____的执行状态，它不能被_____的转换中断。

(3) _____可以有内部转换，可以有出口动作和入口动作。

(4) 活动图中的_____使用黑色实心圆表示。

(5) _____技术是将一个活动图中的活动状态进行分组，每一组表示一个特定的类、人或部门，他们负责完成组内的活动。

2. 选择题

(1) 如果要对一个学校课程表管理系统中的主要角色学生、老师的工作流程建模，需要使用的图是(　　)。

　　A. 序列图　　　　　　B. 状态图　　　　　C. 活动图　　　　　D. 协作图

(2) 下列对活动图的描述正确的是(　　)。

　　A. 活动图是对象之间传送消息的时间顺序的可视化表示，目的在于描述系统中各个对象按照时间顺序的交互的过程

　　B. 活动图是一种用于描述系统行为的模型视图，它可用来描述动作和动作导致对象状态改变的结果

　　C. 活动图是模型中的完整单元，表示一个程序或工作流，常用于计算流程和工作流程建模

　　D. 活动图可以算是状态图的一种变种并且活动图的符号与状态图的符号非常相似

(3) 活动图中的结束状态使用(　　)表示。

　　A. 菱形　　　　　　　　　　　　B. 直线箭头

　　C. 黑色实心圆　　　　　　　　　D. 空心圆

(4) 下列说法不正确的是(　　)。

　　A. 对象流中的对象表示的不仅仅是对象自身，还表示了对象作为过程中的一个状态存在

　　B. 活动状态是原子性的，用来表示一个具有子结构的纯粹计算的执行

　　C. 一个组合活动在表面上看是一个状态，但其本质却是一组子活动的概括

　　D. 分支将转换路径分成多个部分，每一部分都有单独的监护条件和不同的结果

(5) 下面属于活动图组成要素的有(　　)。

　　A. 泳道　　　　　　　　　　　　B. 动作状态

　　C. 转换　　　　　　　　　　　　D. 活动状态

3. 上机题

(1) 在客户服务系统中有一个"客户来电"用例，当客户来电的事件发生后，进入"来电咨询"活动，如果受理，则查询客户信息，否则活动结束。当查询客户信息时，如果查询到客户，则判断咨询类型，否则新增加一个客户的信息。咨询类型有三种：咨询、投诉、

报修，如果是咨询，判断是否能解答问题，如果能，则直接处理，否则由维护人员跟进；如果是投诉，转入投诉处理；如果是报修，则转入报修处理。咨询处理结束后，填写咨询处理结果，整个活动的流程结束。根据以上描述，创建客户来电活动图中的需要表示的各种动作状态，如图 8-31 所示。

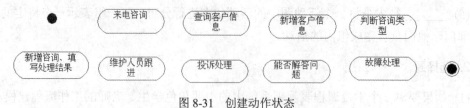

图 8-31　创建动作状态

(2) 在上题的基础上，识别出各种状态之间的转换并考虑分支与合并、分叉与汇合的情况。绘制如图 8-32 所示的客户来电咨询活动图。

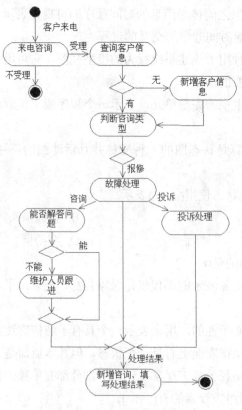

图 8-32　客户来电咨询活动图

(3) 在上题创建的活动图中有一个主要的缺点，它没有显示出由谁或者怎么负责来执行某项活动。为了给活动图中活动指明责任者，要求在活动图中放置两个泳道：客户和客户服务人员来负责执行这些活动。最后的完整客户来电咨询活动图，如图 8-33 所示。

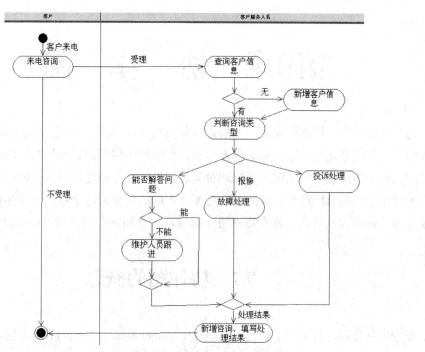

图 8-33 带泳道的客户来电咨询活动图

第9章 协 作 图

与序列图一样，协作图也是一种描述对象间交互行为的模型图，用于描述对象之间的协作关系，其模型元素与序列图的基本相同，但序列图强调的是事件发生的时间以及消息传递的先后次序，协作图则侧重于描述对象之间是如何互相连接的，强调的是发送和接收消息的对象之间的组织结构。这两种交互图从不同的角度表达了系统中的各种交互情况和系统行为，可以相互转化。本章将对协作的基本概念和它们的使用方法进行详细介绍。

9.1 协作图的概念

要理解协作图，首先要了解什么是协作(Collaboration)？所谓协作，是指在一定的语境中一组对象以及用以实现某些行为的这些对象间的相互作用。它描述了在这样一组对象为实现某种目的而组成相互合作的"对象社会"。在协作中，它同时包含了运行时的类元角色(Classifier Roles)和关联角色(Association Roles)：

(1) 类元角色表示参与协作执行的对象的描述，系统中的对象可以参与一个或多个协作。

(2) 关联角色表示参与协作执行的关联的描述。

了解了什么是协作，再来学习协作图就比较好理解了。协作图(Collaboration Diagram)是表现对象协作关系的图，它表示了协作中作为各种类元角色的对象所处的位置，在图中主要显示了类元角色和关联角色。类元角色和关联角色描述了对象的配置和当一个协作的实例执行时可能出现的连接。当协作被实例化时，对象受限于类元角色，连接受限于关联角色。

在一张协作图中，只有那些涉及协作的对象才会被表示出来。也就是说，协作图只对相互间具有交互作用的对象和对象间的关联建模，而忽略了其他对象和关联。根据这些，可以将协作图中的对象标识成四个组：

- 存在于整个交互作用中的对象
- 在交互作用中创建的对象
- 在交互作用中销毁的对象
- 在交互作用中创建并销毁的对象

在设计的时候，要区别这些对象，并首先表示操作开始时可得的对象和连接，然后决定如何控制流程图中正确的对象去实现操作。

在 UML 的表示中，协作图将类元角色表示为类的符号(矩形)，将关联角色表现为实线的关联路径，关联路径上带有消息符号。通常，不带有消息的协作图标明了交互作用发生的上下文，而不表示交互。它可以用来表示单一操作的上下文，甚至可以表示一个或一组类中所有操作的上下文。如果关联线上标有消息，图形就可以表示一个交互。典型地，一个交互用来代表一个操作或者用例的实现。

图 9-1 显示的是部门经理查看部门员工信息的协作图。在该图中，涉及三个对象之间进行交互，分别是部门经理、登录页面和数据管理，消息的编号显示了对象交互的步骤。

图 9-1 协作图示意

可以从结构和行为两个方面分析协作图的一些特点：

(1) 从结构方面来分析。协作图和对象图一样，包含了一个角色集合和它们之间定义了行为方面的内容的关系，从这个角度来说，协作图也是类图的一种。但是协作图与类图这种静态视图不同的是，静态视图描述了类固有的内在属性，而协作图描述了类实例的特性，因为只有对象的实例才能在协作中扮演自己的角色，它在协作中起了特殊的作用。

(2) 从行为方面来分析。协作图和序列图一样，包含了一系列的消息集合，这些消息在具有某一角色的各对象间进行传递交换，完成协作中的对象为达到的目标。可以说在协作图的一个协作中，描述了该协作所有对象组成的网络结构以及相互发送消息的整体行为，表示了潜藏于计算过程中的三个主要结构的统一，即数据结构、控制流和数据流的统一。

协作图作为一种在给定语境中描述协作中各个对象之间的组织交互关系的空间组织结构图形化方式，在使用其进行建模时，可以将其作用分为以下三个方面：

(1) 表现一个类操作的实现。它可以说明类操作中使用到的参数、局部变量以及返回值等。当使用协作图表现一个系统行为时，消息编号对应了程序中嵌套调用结构和信号传递过程。

(2) 协作图显示对象及其交互关系的空间组织结构。它显示了在交互过程中各个对象之间的组织交互关系以及对象彼此之间的链接。与序列图不同，协作图显示的是对象之间的关系，并不侧重交互的顺序，它没有将时间作为一个单独的维度，而是使用序列号来确定消息及并发线程的顺序。

(3) 通过描绘对象之间消息的传递情况来反映具体的使用语境的逻辑表达。一个使用情境的逻辑可能是一个用例的一部分，或是一条控制流。这和序列图的作用类似。

协作图和序列图虽然都表示出了对象间的交互作用，但是它们的侧重点不同。协作图常常被用于表示方案，而序列图则被用于过程的详细设计。

9.2 协作图的表示

对象(Object)、消息(Messages)和链(Link)这三个元素构成了协作图。协作图通过各个对象之间的组织交互关系以及对象彼此之间的链接，表达对象之间的交互。

9.2.1　对象的表示

协作图中的对象和序列图中的对象的概念相同，同样都是类的实例。一个协作代表了为了完成某个目标而共同工作的一组对象。对象的角色表示一个或一组对象在完成目标的过程中所应起的作用。对象是角色所属的类的直接或者间接实例。在协作图中，不需要关于某个类的所有对象都出现，同一个类的对象在一个协作图中也可能要充当多个角色。

协作图中对象的表示形式也和序列图中的对象的表示方式一样，使用包围名称的矩形框来标记，所显示的对象及其类的名称带有下划线，二者用冒号隔开，使用"对象名　：类名"的形式。与序列图不同的是，对象的下部没有一条被称为"生命线"的垂直虚线，并且存在多对象的形式，如图 9-2 所示。

图 9-2　协作图对象示例

9.2.2　消息的表示

在协作图中，可以通过一系列的消息来描述系统的动态行为。和序列图中的消息的概念相同，都是从一个对象(发送者)向另一个或几个其他对象(接收者)发送信号，或由一个对象(发送者或调用者)调用另一个对象(接收者)的操作，并且都由三部分组成，分别是发送者、接收者和活动。

协作图中的消息如图 9-3 所示，它显示了两个对象之间的消息通信，包含"登录"和"返回验证消息"两步。

图 9-3　协作图中的消息示例

与序列图中消息不同的是在协作图中消息的表示方式。在协作图中，消息使用带有标签的箭头来表示，它附在连接发送者和接收者的链上。链连接了发送者和接收者，箭头的指向便是接收者。消息也可以通过发送给对象本身，依附于连接自身的链上。在一个连接上可以有多个消息，它们沿相同或不同的路径传递。每个消息包括一个顺序号以及消息的名称。消息标签中的顺序号标识了消息的相关顺序，同一个线程内的所有消息按照顺序排列，除非有一个明显的顺序依赖关系，不同线程内的消息是并行的。消息的名称可以是一个方法，包含一个名字和参数表、可选的返回值表。消息的各种实现的细节也可以被加入，如同步与异步等。

9.2.3 链的表示

在协作图中的链与对象图中链的概念和表示形式都相同，都是两个或多个对象之间的独立连接，是对象引用元组(有序表)，是关联的实例。在协作图中，关联角色是与具体的语境有关的暂时的类元之间的关系，关系角色的实例也是链，其寿命受限于与协作的长短，就如同序列图中对象的生命线一样。

在协作图中，链的表示形式为一个或多个相连的线或弧。在自身相关联的类中，链是两端指向同一对象的回路，是一条弧。为了说明对象是如何与另外一个对象进行连接的，还可以在链的两端添加上提供者和客户端的可见性修饰。图 9-4 所示是链的普通和自身关联的表示形式。

图 9-4 协作图中链的示例

9.3 绘制协作图

了解了协作图中各种基本概念，就可以使用 Rational Rose 2003 创建协作图以及协作图中的各种模型元素。

9.3.1 协作图的创建

在协作图的图形编辑工具栏中，可以使用的工具按钮如表 9-1 所示。其中包含了所有 Rational Rose 2003 默认显示的 UML 模型元素。

表 9-1 协作图的图形编辑工具栏按钮

图 标	按 钮 名 称	用 途
	Selection Tool	光标返回箭头，选择工具
ABC	Text Box	创建文本框
	Note	创建注释
	Anchor Note to Item	将注释连接到协作图中相关模型元素
	Object	协作图中对象
	Class Instance	类的实例
	Object Link	对象之间的链接
	Link to Self	对象自身链接

(续表)

图　　标	按 钮 名 称	用　　途
	Link Message	链接消息
	Reverse Link Message	相反方向的链接消息
	Data Token	数据流
	Reverse Data Token	相反方向的数据流

下面通过在 Use Case View(用例视图)中创建一个"添加好友"协作图来说明如何创建协作图。有两种方法，第一种方法是通过浏览器来创建。具体的操作步骤如下：

(1) 右击浏览器中的 Use Case View(用例视图)。

(2) 在弹出的快捷菜单中选择 New(新建)|Collaboration Diagram(协作图)命令，创建一个默认名称为 NewDiagram 的协作图。

(3) 在 NewDiagram 协作图上双击，重新命名如图 9-5 所示的协作图名称"添加好友协作图"。

(4) 双击"添加好友协作图"就能打开图形编辑界面。

第二种创建协作图的方法是通过菜单栏来实现。具体的操作步骤如下：

(1) 选择 Browse(浏览)|Interaction Diagram(交互图)命令，或者在标准工具栏中选择 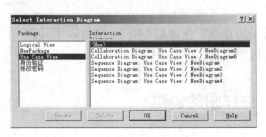 按钮，弹出如图 9-6 所示的 Select Interaction Diagram 对话框。

图 9-5　创建协作图　　　　　图 9-6　添加协作图

(2) 在对话框左侧的 Package 列表框中，选择要创建的协作图的位置 Use Case View(用例视图)。

(3) 在右侧的 Interaction Diagram(交互图)列表框中，选择<New>(新建)选项。

(4) 单击 OK 按钮，在弹出的对话框中输入新的交互图的名称，并选择 Diagram Type(图的类型)为协作图。

(5) 单击 OK 按钮，完成创建操作。

要在模型中删除"添加好友协作图"，可以按照以下步骤去操作：

(1) 选择 Browse(浏览)|Interaction Diagram(交互图)命令，或者在标准工具栏中选择 按钮，弹出如图 9-6 所示的对话框。

(2) 在对话框左侧的 package 列表框中，选择要删除的协作图的包的位置 Use Case View(用例视图)。

(3) 在右侧的 Interaction Diagram(交互图)列表框中，选中"添加好友协作图"。

(4) 单击 Delete(删除)按钮即可。

9.3.2　对象的创建

在协作图中增加一个对象，可以通过工具栏、浏览器或菜单栏三种方式。下面在"添加好友协作图"中添加一个名为"王海"的 User 类对象。在图形编辑工具栏添加的步骤如下：

(1) 在图形编辑工具栏中选择回按钮，此时光标变为"＋"号。

(2) 在"添加好友协作图"中选择任意一个位置单击，系统在该位置创建一个新的对象。

(3) 在对象的名称栏中输入对象的名称"王海"，创建的对象如图 9-7 所示。

(4) 双击图形编辑区中创建的"王海"对象，弹出如图 9-8 所示的"Object Specification for 王海"(对象规范)对话框。该对话框用于设置对象的各种属性。

图 9-7　在协作图中添加对象　　　　图 9-8　"对象规范"对话框

在对话框的 Name(名称)文本框中可以设置对象的名称；在 Class(类)列表框中可以选择新建一个类或选择一个现有的类。选择完一个类后，此时的对象就是该类的实例。

(5) 这里在 Class(类)列表框中选择"用户"即可。关联了 User 类后的"王海"对象，如图 9-9 所示。

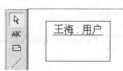

图 9-9　关联了类的对象

使用菜单栏添加 User 类对象"王海"的具体步骤如下：

(1) 选择 Tools(浏览)|Create(创建)|Object(对象)，此时光标变为"＋"号。

(2) 以下的步骤与使用工具栏添加对象的步骤类似，按照使用工具栏添加对象的步骤添加即可。

如果使用浏览器创建，选择需要添加对象的 User 类，将其直接拖动到图形编辑框中，然后将对象命名为"王海"即可。

在 Rational Rose 2003 的协作图中，对象还可以通过设置显示对象的全部或部分属性信息。下面演示显示"王海"对象的属性信息。具体的设置步骤如下：

(1) 选中"添加好友协作图"图形编辑区域中的对象"王海"。

(2) 右击该对象，在弹出的快捷菜单中选择 Edit Compartment(编辑)命令，弹出如图 9-10 所示的"编辑"对话框。该对话框用于将对象的属性添加到对象中显示。

(3) 在对话框的左边列表中选择需要显示的部分或全部属性，通过中间的添加按钮把属性添加到右边的列表中。

(4) 单击 OK 按钮即可。这样"王海"对象就会显示出它的属性，如图 9-11 所示。

图 9-11 所示是一个带有自身属性的对象。

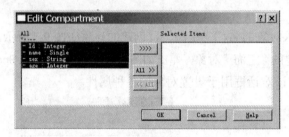

图 9-10　添加对象属性　　　　　图 9-11　显示属性的对象

9.3.3　链和消息的创建

下面将在"添加好友协作图"中添加 User 类对象"王海"与对象 ClientMainForm 类的"客户端主窗口"对象之间链，并且在链上创建内容为 actionPerformed 的消息。具体步骤如下：

(1) 选择"添加好友协作图"图形编辑工具栏中的 图标，此时的光标变为"+"符号。

(2) 单击图形编辑区中的对象"王海"，不要松开鼠标左键，将链的线段拖动到对象"客户端主窗口"上，再松开左键。

(3) 选择"添加好友协作图"图形编辑工具栏中的 图标。此时在消息的线段上出现一个从发送者到接收者的带箭头的线段。

(4) 在消息线段上输入消息的文本内容 actionPerformed，创建好的消息，如图 9-12 所示。

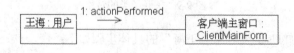

图 9-12　协作图中的消息

9.3.4　序列图和协作图的转换

在 Rational Rose 2003 中，可以很轻松地从序列图创建协作图或者从协作图创建序列图。一旦拥有序列图或协作图，就很容易在两种图之间切换。

从序列图创建协作图的具体步骤如下：

(1) 双击浏览器中要转换的序列图。

(2) 选择 Browse(浏览)| Create Collaboration Diagram(创建协作图)命令，或者直接按 F5 键。

(3) 这时在浏览器中创建一个名称与序列图相同的协作图，双击打开即可。

从协作图创建序列图的具体步骤如下：

(1) 双击在浏览器中要转换的协作图。

(2) 选择 Browse(浏览)|Create Sequence Diagram(创建序列图)命令(如图 9-13 所示)，或者直接按 F5 键。

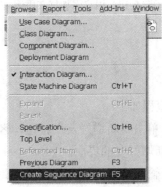

图 9-13　转换序列图菜单

(3) 这时在浏览器中创建一个名称与协作图相同的序列图，双击打开即可。

如果需要在创建好的这两种图之间进行切换，可以在一个协作图或序列图中选择 Browse(浏览)|Go To Sequence Diagram(转向序列图)或 Go To Collaboration Diagram(转向协作图)命令进行切换，也可以通过快捷键 F5 进行切换。

9.4　创建协作图实例分析

有了对协作图基本概念的认识后，下面就可以通过企业进存销管理系统中某个协作图的创建，来掌握协作图在项目中是如何使用的。

9.4.1　创建协作图的步骤

使用下列步骤创建协作图：

(1) 根据系统的用例或具体的场景，确定协作图中应当包含的元素。

(2) 确定这些元素之间的关系，可以着手建立早期的协作图，在元素之间添加链接和关联角色等。

(3) 将早期的协作图进行细化，把类角色修改为对象实例，链上添加消息并指定消息的序列。

一张协作图仍然是为某一个工作流程进行建模，使用链和消息将工作流程涉及的这些对象连接起来。从系统中的某个角色开始，在各个对象之间从通过消息的序号依次将消息画出。如果需要约束条件，可以在合适的地方附上条件。

下面将以在序列图中已经介绍的简单即时聊天系统的一个简单用例"用户添加好友"为例，介绍如何去创建系统的协作图。用例图如图 9-14 所示。

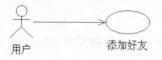

用户   添加好友

图 9-14　用户添加好友用例

9.4.2　需求分析

用户添加好友的基本工作流程如下：

(1) 用户在客户端主界面上单击"新增好友"按钮，客户端主界面响应单击操作，调用 actionPerformed 方法，创建新增好友的界面。

(2) 用户在新增好友界面上输入待添加好友的编号，此处可以单击"查找"按钮查找用户信息，也可以单击"新增"按钮添加好友，此时用户单击"新增"按钮，调用新增好友界面类中的 actionPerformed 方法响应用户单击操作。

(3) 新增好友界面类调用客户端主类中的 sendAddFriend 方法，准备将要添加的好友信息发往服务器端，一方面 Client 类通过 Socket 与服务器端的侦听端口建立连接，服务器端 Server 类创建相应的工作线程对象 Work，Work 类调用 receive 方法准备接收客户端发送的 Message 消息对象；另一方面，Client 类调用 addFriend 方法准备发送新增好友消息，最后通过 send 方法，将准备好的新增好友消息 Message 对象调用 writeObject 方法发往服务器端，同时调用 receive 方法接收来自服务器端工作线程类的返回消息。

(4) 服务器端的工作线程类 Work 通过 receive 方法收到客户端发来的新增好友消息对象 Message，通过 chatProtocol 方法解析消息对象，并调用 addFriend 方法实现新增好友的操作。

(5) 服务器端的工作线程类 Work 在 addFriend 方法中，调用服务器主类 Server 的 addFriend 方法在当前用户的好友列表 UserInfo 中更新好友的信息。

(6) 服务器端主类 Server 调用 saveUserDB 方法将好友信息保存到文件中，并将控制权返回给服务器端的工作线程类。

(7) 服务器端的工作线程类 Work 调用 sendMessage 方法将返回结果消息调用

writeObject 方法发往客户端，并调用 closeConn 方法关闭网络连接。

(8) 客户端类 Client 通过 receive 方法接收到来自服务器端的返回消息，将其返回到新增好友界面通知用户，并调用 closeNet 方法关闭网络连接。

9.4.3　确定协作图元素

首先，这里要根据系统的用例，确定协作图中应当包含的元素。从已经描述的用例中，可以确定添加好友交互操作的工作流程，元素由用户角色、客户端主窗口类 ClientMainForm、新增好友窗口类 AddFriendForm、客户端主类 Client、服务器端类 Server、服务器工作线程类 Work 和用户信息类 UserInfo 组成。

然后，将这些对象创建到添加好友的协作图中，如图 9-15 所示。

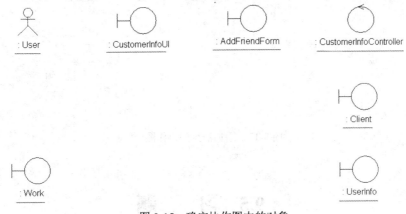

图 9-15　确定协作图中的对象

9.4.4　确定元素之间的关系

创建协作图的下一步是确定这些对象之间的连接关系，使用链和角色将这些对象连接起来。在这一步中，基本上可以建立早期的协作图，表达出协作图中的元素如何在空间上进行交互。图 9-16 显示了该用例中各元素之间的基本交互。

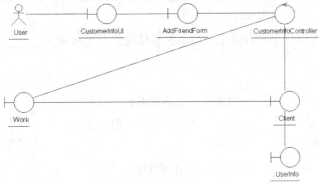

图 9-16　在协作图中添加交互

9.4.5 创建协作图

创建序列图的最后一步就是将早期的协作图进行细化。细化的过程可以根据一个交互流程，在实例层建模协作图，即把类角色修改为对象实例，在链上添加消息，指定消息的序列，并指定对象、链和消息的规范。完整的添加用户协作图，如图 9-17 所示。

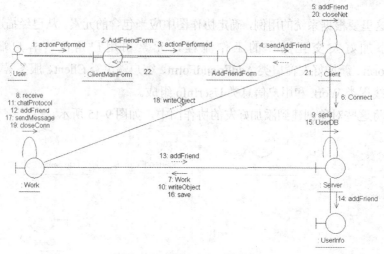

图 9-17　添加消息到协作图

9.5　习　题

1. 填空题

(1) UML 的交互图中，强调对象之间关系和消息传递的是_____。

(2) _____的作用体现在显示对象及其交互关系的空间组织结构。

(3) 在协作图中的_____是两个或多个对象之间的_____，是关联的实例。

(4) UML 中，对象行为是对象间为完成某一目的而进行的一系列消息交换。消息序列可用_____和_____来表示。

(5) UML 的协作图强调的是交互对象的整体组织，是按照_____进行布图。

2. 选择题

(1) 下面不是 UML 中协作图的基本元素的是(　　)。

    A. 对象   B. 消息

    C. 发送者   D. 链

(2) 下列关于协作图中的链，说法不正确的是(　　)。

    A. 在协作图中，链的表示形式为一个或多个相连的线或弧

B. 在协作图中的链是两个或多个对象之间的独立连接

C. 在协作图中，需要关于某个类的所有对象都出现，同一个类的对象在一个协作图中也不可以充当多个角色

D. 在协作图中的链是关联的实例

(3) 下面不会出现在协作图中的是(　　)。

A. 对象　　　　　　　　　　　　　　　B. 消息

C. 对象间的连接　　　　　　　　　　　D. 控制焦点

(4) 下面属于消息组成部分的有(　　)。

A. 发送者　　　　B. 接收者　　　　　C. 活动　　　　　D. 对象

(5) 关于协作图的描述，下列说法正确的是(　　)。

A. 在 Rational Rose 工具中，协作图可在顺序图的基础上按 F5 键自动生成

B. 协作图是顺序图的一种特例

C. 协作图作为一种交互图，强调的是参加交互的对象的组织

D. 协作图中有消息流的顺序号

3. 上机题

(1) 对客户服务系统中的客服人员修改客户信息的用例进行动态建模，该交互操作的动态建模由客服对象、客户信息界面类 CustomerInfoUI、客服信息控制类 CustomerInfoController 和客户信息类 CustomerInfo 组成，在协作图中创建这些对象，如图 9-18 所示。

图 9-18　创建协作图对象

(2) 在上题创建的协作图对象中，根据修改客户信息的用例，添加消息和脚本信息，完成图 9-19 所示的完整协作图建模。

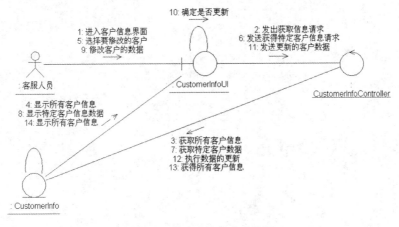

图 9-19　修改客户信息协作图

(3) 对客户服务系统中的客服人员删除客户信息的用例进行动态建模，在逻辑视图 (Logical View)中创建完整的协作图，如图 9-20 所示。

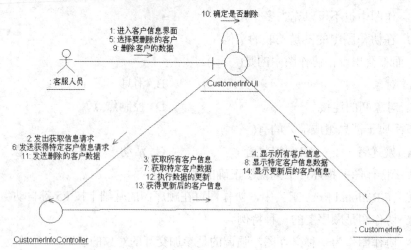

图 9-20　删除客户信息协作图

第10章　状　态　图

对每个对象而言，其内部状态是变化的，对象上发生的事件可能导致对象内部状态值的改变，这种变化与事件发生时对象所处的状态有关，与所发生的事件也有关。在面向对象的建模中，可以通过状态图来表达对象状态的改变。本章先给出状态图的基本概念与表示法，然后讲解在实际中的应用。

10.1　状态图的概念

在日常生活中，事物状态的变化是无时不在的。例如，使用银行的 ATM 机，当一部 ATM 机没有人使用时它处于闲置状态，当插入银行卡进行存、取款操作时，ATM 机处于工作状态。使用完毕退出银行卡后，ATM 机又回到了闲置状态。使用状态图就可以描述 ATM 机整个状态变化的过程。

10.1.1　状态机

状态机是一种记录下给定时刻状态的设备，它可以根据各种不同的输入对每个给定的变化而改变其状态或引发一个动作。例如，计算机操作系统中的进程调度和缓冲区调度都是一个状态机。

状态机由状态、转换、事件、活动和动作 5 部分组成。

1. 状态
状态指的是对象在其生命周期中的一种状况，处于某个特定状态中的对象必然会满足某些条件、执行某些动作或者等待某些事件。一个状态的生命周期是一个有限的时间阶段。

2. 动作
动作指的是状态机中可以执行的那些原子操作。所谓原子操作，指的是它们在运行的过程中不能被其他消息所中断，必须一直执行下去，最终导致状态的变更或者返回一个值。

3. 事件
事件指的是发生在时间和空间上的对状态机来讲有意义的那些事情。事件通常会引起状态的变迁，促使状态机从一种状态切换到另一种状态，如信号、对象额度创建和销毁等。

4. 活动
活动指的是状态机中进行的非原子操作。

5. 转换

转换指的是两个不同状态之间的一种关系，表明对象将在第一个状态中执行一定的动作，并且在满足某个特定条件下由某个事件触发进入第二个状态。

在 UML 中，状态机由对象的各个状态和连接这些状态的转换组成，是展示状态与状态转换的图。在面向对象的软件系统中，一个对象无论多么简单或者多么复杂，都必然会经历一个从开始创建到最终消亡的完整过程，这个过程通常被称为对象的生命周期。一般来说，对象在其生命期内是不可能完全孤立的，它必然会接受消息来改变自身或者发送消息来影响其他对象。而状态机就是用于说明对象在其生命周期中响应事件所经历的状态序列以及其对这些事件的响应。在状态机的语境中，一个事件就是一次激发的产生，每个激发都可以触发一个状态转换。

状态机常用于对模型元素的动态行为进行建模，更具体地说，就是对系统行为中受事件驱动的方面进行建模。不过状态机总是一个对象、协作或用例的局部视图。由于它考虑问题时将实体与外部世界相互分离，所以适合对局部、细节进行建模。

通常一个状态机依附于一个类，并且描述该类的实例(即对象)对接收到的事件的响应。除此之外，状态机还可以依附于用例、操作等，用于描述它们的动态执行过程。在依附于某个类的状态机中，总是将对象孤立地从系统中抽象出来进行观察，而来自外部的影响都抽象为事件。

10.1.2　状态图

状态图(Statechart Diagram)本质上就是一个状态机，或者是状态机的特殊情况，它基本上是一个状态机中的元素的一个投影，这也就意味着状态图包括状态机的所有特征。状态图描述了一个实体基于事件反应的动态行为，显示了该实体如何根据当前所处的状态对不同的事件做出反应。

在 UML 中，状态图由表示状态的节点和表示状态之间转换的带箭头的直线组成。状态的转换由事件触发，状态和状态之间由转换箭头连接。每一个状态图都有一个初始状态(实心圆)，用来表示状态机的开始。还有一个终止状态(半实心圆)，用来表示状态机的终止。状态图主要由元素状态、转换、初始状态、终止状态和判定等组成。一个简单的状态图，如图 10-1 所示。

状态图用于对系统的动态方面建模，适合描述跨越多个用例的对象在其生命周期中的各种状态及其状态之间的转换。这些对象可以是类、接口、构件或者节点。状态图常用于对反应型对象建模，反应型对象在接收到一个事件之前通常处于空闲状态，当这个对象对当前事件作出反应后又处于空闲状态等待下一个事件。

图 10-1　状态图

如果一个系统的事件个数比较少并且事件的合法顺序比较简单，那么状态图的作用看起来就没有那么明显。但是对于一个有很多事件并且事件顺序复杂的系统来说，如果没有一个好的状态图，就很难保证程序没有错误。

状态图的作用主要体现在以下四个方面：

(1) 状态图清晰地描述了状态转换时所必须的触发事件、监护条件和动作等影响转换的因素，有利于程序员避免程序中非法事件的进入。

(2) 状态图清晰地描述了状态之间的转换顺序，通过状态的转换顺序也就可以清晰地看出事件的执行顺序。如果没有状态图，就不可避免地要使用大量的文字来描述外部事件的合法顺序。

(3) 清晰的事件顺序有利于程序员在开发程序时避免出现事件错序的情况。

(4) 状态图通过判定可以更好地描述工作流因为不同的条件发生的分支。

10.2 状态图的表示

状态图主要由元素状态、转换、初始状态、终止状态和判定等组成，本节将详细介绍这些概念及其在 UML 中的表示方法。

10.2.1 状态

状态是状态图的重要组成部分，它描述了一个类对象生命周期中的一个时间段。更为详细的描述就是：在某些方面相似的一组对象值；对象执行持续活动时的一段事件；一个对象等待事件发生时的一段事件。

状态用于对实体在其生命周期中的各种状况进行建模，一个实体总是在有限的一段时间内保持一个状态。状态由一个带圆角的矩形表示，状态的描述应该包括名称、入口和出口动作、内部转换和嵌套状态。图 10-2 所示为一个简单的状态。

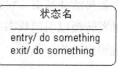

图 10-2 简单的状态

因为状态图中的状态一般是给定类的对象的一组属性值，并且这组属性值对所发生的事件具有相同性质的反应。所以，处于相同状态的对象对同一事件的反应方式往往是一样的，当给定状态下的多个对象接受到相同事件时会执行相同的动作。但是，如果对象处于不同状态，会通过不同的动作对同一事件做出不同的反应。在系统建模时，我们只关注那些明显影响对象行为的属性，以及由它们表达的对象状态。

状态中包括状态名、内部活动、内部转换、入口和出口动作、嵌套状态等组成部分。

1. 状态名

状态名指的是状态的名字，通常用字符串表示，其中每个单词的首字母大写。状态名可以包含任意数量的字母、数字和除冒号 ":" 以外的一些符号,可以较长,连续几行。但是一定要注意一个状态的名称在状态图所在的上下文中应该是唯一的,能够把该状态和其他状态区分开。

在实际使用中,状态名通常是直观、易懂、能充分表达语义的名词短语,其中每个单词的首字母要大写。状态还可以匿名,但是为了方便起见,最好为状态取个有意义的名字,状态名字通常放在状态图标的顶部。

2. 入口和出口动作

入口和出口动作分别指的是进入和退出一个状态时所执行的"边界"动作。这些动作的目的是封装这个状态,这样就可以不必知道状态的内部状态而在外部使用它。入口动作和出口动作原则上依附于进入和出去的转换,但是将它们声明为特殊的动作可以使状态的定义不依赖状态的转换,因此起到封装的作用。要注意的是,一个状态可以具有或者没有入口和出口动作。

当进入状态时,进入动作被执行,它在任何附加在进入转换上的动作之后而在任何状态的内部活动之前执行。入口动作通常用来进行状态所需要的内部初始化。因为不能回避一个入口动作,任何状态内的动作在执行前都可以假定状态的初始化工作已经完成,不需要考虑如何进入这个状态。

状态退出时执行退出动作,它在任何内部活动完成之后而在任何依附在离开转换上的动作之前执行。无论何时从一个状态离开都要执行一个出口动作来进行后处理工作。当出现代表错误情况的高层转换使嵌套状态异常终止时,出口动作特别有用。出口动作可以处理这种情况以使对象的状态保持前后一致。

3. 内部活动

状态可以包含描述为表达式的内部活动。当状态进入时,活动在进入动作完成后就开始。如果活动结束,状态就完成,然后一个从这个状态出发的转换被触发。否则,状态等待触发转换以引起状态本身的改变。如果在活动正在执行时转换触发,那么活动被迫结束并且退出动作被执行。

4. 内部转换

内部转换指的是不导致状态改变的转换。内部转换中可以包含进入或者退出该状态应该执行的活动或动作。内部转换和自转换不同,在后者中,一个从一个状态到同一个状态的外部转换发生,结果会执行所有嵌在具有自转换的状态里的状态的退出动作,执行它自身的退出动作,执行它的进入动作。在转向当前状态的自转换上,动作被执行,退出然后重新进入。如果当前状态的闭合状态的自转换激发,那结束状态就是闭合状态自己,而不是当前状态。换句话说,自转换可以强制从嵌套状态退出,但是内部转换不能。

状态可能包含一系列的内部转换,内部转换因为只有源状态而没有目标状态,所以内部转换的结果并不改变状态本身。如果对象的事件在对象正处在拥有转换的状态时发生,那内部转换上的动作也被执行。激发一个内部转换和激发一个外部转换的条件是相同的。

但是，在顺序区域里的每个事件只激发一个转换，而内部转换的优先级大于外部转换。

5. 嵌套状态

状态分为简单状态(simple state)和组成状态(composite state)。简单状态是在语义上不可分解的、对象保持一定属性值的状况，简单状态不包含其他状态；而组成状态是内部嵌套有子状态的状态，在组成状态的嵌套状态图部分包含的就是此状态的子状态。

10.2.2 转换

转换用于表示一个状态机的两个状态之间的一种关系，即一个在某初始状态的对象通过执行指定的动作并符合一定的条件下进入第二种状态。在这个状态的变化中，转换被称做激发。在激发之前的状态叫做源状态，在激发之后的状态叫做目标状态。简单转换只有一个源状态和一个目标状态。复杂转换有不止一个源状态和(或)有不止一个目标状态。

在 UML 的状态建模机制中，转换用带箭头的直线表示，一端连接源状态，箭头指向目标状态。转换还可以标注与此转换相关的选项，如事件、监护条件和动作等，如图 10-3 所示。要注意，如果转换上没有标注触发转换的事件，则表示此转换自动进行。

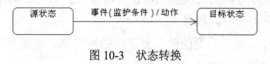

图 10-3   状态转换

在状态转换中除了源状态和目标状态，还需要掌握外部转换、内部转换、完成转换、监护条件、触发器事件、动作、监护条件七个概念。在转换中，这七个部分信息并不一定都是同时存在的。

1. 外部转换

外部转换是一种改变状态的转换，也是最普通、最常见的一种转换。在 UML 中，它用从源状态到目标状态的带箭头的线段表示，其他属性以文字串附加在箭头旁，如图 10-4 所示。要注意的是只有内部状态上没有转换时，外部状态上的转换才有资格激发。否则，外部转换会被内部转换所掩盖。

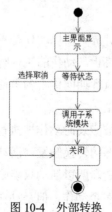

图 10-4   外部转换

2. 内部转换

内部转换只有源状态，没有目标状态，不会激发入口和出口动作，因此内部转换激发的结果不改变本来的状态。如果一个内部转换带有动作，它也要被执行。内部转换常用于对不改变状态的插入动作建立模型。要注意的是，内部转换的激发可能会掩盖使用相同事件的外部转换。

内部转换的表示法与入口动作和出口动作的表示法很相似。它们的区别主要在于入口和出口动作使用了保留字 entry 和 exit，其他部分两者的表示法相同。

3. 完成转换

完成转换没有明确标明触发器事件的转换是由状态中活动的完成引起的。完成转换也可以带一个监护条件，这个监护条件在状态中的活动完成时被赋值，而不是活动完成后被赋值。

4. 触发器事件

触发器事件指的是引起源状态转换的事件。事件不是持续发生的，它只发生在时间的一点上，对象接收到事件，导致源状态发生变化，激活转换并使监护条件得到满足。如果此事件有参数，这些参数可以被转换所用，也可以被监护条件和动作的表达式所用。触发器事件可以是信号、调用和时间段等。

对应于触发器事件，没有明确的触发器事件的转换称做结束转换(或无触发器转换)，是在结束时被状态中的任一内部活动隐式触发的。

注意，当一个对象接收到一个事件的时候，如果它没有时间来处理事件，就将事件保存起来。如果有两个事件同时发生，对象每次只处理一个事件，两个事件并不会同时被处理。并且在处理事件的时候，转换必须激活。另外，要完成转换，必须满足监护条件，如果完成转换的时候监护条件不成立，则隐含的完成事件被消耗掉。并且以后即使监护条件再成立，转换也不会被激发。

5. 动作

动作通常是一个简短的计算处理过程或一组可执行语句。动作也可以是一个动作序列，即一系列简单的动作。动作可以给另一个对象发送消息、调用一个操作、设置返回值、创建和销毁对象。

由于动作是一个可执行的原子计算，所以动作是不可中断的，动作和动作序列的执行不会被同时发生的其他动作影响或终止。动作的执行时间非常短，所以动作的执行过程不能再插入其他事件。如果在动作的执行期间接收到事件，那么这些事件都会被保存，直到动作结束，这时事件一般已经得到值。

动作可以附属于转换，当转换被激发时动作被执行。它们还可以作为状态的入口动作和出口动作出现，由进入或离开状态的转换触发。活动不同于动作，它可以有内部结构，并且活动可以被外部事件的转换中断。所以活动只能附属于状态中，而不能附属于转换。

整个系统可以在同一时间执行多个动作，但是动作的执行应该是独立的。一旦动作开始执行，它必须执行到底并且不能与同时处于活动状态的其他动作发生交互作用。动作不能用于表达处理过程很长的事物。与系统处理外部事件所需的时间相比，动作的执行过程应该很简洁，以使系统的反应时间不会减少，做到实时响应。

表 10-1 列出了各种动作及描述。

表 10-1 动作的种类

动作种类	描　述	语　法
赋值	对一个变量赋值	Target:=expression
调用	调用对目标对象的一个操作；等待操作执行结束，并且可能有一个返回值	Opname(arg,arg)
创建	创建一个新对象	new Cname(arg,arg)
销毁	销毁一个对象	object.destory()
返回	为调用者指定返回值	return value
发送	创建一个信号实例并将其发送到目标对象或者一组目标对象	sname(arg,arg)
终止	对象的自我销毁	Terminate
不可中断	用语言说明的动作，如条件和迭代	[语言说明]

6. 监护条件

转换可能具有一个监护条件，监护条件是一个布尔表达式，它是触发转换必须满足的条件。当一个触发器事件被触发时，监护条件被赋值。如果表达式的值为真，转换可以激发；如果表达式的值为假，转换不能激发；如果没有转换适合激发，事件会被忽略，这种情况并非错误。如果转换没有监护条件，监护条件就被认为是真，而且一旦触发器事件发生，转换就激活。

从一个状态引出的多个转换可以有同样的触发器事件。若此事件发生，所有监护条件都被测试，测试的结果如果有超过一个的值为真，也只有一个转换会激发。如果没有给定优先权，则选择哪个转换来激发是不确定的。

注意，监护条件的值只在事件被处理时计算一次。如果其值开始为假，以后又为真，则因为赋值太迟转换不会被激发。除非有另一个事件发生，且令这次的监护条件为真。监护条件的设置一定要考虑到各种情况，要确保一个触发器事件的发生能够引起某些转换。如果某些情况没有考虑到，很可能一个触发器事件不引起任何转换，那么在状态图中将忽略这个事件。

10.2.3 判定

判定用来表示一个事件依据不同的监护条件有不同的影响。在实际建模的过程中，如果遇到需要使用判定的情况，通常用监护条件来覆盖每种可能，使得一个事件的发生能保证触发一个转换。判定将转换路径分为多个部分，每一个部分都是一个分支，都有单独的监护条件。这样，几个共享同一触发器事件却有着不同监护条件的转换能够在模型中被分在同一组中，以避免监护条件的相同部分被重复。

　　活动图和状态图中都有需要根据给定条件进行判断，然后根据不
同的判断结果进行不同转换的情况。实际就是工作流在此处按监护条
件的取值发生分支，在 UML 中判定用空心菱形表示，如图 10-5 所示。

图 10-5　判定

　　判定在活动图和状态图中都有很重要的作用。转换路径因为判定
而分为多个分支，可以将一个分支的输出部分与另一个分支的输入部分连接而组成一棵树，
树的每个路径代表一个不同的转换。树为建模提供了很大的方便。在活动图中，判定可以
覆盖所有的可能，保证一些转换被激发。否则，活动图就会因为输出转换不再重新激发而
被冻结。

　　通常情况下判定有一个转入和两个转出，根据监护条件的真假可以触发不同的分支转
换，使用判定这仅仅是一种表示上的方便，不会影响转换的语义。图 10-6 和图 10-7 分别
为使用判定和未使用判定的示意。

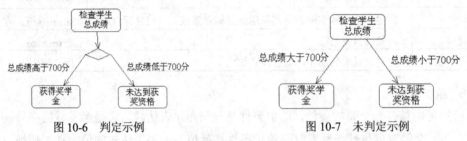

图 10-6　判定示例　　　　　　　　　　　　图 10-7　未判定示例

10.2.4　同步

　　同步是为了说明并发工作流的分支与汇合。状态图和活动图中都可能用到同步。在
UML 中，同步用一条线段来表示，如图 10-8 所示。

　　并发分支表示把一个单独的工作流分成两个或者多个工作流，几个分支的工作流并行
地进行。并发汇合表示两个或者多个并发的工作流得到同步，这意味着先完成的工作流需
要在此等待，直到所有的工作流到达后，才能继续执行以下的工作流。同步在转换激发后
立即初始化，每个分支点之后都要有相应的汇合点。图 10-9 所示为同步示例图。

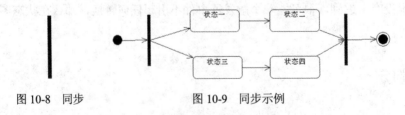

图 10-8　同步　　　　　　　　图 10-9　同步示例

　　要注意同步与判定的区别。同步和判定都会造成工作流的分支，初学者很容易将两者
混淆。它们的区别是，判定是根据监护条件使工作流分支，监护条件的取值最终只会触发
一个分支的执行。例如，如果有分支 A 和分支 B，假设监护条件为真时执行分支 A，那么
分支 B 就不可能被执行。反之则执行分支 B，分支 A 就不可能被执行。而同步的不同分支

是并发执行，并不会因为一个分支的执行造成其他分支的中断。

10.2.5 事件

在状态机中，一个事件的出现可以触发状态的改变。它发生在时间和空间上的一点，没有持续时间。如接受到从一个对象到另一个对象的调用或信号、某些值的改变或一个时间段的终结。

事件可以分成明确或隐含的几种，主要包括信号事件、调用事件、改变事件和时间事件等。

1. 信号事件(signal event)

信号事件指的是一个对象对发送给它的信号的接收事件，它可能会在接收对象的状态机内触发转换。

而信号事件中的信号是作为两个对象之间的通信媒介的命名的实体，它以对象之间显式通信为目的。发送对象明确地创建、初始化一个信号实例并把它发送到一个对象或者对象的集合。信号有明确的参数列表。发送者在发信号时明确了信号的变元，发给对象的信号可能触发它们的零个或者一个转换。信号是可泛化的，子信号除了继承父亲的属性外，也可以增加它自己的属性。子信号可以激发声明为使用它的祖先信号的转换。

信号又分为异步单路通信和双路通信。其中最基本的信号是异步单路通信。在异步单路通信中，发送者是独立的，不用等待接收者如何处理信号。在双路通信模型中，需要用到多路信号，即至少要在每个方向上有一个信号。发送者和接收者可以是同一个对象。

2. 时间事件(time event)

时间事件表示时间表达式被满足的事件，它代表时间的流逝。这里的时间表达式指的是计算结果为一个相对或者绝对时间值的表达式。

时间事件是一个依赖于时间包因而依赖于时钟的存在的事件。而现实世界的时钟或虚拟内部时钟可以定义为绝对时间或者流逝时间。因此，时间事件既可以被指定为绝对形式(天数)，也可以被指定为相对形式(从某一指定事件发生开始所经历的时间)。时间事件不像信号那样声明为一个命名事件，时间事件仅用做转换的触发。

3. 改变事件(change event)

改变事件指的是依赖于特定属性值的布尔表达式所表示的条件满足时，事件发生改变。改变事件包含由一个布尔表达式指定的条件，事件没有参数。这种事件隐含一个对条件的连续的测试。当布尔表达式的值从假变到真时，事件就发生。要想事件再次发生，必须先将值变成假，否则，事件不会再发生。

使用改变事件要十分谨慎，因为它表示了一种具有事件持续性的并且可能是涉及全局的计算过程。它使修改系统潜在值和最终效果的活动之间的因果关系变得模糊。可能要花费很大的代价测试改变事件，因为原则上改变事件是持续不断的。因此，改变事件往往用于当一个具有更明确表达式的通信形式显得不自然时。

还要注意改变事件与监护条件二者之间的区别：

- 监护条件只在引起转换的触发器事件触发时或者事件接收者对事件进行处理时被赋值一次。如果为假，那么转换不激发并且事件被遗失，条件也不会再被赋值。
- 改变事件隐含连续计算，因此可以对改变事件连续赋值，直到条件为真激发转换。

4. 调用事件(call event)

调用是指在一个过程的执行点上激发一个操作，它将一个控制线程暂时从调用过程转换到被调用过程。调用发生时，调用过程的执行被阻断，并且在操作执行中调用者放弃控制，直到操作返回时重新获得控制。

调用事件指的是一个对象对调用的接收，这个对象用状态的转换而不是用固定的处理过程实现操作。事件的参数是操作的引用、操作的参数和返回引用。调用事件分为同步调用和异步调用，如果调用者需要等待操作的完成，则是同步调用，反之则是异步调用。

当一个操作的调用发生时，如果调用事件符合一个活动转换上的触发器事件，那么它就触发该转换。转换激发的实际效果包括任何动作序列和返回动作，其目的是将值返回给调用者。当转换执行结束时，调用者重新获得控制并且可以继续执行。如果调用失败而没有进行任何状态转换，则控制立即返回到调用者。

10.2.6　初始状态和终止状态

每个状态图都应该有一个初始状态，它代表状态图的起始位置。初始状态是一个伪状态(一个和普通状态有连接的假状态)，对象不可能保持在初始状态，必须要有一个输出的无触发转换(没有事件触发器的转换)。通常初始状态上的转换是无监护条件的，并且初始状态只能作为转换的源，而不能作为转换的目标。在 UML 中，一个状态图只能有一个初始状态，用一个实心的圆表示，如图 10-10 所示。

终止状态是一个状态图的终点，一个状态图可以拥有一个或者多个终止状态。对象可以保持在终止状态，但是终止状态不可能有任何形式的触发转换，它的目的就是为了激发封装状态上转换的完成。因此，终止状态只能作为转换的目标而不能作为转换的源。在 UML 中，终止状态用一个含有实心圆的空心圆表示，如图 10-11 所示。

图 10-10　初始状态　　　　　图 10-11　终止状态

10.3　状态的分类

状态可以分为简单状态、组成状态和历史状态。简单状态指的是不包含其他状态的状态，简单状态没有子结构，但是它可以具有内部转换、进入退出动作等。本章前面介绍的状态都属于简单状态，本节重点介绍历史状态和组成状态。

10.3.1 历史状态

历史状态本身是个伪状态，用来说明组成状态记得它曾经有的子状态。一般情况下，当状态机通过转换进入组成状态嵌套的子状态时，被嵌套的子状态要从子初始状态进行。但是如果一个被继承的转换引起从复合状态的自动退出，状态会记住当强制性退出发生的时候处于活动的状态。这种情况下，就可以直接进入上次离开组成状态时的最后一个子状态，而不必从它的子初始状态开始执行。

历史状态可以有来自外部状态或者初始状态的转换，可以有一个没有监护条件的触发完成转换；转换的目标是默认的历史状态。如果状态区域从来没有进入或者已经退出，到历史状态的转换会到达默认的历史状态。

历史状态虽然有它的优点，但是它过于复杂，而且不是一种好的实现机制，尤其是深历史状态更容易出问题。在建模的过程中，应该尽量避免历史机制，使用更易于实现的机制。

10.3.2 组成状态

组成状态是内部嵌套有子状态的状态，一个组成状态包括一系列子状态。一个系统在同一时刻可以包含多个状态。如果一个嵌套状态是活动的，则所有包含它的组成状态都是活动的。进入或者离开组成状态的转换会引起入口动作或者出口动作的执行。如果转换带有动作，那么这个动作在入口动作执行后出口动作执行前执行。

为了促进封装，组成状态可以具有初始状态和终止状态，它们是伪状态，目的是优化状态机的结构。

组成状态可以使用"与"关系分解为并行子状态，或者通过"或"关系分解为互相排斥的互斥子状态。所以，组成状态可以是并发或者顺序的。如果一个顺序组成状态是活动的，则只有一个子状态是活动的。如果一个并发组成状态是活动的，则与它正交的所有子状态都是活动的。

1. 并发组成状态

在一个组成状态中，可能有两个或者多个并发的子状态机，我们称这样的组成状态为并发组成状态。每个并发子状态还可以进一步分解为顺序组成状态。

一个并发组成状态可能没有初始状态，终态，或者历史状态。但是嵌套在它们里的任何顺序组成状态可包含这些伪状态。

如果一个状态机被分解成多个并发的子状态，那么代表着它的控制流也被分解成与并发子状态数目一样的并发流。当进入一个并发组成状态时，控制线程数目增加；当离开一个并发组成状态时，控制线程数目减少。只有所有的并发子状态都到达它们的终态，或者有一个离开组成状态的显式转换时，控制才能重新汇合成一个流。

图 10-12 表示围棋游戏过程的并发组成状态。当游戏进入开始状态后，棋局是否能正常进行取决于黑方和白方在棋盘上轮流下子，只有此过程一直延续，棋局才能进入到终局阶段，游戏也随之结束。

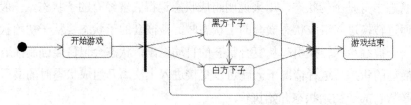

图 10-12　并发组成状态

2. 顺序组成状态

如果一个组成状态的多个子状态之间是互斥的，不能同时存在，这种组成状态称为顺序组成状态。

一个顺序组成状态最多可以有一个初始状态和一个终态，同时也最多可以有一个浅历史状态和一个深历史状态。

当状态机通过转换进入组成状态时，一个转换可以以组成状态为目标，也可以以它的一个子状态为目标，如果它的目标是一个组成状态，那么进入组成状态后先执行其入口动作，然后再将控制传递给初态。如果它的目标是一个子状态，那么在执行组成状态的入口动作和子状态的入口动作后将控制传递给嵌套状态。图 10-13 所示为一个根据软件系统工作过程得到的组成状态。

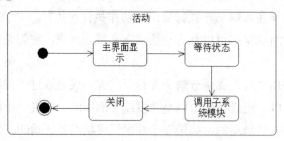

图 10-13　顺序组成状态

10.4　绘制状态图

上面详细地介绍了状态图的概念和组成元素，接着就要来学习如何使用 Rose 类绘制出状态图，包括其中的各种元素。

10.4.1 状态图的创建

在 Rational Rose 中，可以为每个类创建一个或者多个状态图，状态图的转换和状态都可以在状态图中体现。下面在 Logic View(逻辑视图)中创建"简单即时聊天系统"的"用户状态图"。具体步骤如下：

(1) 在浏览器中右击 Logic View(逻辑视图)选项，在弹出的快捷菜单中选择如图 10-14 所示的 New|Statechart Diagram(状态图)命令，创建一个默认名称为 NewDiagram 的状态图。

(2) 双击 NewDiagram 状态图，输入新的名称"聊天系统用户状态图"，如图 10-15 所示。

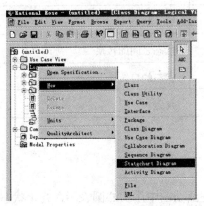

图 10-14 创建状态图菜单

图 10-15 创建的用户状态图

(3) 在浏览器中双击新创建的用户状态图，出现如图 10-16 所示的状态图绘制区域。

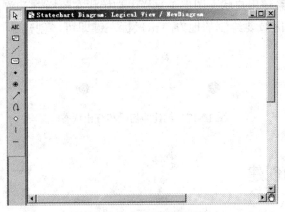

图 10-16 状态图绘制区域

在绘制区域的左侧为状态图工具栏，表 10-2 列出了状态图工具栏中各个按钮的图标、按钮的名称以及按钮的用途。

表 10-2　状态图工具栏中的按钮

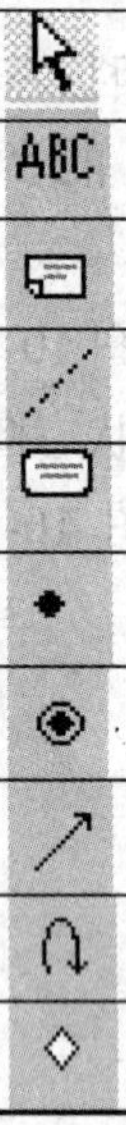

图　标	名　称	用　途
↖	Selection Tool	选择一个项目
ABC	Text Box	将文本框加进框图
▭	Note	添加注释
╱	Anchor Note to Item	将图中的注释与用例或角色相连
▭	State	添加状态
●	Start State	初始状态
◉	End State	终止状态
↗	State Transition	状态之间的转换
↺	Transition to self	状态的自转换
◇	Decision	判定

10.4.2　初始和终止状态的创建

状态图中包括初始和终止状态。初始状态在活动图中用实心圆表示，终止状态在活动图中用含有实心圆的空心圆表示。下面在"聊天系统用户状态图"中创建初始和终止状态。具体步骤如下：

(1) 单击"聊天系统用户状态图"工具栏中初始状态图标 • 和终止状态图标 ◉。

(2) 在编辑图形区域要绘制的地方单击鼠标左键即可。创建的初始和终止状态如图 10-17 所示。

●　　　　　　◉

图 10-17　创建的初始和终止状态

10.4.3　状态的创建

下面演示在"聊天系统用户状态图"创建一个名为"未注册"的状态。具体步骤如下：

(1) 单击"聊天系统用户状态图"工具栏中的 ▭ 图标。

(2) 在图形编辑区域要创建状态的地方单击鼠标左键，创建如图 10-18 所示的一个默认名称为 NewState1 的状态。

NewState1

图 10-18　创建新状态

(3) 双击 NewState1 状态，弹出如图 10-19 所示的 State Specification for NewState1(状态规范)对话框。该对话框用于设置状态的各种属性。

(4) 进入 General(常规)选项卡，在 Name 文本框中输入状态的名称"未注册"。

(5) 单击 OK 按钮，创建好的状态如图 10-20 所示。

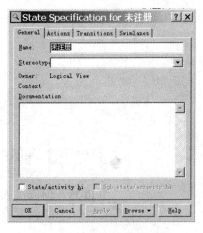

图 10-19 状态规范对话框

图 10-20 "未注册"状态

10.4.4 状态间转换的创建

转换是两个状态之间的一种关系，代表了一种状态到另一种状态的过渡，在 UML 中转换用一条带箭头的直线表示。下面在"聊天系统用户状态图"中创建起始状态和"未注册"状态之间的转换。具体步骤如下：

(1) 单击"聊天系统用户状态图"工具栏中的 ↗ 图标。

(2) 单击转换的源状态——起始状态，按住鼠标左键不要松开，向目标状态——"未注册"状态拖动，最后松开鼠标左键。创建后的转换效果图如图 10-21 所示。

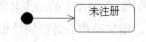

图 10-21 状态之间的转换

10.4.5 事件的创建

一个事件可以触发状态的转换。创建事件要利用到转换的线段，这里给上面创建的转换创建一个名为"进入状态"的事件。具体步骤如下：

(1) 双击"聊天系统用户状态图"图形编辑区中刚才创建好的转换，弹出 State Transition Specification(状态过渡规范)对话框。该对话框用于对状态进行设置。

(2) 进入如图 10-22 所示的添加创建事件的 General(常规)选项卡。在 Event(事件)文本框中可以添加触发转换的事件的名称，在 Arguments 文本框中可以添加事件的参数。

(3) 这里在 Event(事件)文本框中输入事件的名称"进入状态"。

(4) 单击 OK 按钮，完成操作。添加事件后的转换效果如图 10-23 所示。

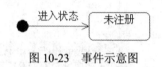

图 10-22　状态过渡规范对话框　　　　　　　图 10-23　事件示意图

10.4.6　动作的创建

动作是可执行的原子计算，它不会从外界中断。动作可以附属于转换，当转换激发时动作被执行。下面在前面的转换的基础上再创建一个名为"开始"的动作。具体步骤如下：

(1) 双击"聊天系统用户状态图"图形编辑区中转换线段，弹出 State Transition Specification(状态过渡规范)对话框。该对话框用于对状态进行设置。

(2) 进入添加创建动作的 Detail(详情)选项卡。其中 Guard Condition(监护条件)文本框用于输入监护条件的名称；Action(动作)文本框用于输入动作的名称；Send(发送)文本框用于输入发送的名称；Send arguments(发送参数)文本框用于输入要发送的参数；Send target(发送目标)文本框用于输入发送的目标名称。

(3) 这里在 Action(动作)文本框中输入要发生的动作名称"开始"，如图 10-24 所示。

(4) 单击 OK 按钮，完成创建。增加动作后转换的效果图如图 10-25 所示。

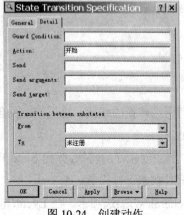

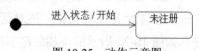

图 10-24　创建动作　　　　　　　　　图 10-25　动作示意图

10.4.7 监护条件的创建

监护条件是一个布尔表达式,它控制转换是否能够发生。在"聊天系统用户状态图"中创建监护条件"进入注册"的步骤如下:

(1) 双击"聊天系统用户状态图"图形编辑区中转换线段,弹出 State Transition Specification(状态过渡规范)对话框。

(2) 选择如图 10-24 所示的 Detail(详情)选项卡,在 Guard Condition(监护条件)文本框中输入监护条件的名字"进入注册"。

(3) 单击 OK 按钮完成创建。图 10-26 所示为增加监护条件后的状态图效果。

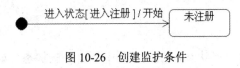

图 10-26 创建监护条件

10.5 创建状态图实例分析

使用状态图可以为一个对象或者类的行为建模,也可以对一个子系统或整个系统的行为建模。下面将以简单即时聊天系统中的用户为例,讲解如何去创建项目中的状态图。

使用状态图进行建模的目标是描述跨越多个用例的对象在其生命周期中的各种状态及其状态之间的转换。一般情况下,一个完整的系统往往包含很多的类和对象,这就需要创建足够的状态图来进行描述。

使用下列步骤创建一个状态图:

(1) 标识出建模实体。

(2) 标识出实体的各种状态。

(3) 创建相关事件和转换。

10.5.1 确定状态图的实体

要创建状态图,首先要标识出哪些实体需要使用状态图进一步建模。虽然可以为每一个类、操作、包或用例创建状态图,但是这样做势必浪费很多的精力。一般来说,不需要给所有的类都创建状态图,只有具有重要动态行为的类才需要。

从另一个角度看,状态图应该用于复杂的实体,而不必用于具有复杂行为的实体。使用活动图可能会更加适合那些有复杂行为的实体。具有清晰、有序的状态实体最适合使用状态图进一步建模。

对于简单即时聊天系统而言,需要建模的实体就是用户的状态。

10.5.2　确定状态图中实体的状态

对于一个聊天系统的用户来说，它的状态主要包括：

- 未注册
- 未登录
- 已登录
- 查找好友
- 新增好友
- 删除好友
- 聊天
- 修改个人信息

根据以上分析的各种用户状态，在状态图中创建这些状态，如图 10-27 所示。

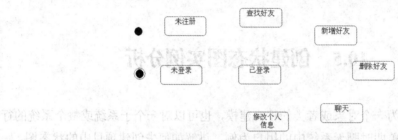

图 10-27　创建用户的各种状态

10.5.3　创建相关事件完成状态图

当确定了需要建模的实体，并找出了实体的初始状态和终止状态以及其他相关状态后，就可以着手创建状态图。

首先，要找出相关的事件和转换。对于聊天系统的用户来说，当用户没有注册系统时，处于未注册状态；当用户登录系统后，处于已登录状态；当用户进行各种操作时处于操作状态；当用户退出时处于未登录状态。根据用户的各种状态以及转换规则，创建用户完整的状态图，如图 10-28 所示。

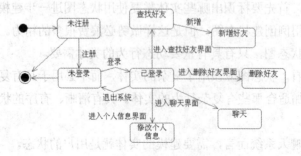

图 10-28　用户状态图

10.6 习 题

1. 填空题

(1) _____在状态图中用实心圆表示, _____在状态图中用含有实心圆的空心圆表示。

(2) _____将转换路径分为多个部分, 每一个部分都是一个分支, 都有单独的监护条件。

(3) 事件可以分成_____、_____、_____、_____。

(4) 在 UML 中, _____由对象的各个状态和连接这些状态的转换组成, 是展示状态与状态转换的图。

(5) _____指的是一个对象对发送给它的信号的接收事件, 它可能会在接收对象的状态机内触发转换。

2. 选择题

(1) 使用 UML 建模时, 如果需要描述跨越多个用例的单个对象的行为, 使用(　　)最为合适。

    A. 协作图　　　　　　　　B. 序列图　　　　　C. 活动图　　　　D. 状态图

(2) 下面选项中(　　)不是状态的组成部分。

    A. 进入\退出动作　　　　　　　　　　B. 内部转换

    C. 外部转换　　　　　　　　　　　　D. 名称

(3) 以下是构成状态图基本元素的是(　　)。

    A. 状态　　　　　　　B. 转换　　　　　C. 初始状态　　　D. 链

(4) 状态可以分为(　　)。

    A. 简单状态　　　　　　　　　　　　B. 组合状态

    C. 开始状态　　　　　　　　　　　　D. 历史状态

(5) 下列对状态图的描述不正确的是(　　)。

    A. 状态图通过建立类对象的生命周期模型来描述对象随时间变化的动态行为

    B. 状态图适用于描述状态和动作的顺序, 不仅可以展现一个对象拥有的状态, 还可以说明事件如何随着时间的推移来影响这些状态

    C. 状态图的主要目的是描述对象创建和销毁的过程中资源的不同状态, 有利于开发人员提高开发效率

    D. 状态图描述了一个实体基于事件反应的动态行为, 显示了该实体如何根据当前所处的状态对不同的事件时间做出反应

3. 上机题

(1) 在客户服务系统中派工单有五个状态, 即新派工单、未分配、已分配未完成、已分配已完成、删除派工单, 图中还包括一个起始状态和一个终止状态。根据以上的描述, 创建出派工单的各种状态, 如图 10-29 所示。

(2) 当派工单的状态在某一事件或某个条件满足时，就在这五个状态中进行转换。分配、作废、完成等是状态转换所发生的事件。根据各种状态以及转换规则，创建派工单完整的状态图，如图 10-30 所示。

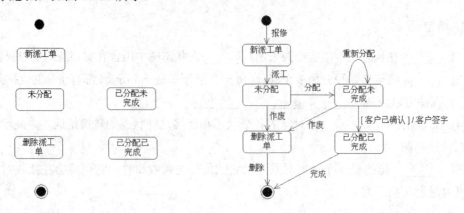

图 10-29　派工单的状态　　　　　　　　　　图 10-30　派工单状态图

(3) 扩展上题创建的派工单简单状态图，让该图包含三个子状态：未分配、已分配未完成、已分配已完成，它们都内嵌在处理派工单超状态中，在嵌套状态中还可以包含一个起始状态和终止状态。根据以上的描述，创建嵌套子状态的状态图，如图 10-31 所示。

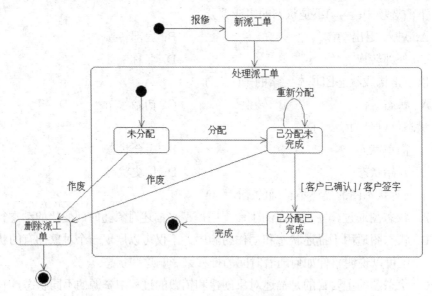

图 10-31　派工单嵌套状态图

第11章　构件图和部署图

构件图和部署图是对面向对象系统的物理方面进行建模所用到的两种图，它们显示了系统实现时的一些特性，包括源代码的静态结构和运行时刻的实现结构。其中，构件图显示的是组成系统的构件之间的组织及其依赖关系；部署图则用于描述系统运行时的硬件节点。本章主要介绍构件图和部署图的基本概念和在实际中的运用。

11.1　构件的概念

构件是指系统中的可替代性的物理单元，它们是独立的，在一个系统或子系统中的封装的物理单位提供一个或多个接口，是系统高层的可重用的部件。

11.1.1　构件

构件(Component)作为系统中的一个物理实现单元，包括软件代码(包括源代码、二进制代码和可执行文件等)或者相应组成部分，如脚本或命令行文件等，还包括带有身份标识，并有物理实体的文件，如运行时的对象、文档、数据库等。

构件能够不直接依赖于其他构件而仅仅依赖于构件所支持的接口。通过使用被软件或硬件所支持的一个操作集——接口，构件可以避免在系统中与其他构件之间直接发生依赖关系。在这种情况下，系统中的一个构件可以被支持正确接口的其他构件所替代。

一个构件实例用于表示运行时存在的实现物理单元和在实例节点中的定位，它有两个特征：

(1) 代码特征。构件的代码特征是指它包含和封装了实现系统功能的类或者其他元素的实现代码以及某些构成系统状态的实例对象。

(2) 身份特征。构件的身份特征是指构件拥有身份和状态，用于定位在其上的物理对象。由于构件的实例包含有身份和状态，我们称之为有身份的构件。一个有身份的构件是物理实体的物理包容器。

在 UML 中，标准构件使用一个左边有两个小矩形的长方形表示，构件的名称位于矩形的内部，如图 11-1 所示。

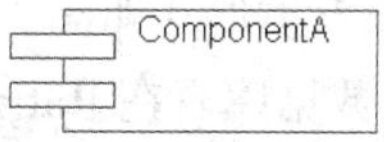

图 11-1　构件示例

11.1.2　构件的种类

在对软件系统建模的过程中，存在三种类型的组件。

(1) 实施构件。实施构件是构成一个可执行系统必要和充分的构件，是在运行时创建的组件，也是最终可运行的系统产生的允许结果，如动态链接库(dll)、可执行文件(exe)，还包括如 COM+、CORBA 及企业级 Java Beans、动态 Web 页面。

(2) 配置构件。配置构件是运行系统需要配置的构件，是形成可执行文件的基础。操作系统、Java 虚拟机和数据库管理系统都属于配置组件。

(3) 工作产品构件。这类构件主要是开发过程的产物，包括创建实施构件的源代码文件及数据文件。这些构件并不是直接地参与可执行系统，而是用来产生可执行系统的中间工作产品，它们是配置组件的来源。工作产品构件包括 UML 图、Java 类和 JAR 文件、动态链接库 DLL 和数据库表等。

11.1.3　构件的表示

构件的定义非常广泛，在实际的建模过程中，如果仅使用一种图标表示构件会带来很大的不便。所以在 Rational Rose 中，可以使用不同图标表示不同类型的构件。它们包括：

(1) 构件。Rational Rose 中的构件即一般意义上的构件，如图 11-1 所示。也可以用 ActiveX、Applet、Application、DLL、EXE 以及自定义构造型来指定构件的类型，它们的表示形式是在构件上添加相关的构造型。图 11-2 所示是一个构造型为 Applet 的构件。

(2) 子程序规范和子程序体。子程序是一个单独处理的元素的包，通常用它代指一组子程序集。子程序规范和子程序体是用来显示子程序的规范和实现体。它们的图形表示形式如图 11-3 所示。

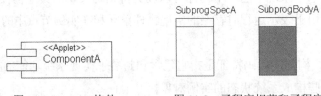

图 11-2　Applet 构件　　　　　图 11-3　子程序规范和子程序体

(3) 主程序。主程序是指组织起来以完成一定目的的连接单元的集合。在系统中，肯定有一个文件用来指定系统的入口，也就是系统程序的根文件，这个文件被称为主程序。它的图形表示形式如图 11-4 所示。

(4) 数据库。在 Rational Rose 中，数据库也被认为是一种构件，它的图形表示形式如图 11-5 所示。

图 11-4 主程序   图 11-5 数据库

(5) 虚包。虚包是一种只包含对其他包所具有的元素进行引用的构件，它被用来提供一个包的某些内容的公共视图。虚包不包含任何它自己的模型元素，它的图形表示形式如图 11-6 所示。

(6) 包规范和包体。包规范和包体分别用于放置声明文件和实现文件。因为我们有时候会将源文件中的声明文件和实现文件分离开来。例如，在 C++语言中，往往将".h"文件和".cpp"文件分离开来，在 Rational Rose 中，可以在包规范中放置".h"文件，在包体中放置".cpp"文件。它们的图形表示形式如图 11-7 所示。

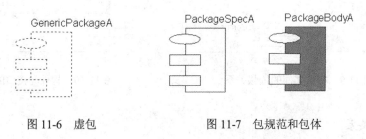

图 11-6 虚包   图 11-7 包规范和包体

(7) 任务规范和任务体。任务规范和任务体用来表示那些拥有独立控制线程的构件的规范和实现体，它们的图形表示形式如图 11-8 所示。

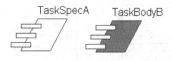

图 11-8 任务规范和任务体

在系统实现过程中，之所以构件非常重要，是因为它在功能和概念上都比一个类或者一行代码强。典型的构件拥有类的一个协作的结构和行为。在一个构件中，支持了一系列的实现元素，如实现类，即构件提供元素所需的源代码。构件的操作和接口都是由实现元素实现的。当然一个实现元素可能被多个构件支持。每个构件通常都具有明确的功能，它们通过在逻辑上和物理上有粘聚性，能够表示一个更大系统的结构或行为块。

11.2 构件图的概念

构件图(Component View)是用来表示系统中构件与构件之间，以及定义的类或接口与构件之间的关系的图。构件图通过显示系统的构件以及接口等之间的接口关系，形成系统的更大的一个设计单元。在以构件为基础的开发(Component Based Development，CBD)中，构件图为架构设计师提供了一个系统解决方案模型的自然形式，并且，它还能够在系统完成后允许一个架构设计师验证系统的必须功能是由构件实现的，这样确保了最终系统将会被接受。

在构件图中，构件和构件之间的关系表现为以下两种。

1. 依赖关系

这种依赖关系分为两种：一种是构件与构件之间的依赖关系，它的表示方式与类图中类与类之间的依赖关系的表示方式相同，都是使用一个从用户构件指向它所依赖的服务构件的虚线箭头表示。如图 11-9 所示，其中，ComponentA 为一个用户构件，ComponentB 为它所依赖的服务构件。另一种是构件和接口之间的依赖关系，它是指一个构件使用了其他元素的接口。依赖关系可以用带箭头的虚线表示，箭头指向接口符号。图 11-10 所示是使用一个接口说明构件的实现元素只需要服务者提供接口所列出的操作。

图 11-9　构件之间的依赖关系　　　　　图 11-10　构件与接口的依赖关系

2. 实现关系

实现一个接口意味着构件中的实现元素支持接口中的所有操作。在构件图中，如果一个构件是某一个或一些接口的实现，可以使用一条实线将接口连接到构件来表示，如图 11-11 所示。

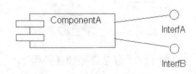

图 11-11　构件和接口的实现关系

构件图能够呈现被建立整个系统的早期设计，使系统开发的各个小组由于实现构件的不同而连接起来，构件图成为方便不同开发小组的有用交流工具。系统的开发者通过构件图呈现的将要建立的系统的高层次架构视图，能够开始建立系统的各个里程碑，并决定开发的任务分配以及需求分析。系统管理员也通过构件图获得将运行于他们系统上的逻辑构件的早期视图，较早地提供了关于组件及其关系的信息。

11.3 绘制构件图

在构件图的工具栏中，可以使用的工具按钮如表 11-1 所示，其中包含了所有 Rational Rose 2003 默认显示的 UML 模型元素。

表 11-1 构件图的图形编辑工具栏按钮

图 标	名 称	用 途
	Selection Tool	光标返回箭头，选择工具
ABC	Text Box	创建文本框
	Note	创建注释
	Anchor Note to Item	将注释连接到序列图中相关模型元素
	Component	创建构件
	Package	创建包
	Dependency	创建依赖关系
	Subprogram Specification	创建子程序规范
	Subprogram Body	创建子程序体
	Main Program	创建主程序
	Package Specification	创建包规范
	Package Body	创建包体
	Task Specification	创建任务规范
	Task Body	创建任务体

构件图的图形编辑工具栏也可以进行定制，其方式和在其他图中进行定制类图的图形编辑工具栏方式一样。将构件图的图形编辑工具栏完全添加后，将增加虚子程序(Generic Subprogram)、虚包(Generic Package)和数据库(Database)等图标按钮。

11.3.1 构件图的创建

下面演示如何在"简单即时聊天系统"中创建一个构件图，命名为"聊天系统构件图"。具体的方法有两种，第一种是通过浏览器来创建。具体步骤如下：

(1) 右击浏览器中的 Component View(构件视图)。

(2) 在弹出的快捷菜单中选择 New(新建)|Component Diagram(构件图)命令，在浏览器中创建一个默认名称为 NewDiagram 的构件图。

(3) 双击 NewDiagram 构件图，输入如图 11-12 所示的新名称"聊天系统构件图"。

图 11-12　创建构件图

(4) 双击"聊天系统构件图"即可打开构件图的图形编辑区域。

第二种创建构件图的方法是通过菜单栏。具体步骤如下：

(1) 选择 Browse(浏览)|Component Diagram(构件图)命令，或者在标准工具栏中选择 🔳 按钮，弹出如图 11-13 所示的 Select Component Diagram(选择构件图)对话框。

(2) 在对话框左侧的 Package 列表框中，选择要创建的构件图位置 Component View(构件视图)。

(3) 在对话框右侧的 Component Diagram(构件图)列表框中，选择<New>(新建)选项。

(4) 单击 OK 按钮，在弹出的对话框中输入新的构件图名称"聊天系统构件图"即可。

在 Rational Rose 2003 中，可以在每一个包中设置一个默认的构件图。在创建一个新的空白解决方案的时候，在 Component View(构件视图)下会自动出现一个名称为 Main 的构件图，此图即为 Component View(构件视图)下的默认构件图。当然，默认构件图的名称也可以不是 Main，可以使用其他构件图作为默认构件图。在浏览器中，右击要作为默认的构件图，出现如图 11-14 所示的快捷菜单，选择 Set as Default Diagram 命令即可把该图作为默认的构件图。

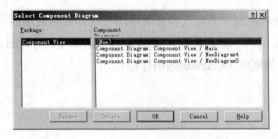

图 11-13　添加构件图

图 11-14　设置默认构件图

如果要删除创建的"聊天系统构件图"，可以按照以下的步骤去操作：

(1) 选择 Browse(浏览)|Component Diagram(构件图)命令，或者在标准工具栏中选择 🔳 按钮，弹出如图 11-13 所示的 Select Component Diagram 对话框。

(2) 在左侧的 Package 列表框中，选择要删除的构件图的位置 Component View(构件视图)。

(3) 在右侧的 Component Diagram(构件图)列表框中选择"聊天系统构件图"。

(4) 单击 Delete 按钮，在弹出的对话框中确认即可。

11.3.2　构件的创建

下面在"聊天系统构件图"中创建一个名为 LoginForm 的构件。可以通过两种方法进行，第一种方法是使用工具栏。具体步骤如下：

(1) 在"聊天系统构件图"图形编辑工具栏中，选择 <img> 按钮，此时光标变为"＋"号。

(2) 在图形编辑区内选择任意一个位置然后使用鼠标左键单击，系统在该位置创建一个默认名为 NewComponent 的新构件，如图 11-15 所示。

(3) 在构件的名称栏中，输入构件的新名称 LoginForm。创建完毕的构件，如图 11-16 所示。

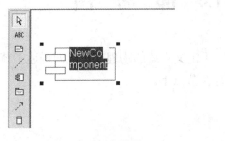

图 11-15　添加构件　　　　　　　图 11-16　创建的构件

第二种在"聊天系统构件图"中创建构件的方法是通过菜单栏或者浏览器。具体步骤如下：

(1) 选择 Tools(浏览)| Create(创建)| Component(构件)命令或者右击浏览器中 Component View(构件视图)，在弹出的快捷菜单中选择 New(新建)| Component(构件)命令，此时光标变为"＋"号。

(2) 以下的步骤与使用工具栏添加构件的步骤类似，按照前面使用工具栏添加构件的步骤添加即可。

如果需要将现有的构件添加到构件图中，也有两种方法。第一种方法是选中浏览器中现有构件，直接将其拖动到打开的构件图中。第二种方法的具体步骤如下：

(1) 选择 Query(查询)下的 Add Component(添加构件)选项，弹出添加构件对话框。

(2) 在构件对话框的 Package 下拉列表中选择需要待添加构件的位置。

(3) 在 Component 列表框中选择待添加的构件，添加到右侧的列表中。

(4) 单击 OK 按钮，完成创建。

11.3.3　构件关系的创建

构件图中的构件之间存在的主要是依赖关系。下面在"聊天系统构件图"中为 LoginForm 构件和 Client 构件创建依赖关系。具体步骤如下：

(1) 单击"聊天系统构件图"图形工具栏中的 <img> 图标。

(2) 将鼠标移动到图形编辑区中的 LoginForm 构件上，按下鼠标左键不要松开，移动鼠标至 Client 构件后松开鼠标。注意虚线段箭头的方向为松开鼠标左键时的方向，箭头应由依赖的构件指向被依赖的构件，不可画反。创建后的依赖关系如图 11-17 所示。

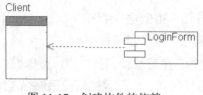

图 11-17　创建构件的依赖

11.4　部　署　图

部署图确定了一组构造元素，用于定义系统的物理架构，即描述了节点及其关系，也描述了可执行的软件如何部署和运行在节点上。

11.4.1　部署图的概念

部署图(Deployment Diagram)描述了运行软件的系统中硬件和软件的物理结构，即系统执行处理过程中系统资源的部署情况，它是一种静态模型。在每一个系统的模型中仅包含一个部署图。图 11-18 所示是某一个系统的部署图。

图 11-18　部署图

部署图表示软件系统如何部署到硬件环境中，显示了该系统不同的构件将在何处物理地运行，以及它们将如何彼此通信。在部署图中显示了系统的硬件、安装在硬件上的软件与用于连接硬件的各种协议和中间件等。创建一个部署模型的目的有以下三个：

(1) 部署图可以通过连接描述组织的硬件网络结构或者嵌入式系统等具有多种硬件和软件相关的系统运行模型。

(2) 通过对各种硬件和在硬件中的软件，以及各种连接协议的显示，部署图可以很好地描述系统是如何部署的。

(3) 部署图可以平衡系统运行时计算资源的分布。

系统的开发人员和部署人员可以很好地利用这种图去了解系统的物理运行情况，根据部署图了解系统的部署情况。

11.4.2　部署图的表示

部署图由节点、设备和连接这几个基本的元素组成，本节介绍这些元素的概念和在

Rational Rose 中的表示方法。

1. 节点

节点是存在于运行时并代表一项计算资源的物理元素，一般用于对执行处理或计算的资源建模。在建模过程中，可以把节点分成两种类型，即处理器(Processor)和设备(Device)。

处理器是指那些本身具有计算能力，能够执行各种软件的节点。例如，服务器、工作站等都是具有处理能力的机器。在 UML 中，处理器的表示形式如图 11-19 所示。

图 11-19　处理器

在处理器的命名方面，每一个处理器都有一个与其他处理器相区别的名称，处理器的命名没有任何限制，因为处理器通常表示一个硬件设备而不是软件实体。

由于处理器是具有处理能力的机器，所以在描述处理器方面应当包含了处理器的调度和进程。

(1) 调度(Scheduling)。调度是指在处理器处理其进程中为实现一定的目的而对共同使用的资源进行时间分配。有时需要指定该处理器的调度方式，从而使处理达到最优或比较优的效果。在 Rational Rose 2003 中，对处理器的调度方式默认包含了几种，如表 11-2 所示。

表 11-2　处理器的调度方式

名　　称	含　　义
Preemptive	抢占式，高优先级的进程可以抢占低优先级的进程。默认选项
Nonpreemptive	无优先方式，进程没有优先级，当前进程在执行完毕以后再执行下一个集成
Cyclic	循环调度，进程循环控制，每一个进程都有一定的时间，超过时间或执行完毕后交给下一个进程执行
Executive	使用某种计算算法控制进程调度
Manual	用户手动计划进程调度

(2) 进程(Process)。进程表示一个单独的控制线程，是系统中一个重量级的并发和执行单元。例如，一个构件图中的主程序或者一个协作图中的主动对象都是进程。在一个处理器中可以包含许多个进程，使用特定的调度方式执行这些进程。一个显示调度方式和进程内容的处理器，如图 11-20 所示。其中，处理器的进程调度方式为 nonpreemptive，包含的进程为 ProcessA 和 ProcessB。

图 11-20　包含进程和调度方式的处理器

2. 连接(Connection)

连接用来表示两个节点之间的硬件连接。节点之间的连接可以通过光缆等方式直接连接，或者通过卫星等方式非直接连接，但是通常连接都是双向的连接。

在 UML 中，连接的表示形式使用一条实线表示，在实线上可以添加连接的名称和构造型。连接的名称和构造型都是可选的。图 11-21 所示是客户端节点和服务器节点通过 HTTP 方式进行通信连接。

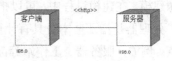

图 11-21　连接

在连接中支持一个或多个通信协议，它们每一个都可以使用一个关于连接的构造型来描述。表 11-3 包含了常用的一些通信协议。

表 11-3　常用通信协议

名　　称	含　　义
HTTP	超文本传输协议
JDBC	Java 数据库连接，一套为数据库存取编写的 Java API
ODBC	开放式数据库连接，一套微软的数据库存取应用编程接口
RMI	远程通信协议，一个 Java 的远程调用通信协议
RPC	远程过程调用通信协议
同步	同步连接，发送方必须等待从接收方的反馈信息后才能再发送消息
异步	异步连接，发送方不需要等待从接收方的反馈信息就能再发送消息
Web Services	经由诸如 SOAP 和 UDDI 的 Web Services 协议的通信

3. 设备(Device)

设备是指那些本身不具备处理能力的节点。通常情况下都是通过其接口为外部提供某些服务，如打印机、扫描仪等。每一个设备如同处理器一样都要有一个与其他设备相区别的名称，当然有时候设备的命名可以比较抽象一些,如调节器或终端等。在 UML 中，设备的表示形式如图 11-22 所示。

图 11-22　设备

11.5　绘制部署图

每一个系统模型中，只存在一个部署图。所以在使用 Rational Rose 2003 创建系统模型时，就已经自动创建了一个名为 Deployment View 的部署图。如果要访问部署图，在浏览器中双击该部署图即可。

在部署图的工具栏中，可以使用的工具按钮如表 11-4 所示，其中包含了所有 Rational Rose 2003 默认显示的 UML 模型元素。

表 11-4　部署图的图形编辑工具栏按钮

图　标	名　称	用　途
	Selection Tool	光标返回箭头，选择工具
ABC	Text Box	创建文本框
	Note	创建注释
	Anchor Note to Item	将注释连接到序列图中相关模型元素
	Processor	创建处理器
	Connection	创建连接
	Device	创建设备

部署图的图形编辑工具栏也可以进行定制，其方式和在类图中进行定制类图的图形编辑工具栏方式一样。

11.5.1　节点的创建

下面为"简单即时聊天系统"在 Deployment View(部署视图)中创建一个名为"客户端"的处理器节点，可以使用两种方法。第一种方法是通过图形编辑的工具栏。具体的操作方法如下：

(1) 在 Deployment View(部署视图)的图形编辑工具栏中，选择 ▱ 按钮，此时光标变为"＋"号。

(2) 在图形编辑区内选择任意一个位置，然后使用鼠标左键单击，系统将在该位置创建一个默认名称为 ocessor 的新处理器节点，如图 11-23 所示。

(3) 在节点的名称栏中，输入节点的新名称"客户端"。创建后的节点，如图 11-24 所示。

图 11-23　添加节点　　　　　　　图 11-24　创建的节点

第二种在部署图中创建节点的方法是使用菜单栏或浏览器。具体的操作步骤如下：

(1) 选择 Tools(浏览)|Create(创建)|Processor(处理器)命令，或者右击浏览器中 Deployment View(部署视图)，在弹出的快捷菜单中选择 New(新建)|Processor(处理器)命令，此时光标变为"＋"号。

(2) 以下的步骤与使用工具栏添加处理器节点的步骤类似，按照前面使用工具栏添加处理器节点的步骤添加即可。

从部署图中删除"客户端"节点的方法也有两种。第一种方法是将该节点从部署图中移除，但该节点还存在模型中，如果再用只需要将该节点添加到部署图中即可。具体的操作方法是：右击浏览器中"客户端"节点，在弹出的快捷菜单中选择 Delete 命令。

第二种将"客户端"节点永久地从模型中删除的步骤如下：

(1) 右击 Deployment View(部署视图)编辑区中待删除的"客户端"节点。

(2) 在弹出的快捷菜单中选择 Edit(编辑)|Delete from Model(从模型中删除)命令或者直接按 Ctrl+D 快捷键。

11.5.2　节点的设置

对于部署图中的节点，可以通过节点的标准规范对话框设置增加其细节信息。对处理器的设置和对设备的设置也略微有一些差别，在处理器中，可以设置的内容包括名称、构造型、文本、特征、进程以及进程的调度方式等；在设备中，可以设置的内容包括名称、构造型、文本和特征等。下面以前面创建的服务器节点"客户端"为例，演示在该节点中创建一个名为 IE8.0 的进程。具体步骤如下：

(1) 双击 Deployment View(部署视图)编辑区中的"客户端"节点，弹出"Processor Specification for 客户端"(处理器规范)对话框。

(2) 进入对话框中如图 11-25 所示的 Detail(详情)选项卡。

图 11-25　处理器规范对话框

可以在选项卡中通过 Characteristics(特点)文本框添加硬件的物理描述信息，这些物理描述信息包括硬件的连接类型、通信的带宽、内存大小、磁盘大小或设备大小等；在 Processes(进程)列表框中显示的是关于处理器进程的信息。可以在其中添加处理器的各个进程。

(3) 右击 Processes(进程)列表框下的空白区域，在弹出的快捷菜单中选择 Insert 命令。

(4) 输入一个进程的名称 IE8.0，单击 OK 按钮。

(5) 右击 Deployment View(部署视图)编辑区中的"客户端"节点。

(6) 在弹出的快捷菜单中选择如图 11-26 所示的 Show Processes 命令。

创建进程后的"客户端"节点，如图 11-27 所示。

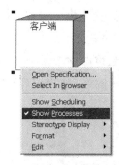

图 11-26　显示进程　　　　　图 11-27　显示进程的节点

部署图中设备节点的创建过程与处理器节点大同小异，区别在于创建设备节点时使用的是 Deployment View(部署视图)的图形编辑工具栏中的 图标。

11.5.3　连接的创建

下面在 Deployment View(部署视图)中创建"客户端"节点和"服务器"节点之间的连接。具体步骤如下：

(1) 选择 Tools(工具)|Create(新建)|Connection(连接)命令，或者单击 Deployment View(部署视图)图形编辑工具栏中的 图标，此时的光标变为"↑"符号。

(2) 单击"客户端"节点或"服务器"节点。

(3) 按下鼠标左键不要松开，移动鼠标至"服务器"节点或"客户端"节点后松开鼠标。

(4) 右击 Deployment View(部署视图)编辑区中创建的连接，在弹出的快捷菜单中选择 Open Specification(打开规范)命令，弹出如图 11-28 所示的 Connection Specification for Untitled(连接规范)对话框。

图 11-28　连接规范对话框

打开 General(常规)选项卡，可以在 Name(名称)文本框中设置连接的名称；在 Stereotype(构造型)列表框中列出了系统中支持的连接构造型，手动输入构造型的名称或从下拉列表中选择以前设置过的构造型名称皆可；在 Documentation(文档)文本框中可以添加对该连接的说明信息。

打开 Detail 选项卡，可以在 Characteristics(特点)文本框中设置连接的特征信息，如使用的光缆的类型、网络的传播速度等。

(5) 这里打开 General(常规)选项卡，在 Name(名称)文本框中输入连接的名称 HTTP。

(6) 单击 OK 按钮，完成对连接的操作。创建后的连接如图 11-29 所示。

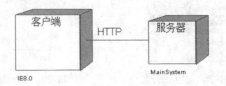

图 11-29　创建的连接

如果要删除刚创建好的节点间连接，可以按照以下步骤进行：

(1) 在 Deployment View(部署视图)图像编辑区中，右击要删除的节点连接。

(2) 在弹出的快捷菜单中选择 Edit(编辑)|Delete(删除)命令。

11.6　创建构件图和部署图实例分析

下面以"简单即时聊天系统"为例，分析如何使用 Rational Rose 2003 创建系统的构件图和部署图。

11.6.1　创建构件图

系统的构件图文档化了系统的架构，能够有效地帮助系统的开发者和管理员理解系统的概况。构件通过实现某些接口和类，能够直接将这些类或接口转换成相关编程语言代码，简化了系统代码的编写。

可以使用下列步骤创建构件图：

(1) 将系统中的类、接口等逻辑元素映射到构件中。

(2) 确定构件之间的依赖关系，并对构件进行细化。

以上只是创建构件图的一个常用的普通步骤，可以根据使用创建系统架构的方法不同而有所区别。

1. 确定系统构件

在简单即时聊天系统中，通过对类图的分析能够发现类图中的类可以分为三个部分。

- 客户端模块(Client)：主要负责实现客户端的相关功能，包括 LoginForm 类、Client 类等。

- 服务器端模块(Server)：主要负责实现服务器端的相关功能，包括 Server 类、Work 类等。

- 通用工具模块(Util)：包括系统中通用的函数和公共类。

由于系统明显地分为服务器端和客户端两部分，各自都能够独立启动和运行，这里以客户端模块为例，创建系统的构件图。在客户端模块中包括以下几类。

- 客户端工作类(Client)：主要处理客户端与服务器的通信，它属于控制类。
- 聊天界面类(ChatForm)：主要描述用户进行聊天的操作界面。
- 修改用户信息界面类(ModifyUserForm)：主要描述修改用户信息的操作界面。
- 登录界面类(LoginForm)：主要描述操作登录的操作界面。
- 注册界面类(RegisterForm)：主要用于描述用户注册的操作界面。
- 客户端主窗口类(ClientMainForm)：主要描述客户端的主界面。
- 新增好友界面类(AddFriendForm)：主要描述新增好友的操作界面。

综上所述，客户端系统所需的构件如图 11-30 所示。

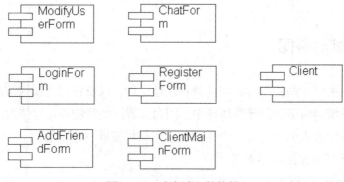

图 11-30　确定涉及的构件

2. 将系统中的类和接口等映射到构件中

将系统中的类、接口等逻辑元素映射到构件中。一个构件不仅仅包含一个类或接口，可以包含几个类或接口。除此以外，还需要一个系统的主程序(MainSystem)，用来表示整个系统的启动入口。该主程序通常不会被其他构件依赖，只会依赖其他构件，对于客户端系统而言就是 Client 客户端工作类。

3. 确定构件的依赖关系

在聊天系统客户端中所有的操作界面类都与客户端工作类 Client 有关联关系，整个客户端系统从 Client 类开始启动，分别调用相应的界面。

创建后的客户端系统构件图如图 11-31 所示。

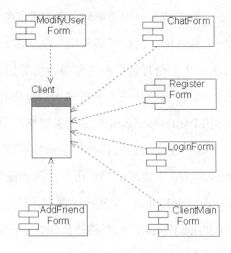

图 11-31　客户端系统构件图

11.6.2　创建部署图

通过显示系统中不同的构件将在何处物理地运行，以及它们是如何彼此通信，部署图表示了该软件系统如何部署到硬件环境中。因为部署图是对物理运行情况进行建模，在分布式系统中，常常被人们认为是一个系统的技术架构图或网络部署图。

可以使用下列步骤创建部署图：

(1) 根据系统的物理需求，确定系统的节点。

(2) 根据节点之间的物理连接，将节点连接起来。

(3) 通过添加处理器的进程、描述连接的类型等细化对部署图的表示。

对"简单即时聊天系统"而言，该系统的需求如下：

(1) 用户可以在客户端进入聊天系统。

(2) 系统管理员可以在服务器端对系统进行监控和维护。

(3) 服务器端安装 Web 服务器软件，如 Tomcat 等，通过 JDBC 与数据库服务器连接。

(4) 数据库服务器中安装 Oracal9i，提供数据服务功能。

创建"简单即时聊天系统"的部署图的步骤如下：

(1) 确定系统节点。根据上面的需求可以获得系统的节点信息，如图 11-32 所示。

图 11-32　部署图节点

(2) 添加节点连接。可以从上面的需求列表中获取下列的连接信息：客户端通过 HTTP 协议与 Web 服务器通信；Web 服务器通过 JDBC 与数据库服务器连接。

将上面的节点连接起来，得到的部署图如图 11-33 所示。

图 11-33　添加部署图的连接

(3) 细化部署图。需要确定各个处理器中的主程序以及其他的内容，如构造型、说明型文档和特征描述等。确定各个处理器中的主程序后，得到的部署图，如图 11-34 所示。

图 11-34　完整的部署图

11.7　习　　题

1. 填空题

(1) _____是系统中遵从一组接口且提供实现的一个物理部件，通常指开发和运行时类的物理实现。

(2) 在 UML 中，_____的表示形式使用一条实线表示，在实线上可以添加构造型和_____。

(3) 构件图是用来表示系统中_____与_____以及定义的它们之间_____的图。

(4) 部署图的组成元素包括_____、_____和_____。

(5) _____是存在于运行时并代表一项计算资源的物理元素，一般用于对执行处理或计算的资源建模。

2. 选择题

(1) 一个构件实例用于表示运行时存在的实现物理单元和在实例节点中的定位，它的特征有(　　)。

　　A. 身份特征　　　　　　　　　B. 关系特征

　　C. 代码特征　　　　　　　　　D. 属性特征

(2) 在部署图模型中，属于节点类型的选项是(　　)。

　　A. 设备节点　　　　　　　　　B. 系统进程

　　C. 处理器节点　　　　　　　　D. 接口

(3) 下面(　　)选项是构件图所支持系统部件的配置管理的方式。

　　A. 对源代码建模　　　　　　　B. 对事物建模

　　C. 对物理数据库建模　　　　　D. 对可适应的系统建模

(4) 软件构件是软件系统的(   )单元。

　　A. 物理　　　　　　　　　　B. 逻辑

　　C. 实现　　　　　　　　　　D 顺序

(5) 下列关于部署图的说法正确的是(   )。

　　A. 使用 Rational Rose 2003 创建的每一个模型中仅包含一个部署图

　　B. 使用 Rational Rose 2003 创建的每一个模型中可以包含多个部署图

　　C. 在一个部署图中，包含了两种基本的模型元素：节点和节点之间的连接

　　D. 部署图描述了一个系统运行时的硬件节点，以及在这些节点上运行的软件构
　　　　件将在何处物理地运行，以及它们将如何彼此通信的静态视图

3. 上机题

(1) 在客户服务系统中，可以确定系统业务实体类包括客户人员、维护人员、部门经
理、产品项目、来电咨询、客户资料和派工单，将这些逻辑元素映射到构件图的构件中，
如图 11-35 所示。

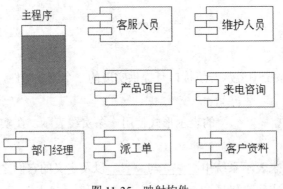

图 11-35　映射构件

(2) 在上题的基础上，确定构件之间的依赖关系，并创建完整的客户服务系统的构件
图，如图 11-36 所示。

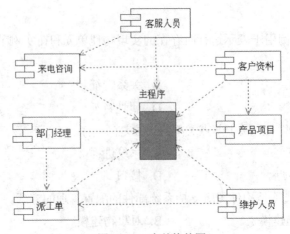

图 11-36　完整构件图

(3) 客户服务系统的部署图包括客户端 PC、应用服务器和数据库服务器，其中的客户端分别由管理员、部门领导、客服人员、维护人员在不同的 PC 上登录。整个系统部署在企业的局域网中，根据上面的描述创建客户服务系统的部署图，如图 11-37 所示。

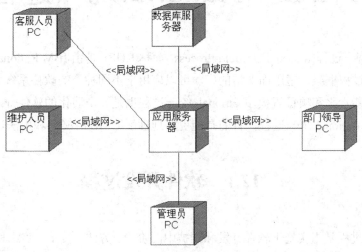

图 11-37　客户服务系统部署图

第12章　Rational统一过程

Rational 统一过程(Rational Unifield Process，简称 RUP) 是由 IBM Rational 公司提出来的一个通用的过程框架，适用面非常的广，可以应用于不同种类的软件系统、应用领域、组织类型、性能水平和项目规模。Rational 统一过程也是一个演化的软件开发过程。本章将简要地介绍 Rational 统一过程，目的是能更好地理解 UML 的概念和用法。

12.1　软件开发过程

软件开发过程是指实施于软件开发和维护中的阶段、方法、技术、实践和相关产物(计划、文档、模型、代码、测试用例和手册等)的集合。有效的软件开发过程可以提高软件组织的生产效益，提高软件质量，降低成本并减少风险。

软件开发过程是开发高质量软件所需完成的任务框架。它是一种层次化的技术，任何工程方法都必须以有组织的质量保证为基础。软件开发过程的层次化结构，如图 12-1 所示。

软件开发过程的质量保证层是推动软件开发过程不断改进的动力，即全面的质量管理和质量需求；过程技术层定义了一组关键过程域框架，其目的是保证软件工程技术被有效地应用，使得软件能够被及时、高质量和科学合理地开发出来；方法层是在技术上说明如何开发软件，这些方法包括一系列的任务：需求分析、设计、编程、测试和维护；工具层是为软件过程和方法提供自动或半自动的支持。当这些工具被集成起来使得一个工具产生的结果可以被另一个工具使用时，一个支持软件开发的系统就建成了，称为计算机软件工程(CASE)。CASE 工具集成了软件、硬件和软件工程数据库(包含了关于分析、设计、编程和测试的重要信息)，从而形成一个软件过程环境。

软件开发过程提供了一个框架，在这个框架下可以建立一个软件开发的综合计划，如图 12-2 所示。

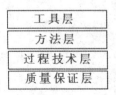

图 12-1　软件开发过程的层次化结构

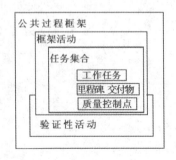

图 12-2　软件开发过程框架

软件开发过程框架包含了以下几个概念：

(1) 适用于所有软件项目的框架活动。

(2) 不同任务的集合：每个集合都由任务、里程碑、交付物以及质量控制点组成，这些集合使得框架活动适应于不同软件项目的特征和项目组的需求。

(3) 验证性的活动，如软件质量保证、软件配置管理、测试与度量，它们独立于任何一个框架活动，并且贯穿于整个过程模型之中。

对于软件企业而言，有必要采用某些业界认可的软件开发过程，或是利用新的技术改进自身已经存在的软件开发过程。现在的软件规模越来越大，复杂度也越来越高，如果在软件开发和维护过程中缺乏有效的管理和控制，对于一个软件企业而言是不可想象的。并且用户对软件的要求也越来越高，这就要求软件企业提供高质量并最大可能地实现软件重用，以较低的成本和较高的效率完成工作。采用有效的软件开发过程为实现这些目标提供了基础。目前使用比较广泛的软件开发过程主要包括 Rational Unified Process(RUP)、Object-Oriented Software Process(OOSP)、Dynamic System Development Method(DSDM)等。本章主要介绍的就是其中的翘楚——Rational Unified Process。

12.2　Rational 统一过程简介

Rational 统一过程从面世到得到业界的高度认同并没有多长的时间。那么，是什么原因让大家都对这一软件开发过程青睐有加呢？下面就来对它做一个初步的了解。

12.2.1　统一过程的概念

Rational 统一过程，从字面的意思来看，它包含以下三层含义：

(1) Rational 统一过程是由 Rational 软件开发公司开发并维护的，它可以被看成是 Rational 软件开发公司的一款软件产品，并且和 Rational 软件开发公司开发的一系列软件开发工具进行了紧密的集成。

(2) Rational 统一过程拥有自己的一套架构，并且这套架构是以一种大多数项目和开发组织都能够接受的形式存在的。其采用了现代软件工程开发的六项最佳实践。

(3) Rational 统一过程不管是如何解释，其最终仍然是一种软件开发过程，提供了如何对软件开发组织进行管理的方式，并且拥有自己的目标和方法。

从 Rational 统一过程的内在概念来讲，它包含了四个方面的内容。

(1) Rational 统一过程包含了许多现代软件开发中的最佳实践(best practice)。Rational 统一过程以一种能够被大多数项目和开发组织都能够适应的形式建立起来整个过程，其所包含的六项最佳实践为：

- 迭代式软件开发
- 需求管理

- 基于构件的架构应用
- 建立可视化的软件模型
- 软件质量验证
- 软件变更控制

(2) Rational 统一过程是一个过程产品(process product)。这个过程产品是由 Rational 软件公司开发并维护的，并且 Rational 软件公司将其与自己的一系列软件开发工具进行了集成。在 Rational 与 IBM 进行合并后，这个产品由 IBM Rational 进行维护。

(3) Rational 统一过程有一套自己的过程框架(process framework)。通过改造和扩展这套框架，各种组织可以使自己的项目得以适应。组成该过程框架的基本元素被称为过程模型(process model)。一个模型描述了在软件开发过程中谁做、做什么、怎么做和什么时候做的问题。在 Rational 统一过程中应用了四种重要的模型元素，分别是角色(表达了谁做)、活动(表达了怎么做)、产物(表达了做什么)和工作流(表达了什么时候做)，通过这些模型元素来回答相应的问题形成了一套 Rational 统一过程自己的框架。当然，在 Rational 统一过程中还包含了一些其他的过程模型元素，包括指南、模板、工具指南和概念等，这些模型元素都是可以被增加或替代的，用来改进或适应 Rational 统一过程从而满足组织的特殊需求。

(4) Rational 统一过程是一种软件工程过程(software engineering process)。作为一种软件工程过程，它为开发组织提供了在开发过程中如何对软件开发的任务进行严格分配、如何对参与开发的人员职责进行严格的划分等方法。并且 Rational 统一过程有着自己的工程目标，即按照预先制定的计划，这些计划包括项目时间计划和经费预算，开发出高质量的软件产品，并且能够满足最终用户的要求。Rational 统一过程拥有统一过程模型和开发过程结构，并且对开发过程中出现的各种问题有着自己的一系列解决方案。对于其作为软件工程过程的详细内容，将在后文详细地说明。

综上所述，Rational 统一过程是这四方面的统一体。根据这四方面的内容，Rational 统一过程提供了一种以可预测的循环方式进行软件开发的过程、一个用来确保生产高质量软件的系统产品、一套能够被灵活改造和扩展的过程框架和许多软件开发最佳实践，这些都使 Rational 统一过程对现代软件工程的发展产生了深远的影响。

12.2.2　Rational 统一过程的历史

在被正式命名为 Rational 统一过程之前，Rational 统一过程是由 Rational 对象过程发展起来的。相对于 Rational 对象过程而言，Rational 统一过程合并了许多的业务建模、项目管理、配置管理、产品变更管理、数据工程和 UI 设计等领域的内容，而 Rational 对象过程是由 Rational 方法和 Objectory 过程合并后的产物，它包含了由 ObjectTime 的创始人开发的实时面向对象方法的元素，在 Rational 统一过程的版本 RUP2000 中也包含了这些元素。Objectory 过程作为 Ivar Jacobson 的 Ericsson 经验于 1987 年在瑞典被创建。该过程成为公司 Objectory AB 的产品。由于以用例(use case)概念和面向对象的方法为中心，很快得到了软件工业的认可并被许多世界级的公司集成。

　　1998 年，ROP 被正式命名为 Rational 统一过程(RUP)，并且将 UML 作为其建模语言。由此 Rational 统一过程成为了业界最为成熟和成功的软件开发过程。

　　在十几年的时间里，Rational 统一过程搜集并反馈了很多公司和个人的使用经验，并不断逐步丰富 Rational 统一过程的内容。Rational 统一过程的演进历史如图 12-3 所示。

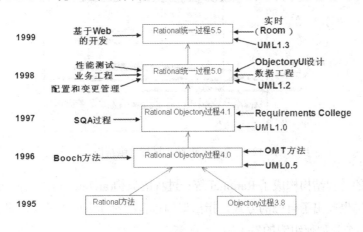

图 12-3　Rational 统一过程的演进历史

　　由图 12-3 可以看出，Rational 对象过程 4.0 版本是 1995 年 Rational 软件公司与 Objectory AB 合并以后，Rational 方法和对象过程相结合的产物。从它的 Objectory 前任中，Rational 对象过程继承了过程模型和用例(use case) 的核心概念。从它的 Rational 背景来看，Rational 对象过程得到了迭代式软件开发方法和体系架构的系统阐述。在 4.1 版本同样包括了从 Requisite 公司引进需求管理部分和从 SQA 公司继承的详细测试过程。最后，在该版本中使用了统一建模语言(UML1.0)。

　　Rational 统一过程是更为通用方法的一个特定的、详细的实例，通过不断地吸取各种先进的开发经验，不断地向前发展。可以通过 Rational 网站了解到最新的关于 Rational 统一过程的内容。

12.3　Rational 统一过程的框架

　　Rational 统一过程的开发过程使用一种二维结构来表达，即使用沿着横轴和纵轴两个坐标轴来表达该过程，如图 12-4 所示。

　　横轴代表了制定软件开发过程时的时间，显示了软件开发过程的生命周期安排，体现了 Rational 统一过程的动态结构。在这个坐标轴中，使用的术语包括周期(cycle)、阶段(phase)、迭代(iteration)和里程碑(milestone)等。

　　纵轴代表了过程的静态结构，显示了软件开发过程中的核心过程工作流。这些工作流按照相关内容进行逻辑分组。在这个坐标轴中，使用的术语包括活动(activity)、产物(artifact)、角色(worker)和工作流(workflow)等。

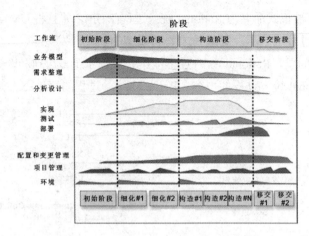

图 12-4　Rational 统一过程二维结构

这种二维的过程结构构成了 Rational 统一过程的架构(architecture)。在 Rational 统一过程中，针对架构也提出了自己的方式，指出架构包含了对如下问题的重要解决方案。

(1) 软件系统是如何组织的？

(2) 如何选择组成系统的结构元素和它们之间的接口，以及当这些元素相互协作时如何体现出行为？

(3) 如何组合这些元素，使它们逐渐集成更大的子系统？

(4) 如何形成一套架构风格，用来指导系统组织及其元素、它们之间的接口、协作和构成？

软件的架构不仅包含作为软件本身的代码结构和行为，还应当包含一些其他的特性，如可用性、性能等一些信息。

12.3.1　Rational 统一过程的核心工作流

Rational 统一过程中有 9 个核心工作流，分为 6 个核心过程工作流(Core Process Workflows)和 3 个核心支持工作流(Core Supporting Workflows)。尽管 6 个核心过程工作流可能使人想起传统瀑布模型中的几个阶段，但应注意迭代过程中的阶段是完全不同的，这些工作流在整个生命周期中一次又一次被访问。9 个核心工作流在项目中轮流被使用，在每一次迭代中以不同的重点和强度重复。

1. 商业建模(Business Modeling)

商业建模工作流描述了如何为新的目标组织开发一个构想，并基于这个构想在商业用例模型和商业对象模型中定义组织的过程、角色和责任。

2. 需求(Requirements)

需求工作流的目标是描述系统应该做什么，并使开发人员和用户就这一描述达成共识。为了达到该目标，要对需要的功能和约束进行提取、组织、文档化；最重要的是理解系统所解决问题的定义和范围。

3. 分析和设计(Analysis & Design)

分析和设计工作流将需求转化成未来系统的设计，为系统开发一个健壮的结构并调整设计使其与实现环境相匹配，优化其性能。分析设计的结果是一个设计模型和一个可选的分析模型。设计模型是源代码的抽象，由设计类和一些描述组成。设计类被组织成具有良好接口的设计包(Package)和设计子系统(Subsystem)，而描述则体现了类的对象如何协同工作实现用例的功能。设计活动以体系结构设计为中心，体系结构由若干结构视图来表达，结构视图是整个设计的抽象和简化，该视图中省略了一些细节，使重要的特点体现得更加清晰。体系结构不仅仅是良好设计模型的承载媒介，而且在系统的开发中能提高被创建模型的质量。

4. 实现(Implementation)

实现工作流的目的包括以层次化的子系统形式定义代码的组织结构；以组件的形式(源文件、二进制文件、可执行文件)实现类和对象；将开发出的组件作为单元进行测试以及集成由单个开发者(或小组)所产生的结果，使其成为可执行的系统。

5. 测试(Test)

测试工作流要验证对象间的交互作用，验证软件中所有组件的正确集成，检验所有的需求已被正确地实现，识别并确认缺陷在软件部署之前被提出并处理。RUP 提出了迭代的方法，意味着在整个项目中进行测试，从而尽可能早地发现缺陷，从根本上降低了修改缺陷的成本。测试类似于三维模型，分别从可靠性、功能性和系统性来进行。

6. 部署(Deployment)

部署工作流的目的是成功地生成版本并将软件分发给最终用户。部署工作流描述了那些与确保软件产品对最终用户具有可用性相关的活动，包括软件打包、生成软件本身以外的产品、安装软件、为用户提供帮助。在有些情况下，还可能包括计划和进行 beta 测试版、移植现有的软件和数据以及正式验收。

7. 配置和变更管理

配置和变更管理工作流描绘了如何在多个成员组成的项目中控制大量的产物。配置和变更管理工作流提供了准则来管理演化系统中的多个变体，跟踪软件创建过程中的版本。工作流描述了如何管理并行开发、分布式开发、如何自动化创建工程。同时也阐述了对产品修改原因、时间、人员保持审计记录。

8. 项目管理(Project Management)

软件项目管理平衡各种可能产生冲突的目标，管理风险，克服各种约束并成功交付使用户满意的产品。其目标包括：为项目的管理提供框架，为计划、人员配备、执行和监控项目提供实用的准则，为管理风险提供框架等。

9. 环境(Environment)

环境工作流的目的是向软件开发组织提供软件开发环境，包括过程和工具。环境工作流集中于配置项目过程中所需的活动，同样也支持开发项目规范的活动，提供了逐步的指导手册并介绍了如何在组织中实现过程。

12.3.2　Rational 统一过程的迭代开发模式

Rational 统一过程中的每个阶段可以进一步分解为迭代。一个迭代是一个完整的开发循环，产生一个可执行的产品版本，是最终产品的一个子集，它增量式地发展，从一个迭代过程到另一个迭代过程到成为最终的系统。传统上的项目组织是顺序通过每个工作流，每个工作流只有一次，也就是我们熟悉的瀑布生命周期。这样做的结果是到实现末期产品完成并开始测试，在分析、设计和实现阶段所遗留的隐藏问题会大量出现，项目可能要停止并开始一个漫长的错误修正周期。

一种更灵活，风险更小的方法是多次通过不同的开发工作流，这样可以更好地理解需求，构造一个健壮的体系结构，并最终交付一系列逐步完成的版本。这叫做一个迭代生命周期。在工作流中的每一次顺序的通过称为一次迭代。软件生命周期是迭代的连续，通过它，软件是增量的开发。一次迭代包括了生成一个可执行版本的开发活动，还有使用这个版本所必须的其他辅助成分，如版本描述、用户文档等。因此，一个开发迭代在某种意义上是在所有工作流中的一次完整的经过，这些工作流至少包括需求工作流、分析和设计工作流、实现工作流、测试工作流。其本身就像一个小型的瀑布项目。

与传统的瀑布模型相比较，迭代过程具有以下优点：

(1) 降低了在一个增量上的开支风险。如果开发人员重复某个迭代，那么损失只是这一个开发有误的迭代的花费。

(2) 降低了产品无法按照既定进度进入市场的风险。通过在开发早期就确定风险，可以尽早来解决而不至于在开发后期匆匆忙忙。

(3) 加快了整个开发工作的进度。因为开发人员清楚问题的焦点所在，他们的工作会更有效率。

(4) 由于用户的需求并不能在一开始就作出完全的界定，它们通常是在后续阶段中不断细化的。因此，迭代过程这种模式使适应需求的变化会更容易些。

12.3.3　Rational 统一过程的最佳实现

Rational 统一过程的六项最佳实践能够有效地解决在软件开发中的一些根本问题。下面分别对这六项最佳实践进行介绍。

1. 软件变更控制

在软件开发过程中，尤其是迭代开发过程中，由于其开发计划和执行过程都具有灵活性，很多在软件开发过程中的文档、代码等工作产品都会被修改。因此，为了跟踪这种修改变更的步骤，并且确保开发组织中的每一个人、每一件事都能够同步地进行，需要对软件产品的变更进行变更管理。

由于变更的出现往往是需求的变化，因此在迭代式软件开发中，变更管理首先关注于软件开发组织的需求变化，产生出针对需求、设计和实现中的变更进行管理的一种系统性方法。它也包括了一系列的重要活动，如跟踪发现的错误、误解和项目任务，同时将这些活动与某一特定产物和发布联系起来。变更管理和配置管理与软件产品质量的度量有密切的关系。

衡量一个组织能够进行变更能力的高低。管理变更能力确定每个修改是可接受的，并且是能够被跟踪的。它在那些对于变更是不可避免的环境中是必须的。Rational 统一过程描述了如何控制、跟踪和监控修改以确保成功的迭代开发。它同时指导如何通过隔离修改和控制整个软件产物(如模型、代码、文档等)的修改来为每个开发者建立安全的工作区。另外，它通过描述如何进行自动化集成和建立管理使小队如同单个单元来工作。

2. 软件质量验证

在软件开发中，通常关注于两方面的质量，分别是产品质量和过程质量。

(1) 产品质量。产品质量是指生产出来的软件产品(包括软件和系统等)以及软件产品中得到的所有元素(包括构件、子系统、架构等)的质量。生产出高质量的软件产品是软件开发的主要任务。

(2) 过程质量。过程质量是指在进行软件开发过程中，软件开发组织使用的软件工程过程(包括对质量的度量和准则等)被执行的程度。Rational 统一过程也是一种软件工程过程。一系列的软件工程因素如迭代计划、系统用例、架构设计、测试计划等执行程度构成软件系统的过程质量。

产生出高性能以及高可靠性的应用程序是软件能够被接受的关键，在软件开发中不仅仅关注软件的产品质量，还应当关注于那些生产合格产品的过程质量。软件产品的质量应该是基于可靠性、功能性、应用和系统性能等方面并根据需求来进行验证的。Rational 统一过程能够帮助开发人员计划、设计、实现、执行和评估这些测试类型。并且 Rational 统一过程将软件产品的质量评估被内建于所有过程和活动当中去，包括全体成员，即将软件质量验证成为每一个开发组织成员的职责，并且使用客观的度量和标准，而不是事后型的或单独小组进行的分离活动，进行度量。

Rational 统一过程还针对如何验证和客观评价软件产品是否达到预期的质量目标提出了一系列的标准，如测试工作流和其他过程或产品质量目标等。

3. 建立可视化的软件模型

Rational 统一过程的可视化建模的基础是统一建模语言(UML)。它是一种图形语言，前面已经介绍了使用统一建模语言进行建模的各种好处。统一建模语言是描述不同模型的通用语言，它提供一种规划系统蓝图的标准方法，但是却不能告诉我们如何去使用它开发软件。这就是为什么 Rational 联合 UML 开发 Rational 统一过程的原因,这样就可以用 UML 来完成我们的工作。

Rational 统一过程指导我们如何有效地使用统一建模语言进行建模。它告诉我们在开发过程中需要什么样的模型,为什么需要这样的模型以及如何构造这样的模型等,可以说 Rational 统一过程的很大部分是在开发过程中开发和维护系统模型(Model)。模型帮助我们理解并找到问题及问题的解决方案。在开发过程中通过显示对软件如何可视化建模,捕获体系结构和构件的构架和行为。并且允许开发人员隐藏细节和使用各种"图形构造块"来进行代码的编写。可视化建模抽象表述了软件的不同方面,观察各元素如何配合在一起,确保构件模块一致于代码,保持设计和实现的一致性,促进沟通的明确进行。

在使用 Rational 统一过程时要注意对统一建模语言版本的关注,在 RUP2000 中使用 UML1.4 版。

4. 基于构件的架构应用

Rational 统一过程支持基于构件的软件开发。所谓的构件,是指具有清晰功能的模块、包或子系统等。软件构件是对概要设计在物理上的实现,它们之间有着明确的界限,并且能够通过良好的定义集成为一个优良的架构。基于构建的开发主要有以下几种不同的方式,分别为:

(1) 基础结构构件。这些构件能够支持一些基础结构,如 CORBA、Internet、ActivityX 和 JavaBeans 等,它们在商业应用上都取得了很大的成功。这些基础结构构件促进了计算机软件应用的不同领域对现成构件的使用。

(2) 构建可重用构件。对于一些可以为那些普遍存在的问题提供共同解决方案的构件,可以将这些构件开发成为可重用构件。这些可重用构件构成了在组织中软件开发的重用基础,因而能够提高整个组织软件的生产能力和质量。从这个角度来讲,构件不仅仅包含那些纯粹的公用程序或类库的集合,而且还包含一些公共的业务构件。构件根据被重用的能力大小也可以进行不同的划分。

(3) 认真设计每一个构件,然后分别对构件进行测试和集成,最终完成整个系统。即在设计一个基于构件的模块化架构时,要认真确定、分离、设计、开发和测试这些构件,然后将这些构件分别进行测试和逐步集成起来,最终将这些构件形成一个完整的系统。

Rational 统一过程还为架构提供了一个设计、开发、验证的系统性的方法。其中包括提供了模板、架构风格、设计规则、设计约束、设计过程构件和管理过程等。模板用以描述建立在多重架构视图概念基础上的架构。设计过程构件包括约束、构架重要元素,以及确定如何做构架选择的指导原则等具体活动。管理过程告诉我们如何计划早期的迭代过程,其中要考虑到架构设计和主要的技术风险的解决方法。

Rational 统一过程使架构设计人员将注意力集中在软件的架构设计上,能够让所有人员都能够明确所开发软件的结构状况,并且通过一系列的迭代过程使开发人员逐步确定构件,这些确定可以包括开发、重用和购买等方式,最终完成系统的开发。

Rational 统一过程是以架构为中心的,该过程在进行开发之前,关注的是早期能够进行开发和产生健壮的可执行体系结构的基线，这个基线是以一个可执行的构架原型的形式存在。它描述了如何设计灵活的、可容纳修改的、直观便于理解的，并且促进有效软件重用的弹性结构，在后来的开发中，逐步将其发展成为最终的目标系统。

5. 需求管理

Rational 统一过程提供了对需求进行管理的方式。所谓需求管理，是指通过一系列系统化的方式，对各种软件密集型系统或应用程序的需求进行提出、组织、交流和管理。

一个有效的需求管理应当包括以下内容：

(1) 增强交流。在需求管理中可以采用各种各样的交流方式，便于项目涉及的所有相关人员理解项目的内容。有效的需求管理的文档应该在保证项目所有人员能够理解一致的同时，尽可能地去做到方便理解。

(2) 尽可能地减少需求的错误。在晚期修正错误的昂贵性使得我们在开发的早期尽可能地减少错误，尤其是一开始的需求问题的错误。

(3) 能够有良好用户满意度。一个系统达到什么样的目标，需要项目开发人员就项目的结果对用户进行解释，即完成需求分析说明书，获得良好的用户满意度。并且通过用户的反馈完善开发。

(4) 能够应对复杂项目的需求。有效的需求管理能够对复杂项目的预期系统行为和系统需求给出明确的描述，使项目组的各个开发人员在理解层次上能够保持一致性，不至于造成项目的失控。良好的、一致的文档是关键。

Rational 统一过程通过下列几种功能对需求管理进行支持：

(1) 能够对商业需求进行捕获，并进行交流。通过对过程中用例和场景的使用，能够有效地捕获功能性需求，并且能够确保由它们来驱动设计、实现和软件的测试，使最终系统满足最终用户的需要。因为，用例和场景给开发和发布系统提供了连续的和可跟踪的线索。

(2) 能够跟踪和文档化项目的解决方案以及对项目作出的决策，有时候需要对这些方案和决策进行折中。

(3) 描述了如何去提取、组织和文档化所需的功能以及对这些功能的限制因素。

6. 迭代式软件开发

Rational 统一过程专注于处理那些在软件生命周期中的每一个阶段的最高风险，通过一系列的迭代过程和风险控制，极大地减少了项目的风险性。相对于传统的线性开发方法，如瀑布模型等，迭代式软件开发就是能够通过一系列细化和若干个渐进的反复过程从而形成有效解决方案的软件开发方式。它具有以下明显优点：

(1) 不断评估修正。在迭代的每一个阶段，都是需要一系列的评估和修正的过程的，通过不断的评估和修正，能够帮助我们发现设计和开发过程中的各种缺陷，将早期发现的瓶颈问题解决，不至于在交付前产生更大的麻烦。

(2) 早期风险的避免。一开始就标识显然的问题以及相关的风险，并且确定处理他们的优先级，也是很重要的，因为这样能够帮助团队在早期就根据需要制定出相应的解决或缓解对策来。但是开发中的一些风险通常只有在开发过程中才能显现出来，在 Rational 统一过程中，不仅提供了一系列的风险指导方案，同时迭代式的开发方式能够让我们在各个阶段的开发和集成过程中发现问题并解决掉，正如我们经常描述迭代式软件开发的那样"已发现的风险将证明不再是风险，但新的未知风险将逐渐被发现"。

(3) 促进重用。一系列的迭代开发能够促进项目开发成员设计出良好的程序架构来，良好的架构能够帮助我们进行代码的重用。

(4) 变更管理。迭代式软件开发提供了一系列的变更管理方法，通过这些方法指导项目进行变更管理，减少变更的风险。

(5) 过程逐步集成。有人把这个称为"始于要素，逐步递增"。也就是说，在项目的过程中首先把握住开始阶段的各种要素，将各种要素形成一个"精华或要素"列表，这个列表能够指导团队成员采用一种更系统、更全面的方式来思考和执行整个软件开发过程。一旦一个过程框架或"构架"到位了，项目开发成员就能更有效地面对和处理单个的问题域，逐步将这些工作集成到项目工作中来。这种方式能够让人们在最后的集成工作中面对的不是那些"结尾大爆炸"，而是一个良好的集成。

(6) 考虑了变化的需求。迭代式软件开发的特点之一在于其对各种需求变化的考虑。实际的各种各样的需求是变化的，在一开始完全确定的项目在一些情况下几乎是不可能的，在开发的同时必须考虑各种各样的影响因素以应对变化的需求。迭代式的开发在逐步替代中完成开发过程，能够在不确定的需求中完成程序的基本内容，帮助项目开发进行。

(7) 项目组成员在开发中不断学习。迭代式开发使项目组的各个组成部分在整个周期中都能够不断地学习和进步，即使那些在早期不熟悉项目的人员，在开发过程中也能够在不断的学习中熟悉整个项目。

在 Rational 统一过程中，加入了一些可验证的方法来帮助减少风险，即可以从迭代的数量、持续的时间、迭代的目标和最终用户的反馈等方面计划迭代过程，在每个迭代过程后以可执行版本告终，开发团队停留在产生结果上，频繁的评估和修正过程帮助确保项目能按时进行，有效地帮助项目管理者降低开发风险。

12.4　Rational 统一过程的开发模型

在前面介绍过 Rational 统一过程是一种二维的过程结构，其中纵坐标代表了过程静态的一面，即通过过程的构件、活动、工作流、产物和角色等静态概念来描述系统；横坐标代表了过程的动态描述，即通过迭代式软件开发的周期、阶段、迭代和里程碑等动态信息来表示。同时，Rational 统一过程是以架构为中心的开发过程。这里将分三部分来介绍统一过程的开发模型。

12.4.1　统一过程的动态开发

Rational 统一过程的动态开发，是通过对迭代式软件开发过程的周期、阶段、迭代过程以及里程碑等的描述来进行表示的。在统一过程二维结构的水平坐标轴上，显示了统一过程的生命周期，将软件开发的各个阶段和迭代周期在这个水平时间轴表达出来，反映了软件开发过程沿时间方向的动态组织结构。

在最初的软件开发方式——顺序开发过程即瀑布模型中，将系统需求分析、设计、实现(包括编码和测试)和集成顺序地执行，并在每一个阶段产生相关的产物。项目组织顺序执行每个工作流，并且每个工作流只能被执行一次。这样做的结果是只有到实现末期编码完成并开始测试时，在需求分析、设计和实现阶段所遗留的隐藏问题才会大量出现，项目可能要进入一个漫长的错误修正周期中。即使在后期的集成中，也会不可避免地发生一些很重要的错误。

一种更灵活，风险更小的方法就是通过多次不同的开发工作流，逐步确定一部分需求分析和风险，在设计、实现并确认这一部分后，再去做下一部分的需求分析、设计、实现和确认工作，依次进行下去，直至整个项目的完成。这样能够在逐步集成中更好地理解需求，构造一个健壮的体系结构，并最终交付一系列逐步完成的版本。这叫做一个迭代生命周期。在工作流中的每一次顺序的通过称为一次迭代过程。软件生命周期是迭代的连续，通过它，软件是增量的开发。一次迭代包括了生成一个可执行版本的开发活动，还有使用这个版本所必需的其他辅助成分，如版本描述、用户文档等。因此，一个开发迭代在某种意义上是在所有工作流中的一次完整的经过，这些工作流包括需求分析工作流、设计工作流、实现和测试工作流、集成工作流。可以看得出来，迭代过程的一个开发周期本身就像一个小型的瀑布模型。

当从一个迭代过程进入到另外一个迭代过程时，需要一种方法对整个项目的进展情况进行评估，以确保我们是在朝着最终产品的方向努力。我们使用里程碑(milestone)的方式及时地根据明确的准则决定是继续、取消还是改变迭代过程。为了对迭代的特定短期目标进行分割并组织迭代开发秩序，将迭代过程划分为四个连续的阶段，即初始(Inception)阶段、细化(Elaboration)阶段、构造(Construction)阶段、移交(Transition)阶段。

在每一个阶段完成之后，都会形成一个良好定义的里程碑，即某些关键决策必须做出的时间点，因此在每一个阶段结束后，关键的目标必须被达到。每个阶段均有明确的目标。下面详细介绍各个阶段的目标以及重要里程碑的评价准则。

1. 初始(Inception)阶段

初始阶段的目标是为系统建立商业案例和确定项目的边界。为了达到该目的，必须识别所有与系统交互的外部实体，在较高层次上定义交互的特性。它包括识别所有用例和描述一些重要的用例。商业案例包括验收规范、风险评估、所需资源估计、体现主要里程碑日期的阶段计划。

本阶段具有非常重要的意义，在这个阶段中，关注的是整个项目进行工程中的业务和需求方面的主要风险。对于建立在原有系统基础上的开发项目来说，初始阶段的时间可能很短。

本阶段的主要目标如下：

(1) 明确区分系统的关键用例和主要的功能场景。

(2) 明确软件系统的范围和边界条件，包括从功能角度的前景分析、产品验收标准和哪些做与哪些不做的相关决定。

(3) 准备好项目的支持环境。

(4) 对整个项目做最初的项目成本和日程估计(更详细的估计将在随后的细化阶段中做出)。

(5) 估计出潜在的风险(主要指各种不确定因素造成的潜在风险)。

(6) 展现或者演示至少一种符合主要场景要求的候选软件体系结构。

初始阶段的产出如下：

(1) 蓝图文档，包括核心项目需求、关键特色、主要约束的总体构想。

(2) 原始用例模型(完成 10%～20%)。

(3) 原始项目术语表(可能部分表达为业务模型)。

(4) 原始商业案例，包括业务的上下文、验收规范(年度映射、市场认可等)、成本预计。

(5) 原始的风险评估。

(6) 一个或多个原型。

初始阶段结束时是第一个重要的里程碑：生命周期目标里程碑。

初始阶段的评审标准如下：

(1) 被开发体系结构原型的深度和广度。

(2) 以客观的主要用例证实对需求的理解。

(3) 成本/日程、优先级、风险和开发过程的可信度。

(4) 风险承担者就范围定义成本日程估计达成共识。

(5) 实际开支与计划开支的比较。

如果无法通过这些里程碑，则项目可能被取消或仔细地重新考虑。

2. 细化(Elaboration)阶段

细化阶段的目标是分析问题领域，建立健全的体系结构基础，编制项目计划，淘汰项目中最高风险的元素。为了达到该目的，必须对系统具有"英里宽和英寸深"的观察。体系结构的决策必须在理解整个系统的基础上作出：它的范围，主要功能和性能等非功能性需求。

在细化阶段，可执行的结构原型在一个或多个迭代过程中建立，依赖于项目的范围、规模、风险和先进程度。工作量必须至少处理初始阶段中识别的关键用例，关键用例揭示了项目主要技术的风险。通常我们的目标是一个由产品质量级别构件组成的可进化的原型，但这并不排除开发一个或多个探索性、可抛弃的原型来减少如设计/需求折中，构件可行性研究，或者给投资者、顾客即最终用户演示版本等特定的风险。

细化阶段是四个阶段中最关键的阶段。该阶段结束时，硬"工程"可以认为已结束，项目则经历最后的审判日：决策是否项目提交给构建和交付阶段。对于大多数项目，这也相当于从移动的、轻松的、灵巧的、低风险的运作过渡到高成本、高风险并带有较大惯性的运作过程。而过程必须能容纳变化，细化阶段活动确保了结构、需求和计划是足够稳定的，风险被充分减轻，所以可以为开发结果预先决定成本和日程安排。概念上，其逼真程度一致于机构实行费用固定的构建阶段的必要程度。

本阶段的主要目标如下：

(1) 说明基线化的软件体系结构可以保障系统需求可以控制在合理的成本和时间范围内。

(2) 通过完成软件结构上的主要场景建立软件体系结构的基线。

(3) 确保软件结构、需求、计划足够稳定，确保项目风险已经降低到能够预计完成整个项目的成本和日程的程度。

(4) 建立一个包含高质量组件的可演化的产品原型。

(5) 针对项目的软件结构上的主要风险已经解决或处理完成。

(6) 建立好产品的支持环境。

细化阶段的产出如下：

(1) 软件体系结构描述，即可执行的软件原型。

(2) 估计出潜在的风险(主要指各种不确定因素造成的潜在风险)。

(3) 补充捕获非功能性要求和非关联于特定用例要求的需求。

(4) 用例模型(完成至少 80%)——所有用例均被识别，大多数用例描述被开发。

(5) 经修订过的风险清单和商业案例。

(6) 总体项目的开发计划，包括纹理较粗糙的项目计划，显示迭代过程和对应的审核标准。

(7) 指明被使用过程的更新过的开发用例。

(8) 用户手册的初始版本(可选)。

细化阶段结束是第二个重要的里程碑：生命周期的结构里程碑。此刻，检验详细的系统目标和范围、结构的选择以及主要风险的解决方案。

细化阶段主要的审核标准包括以下问题：

(1) 如果当前计划在现有的体系结构环境中被执行而开发出完整系统，是否所有的风险承担人同意该蓝图是可实现的？

(2) 产品的蓝图是否稳定？

(3) 体系结构是否稳定？

(4) 可执行的演示版是否显示风险要素已被处理和可靠的解决？

(5) 细化阶段的计划是否足够详细和精确？是否被可靠的审核基础支持？

如果无法通过这些里程碑，则项目可能被取消或仔细地重新考虑。

3. 构造(Construction)阶段

构造阶段又称为"构建阶段"。在构造阶段，所有剩余的构件和应用程序功能被开发并集成为产品，所有的功能被详尽地测试。构造阶段，从某种意义上说，是重点在管理资源和控制运作以优化成本、日程、质量的生产过程。就这一点而言，管理的理念经历了初始阶段和细化阶段的智力资产开发到构建阶段和交付阶段可发布产品的过渡。

许多项目规模大的足够产生许多平行的增量构建过程，这些平行的活动可以极大地加速版本发布的有效性；同时也增加了资源管理和工作流同步的复杂性。健壮的体系结构和易于理解的计划是高度关联的。换言之，体系结构上关键的质量是构建的容易程度。这也是在细化阶段平衡的体系结构和计划被强调的原因。

本阶段的主要目标如下：

(1) 对所有必须的功能完成分析、设计、开发和测试工作。

(2) 采用循序渐进的方式开发出一个可以提交给最终用户的完整产品。

(3) 确定软件站点用户都为产品的最终部署做好了相关准备。

(4) 达成一定程度上的并行开发机制。

(5) 通过优化资源和避免不必要的返工达到开发成本的最小化。

(6) 根据实际需要达到适当的质量目标。

(7) 根据实际需要形成各个版本(Alpha、Beta 和其他测试版本)。

构造阶段的产出是可以交付给最终用户的产品。它至少包括：

(1) 特定平台上的集成产品。

(2) 用户手册。

(3) 当前版本的描述。

构造阶段结束是第三个重要的项目里程碑：初始功能里程碑。此刻，决定是否软件、环境、用户可以运作而不会将项目暴露在高度风险下。该版本也常被称为 Beta 版。

构造阶段主要的审核标准包括以下问题：

(1) 产品是否足够稳定和成熟得发布给用户？

(2) 是否所有的风险承担人准备好向用户移交？

(3) 实际费用与计划费用的比较是否仍可被接受？

如果无法通过这些里程碑，则移交不得不被延迟。

4. 移交(Transition)阶段

移交阶段又称为"交付阶段"。该阶段的目的是将软件产品交付给用户群体。只要产品发布给最终用户，问题常常就会出现：要求开发新版本，纠正问题或完成被延迟的问题。

当基线成熟得足够发布到最终用户时，就进入了交付阶段。其典型要求是一些可用的系统子集被开发到可接收的质量级别及用户文档可供使用，从而交付给用户的所有部分均可以有正面的效果，包括：

(1) 对照用户期望值，验证新系统的"Beta 测试"。

(2) 与被替代的已有系统并轨。

(3) 功能性数据库的转换。

(4) 向市场、部署、销售团队移交产品。

移交阶段包括若干重复过程，包括 Beta 版本、通用版本、Bug 修补版和增强版。相当大的工作量消耗在开发面向用户的文档，培训用户。在初始产品使用时，支持用户并处理用户的反馈。开发生命周期的该点，用户反馈主要限定在产品性能调整、配置、安装和使用问题。

移交阶段的目标是确保软件产品可以提交给最终用户。本阶段根据实际需要可以分为几个循环，具体目标如下：

(1) 进行 Beta 测试以期达到最终用户的需要。

(2) 进行 Beta 测试和旧系统的并轨。

(3) 转换功能数据库。

(4) 对最终用户和产品支持人员的培训。

(5) 提交给市场和产品销售部门。

(6) 和具体部署相关的工程活动。

(7) 协调 Bug 修订/改进性能和可用性(Usability)等工作。

(8) 基于完整的 Vision 和产品验收标准对最终部署做出评估。

(9) 达到用户要求的满意度。

(10) 达成各风险承担人对产品部署基线已经完成的共识。

(11) 达成各风险承担人对产品部署符合 Vision 中标准的共识。

在交付阶段的终点是第四个重要的项目里程碑：产品发布里程碑。此时，决定是否目标已达到或开始另一个周期。在许多情况下，里程碑会与下一个周期的初始阶段相重叠。

移交阶段的审核标准主要包括以下两个问题：

(1) 用户是否满意？

(2) 实际费用与计划费用的比较是否仍可被接受？

在 Rational 统一过程的每个阶段可以进一步被分解为迭代过程。迭代过程是导致可执行产品版本(内部和外部)的完整开发循环，是最终产品的一个子集，从一个迭代过程到另一个迭代过程递增式增长形成最终的系统。

12.4.2　统一过程的静态开发

Rational 统一过程的静态开发是通过对其模型元素的定义来进行描述的。在 Rational 统一过程的开发流程中定义了"谁""何时""如何"做"某事"，并分别使用四种主要的建模元素来进行表达，它们是：

(1) 角色(Workers)，代表了"谁"来做。

(2) 活动(Activities)，代表了"如何"去做。

(3) 产物(Artifacts)，代表了要做"某事"。

(4) 工作流(Workflows)，代表了"何时"做。

下面分别对这四种模型元素进行详细的说明。

1. 角色(Workers)

角色定义了个人或由若干人所组成小组的行为和责任，它是统一过程的中心概念，很多事物和活动都是围绕角色进行的。可以认为角色是在项目组中每一个人所贴的标签，每一个或一些人为了在项目中进行界定需要被贴上一个标签，当然有时一个人可以被贴上很多个不同的标签。这是一个非常重要的区别，因为通常容易将角色认为是个人或小组本身。

在 Rational 统一过程中，角色还定义了每一个人应该如何完成工作，即角色的职责。所分派给角色的责任既包括一系列的活动，还包括成为一系列产物的拥有者。统一过程的开发流程中常见的角色有架构师、系统分析员、测试设计师和程序员等。对于在 Rational 统一过程中更多角色的定义，可以参考相关的书籍进行了解。

2. 活动(Activities)

角色所执行的行为使用活动表示，每一个角色都与一组相关的活动相联系，活动定义了他们执行的工作。某个角色的活动是可能要求该角色中的个体执行的工作单元。活动通常具有明确的目的，将在项目语境中产生有意义的结果，通常表现为一些产物，如模型、类、计划等。每个活动分派给特定的角色。活动通常占用几个小时至几天，常常牵涉一个角色，影响到一个或少量的产物。活动应可以用来作为计划和进展的组成元素；如果活动太小，它将被忽略，而如果活动太大，则进展不得不表现为活动的组成部分。

统一过程的开发流程中常见的活动有项目经理计划一个迭代过程、系统分析员寻找用例和参与者、测试人员执行性能测试等。

3. 产物(Artifacts)

产物是被过程产生的修改，或为过程所使用的一段信息。产物是项目的有形产品：项目最终产生的事物，或者向最终产品迈进过程中使用的事物。产物用作角色执行某个活动的输入，同时也是该活动的输出。在面向对象的设计术语中，如活动是活动对象(角色)上的操作一样，产物是这些活动的参数。统一过程的开发流程中常见的产物有系统设计模型、项目计划文档、项目程序源文件等。

4. 工作流(Workflows)

仅依靠角色、活动和产物的列举并不能组成一个过程。需要一种方法来描述能产生若干有价值的有意义结果的活动序列，显示角色之间的交互作用，这就是工作流。工作流是指能够产生具有可观察结果的活动序列。UML 术语中，工作流可以使用序列图、协同图或活动图等形式进行表达。通常，一个工作流是使用活动图的形式来描述。

在工作流中要注意，表达活动之间的所有依赖关系并不是总可能或切合实际的。常常两个活动之间的关系比表现出来的关系更加紧密地交织在一起，特别是在涉及同一个角色或人员时。人不是机器，对于人而言，工作流不能按字面意思翻译成程序，要人们精确地、机械地执行。

Rational 统一过程中包含了九个核心过程工作流，代表了所有角色和活动的逻辑分组情况。核心过程工作流可以被再分成六个核心工程工作流和三个核心支持工作流。工作流的具体内容请阅读 12.3.1 节。

尽管六个核心工程工作流能使人想起传统瀑布流程中的几个阶段，但应注意迭代过程中的阶段是不同的，这些工作流在整个生命期中一次又一次被访问。九个核心工作流在项目中的实际完整的工作流中轮流被使用，在每一次迭代中以不同的重点和强度重复。

12.4.3　面向架构的过程

Rational 统一过程的很主要的一部分可以说是围绕建模进行的。模型是现实的简化，能够帮助我们理解并确定问题及其解决方法。模型应当尽量能够完整而一致地表现将要开发的系统，尽量和现实保持一致。这时需要一定的系统框架来进行描述。一个良好的架构能够表达其清晰的目的，拥有关于架构的形成过程的具体描述信息并且能够以一种被普遍接受的方式表达出来。

为了使项目的所有参与人员能够进行分析、交流和讨论框架，必须以他们能理解的形式对架构进行表示。不同的参与者关注于架构的不同方面，因此在描述一个完整的架构时，应当是多维的，而不是平面的，这就是架构视图(architecture view)。一个架构视图是对从某一视角或某一点上看到的系统所做的简化描述(概述)，描述中涵盖了系统的某一特定方面，省略了与此无关的实体。

在 Rational 统一过程中建议采用以下五种视图来描述架构。

1. 物理视图(Physical View)

物理视图主要关注的是系统的非功能性需求，这些需求包括系统的可用性、可靠性、性能和可伸缩性。物理视图描述的是软件至硬件的映射，即展示不同的可执行程序和其他运行时间构件是如何映射到底层平台或处理节点上。软件在各种平台(包括计算机网络等)或处理节点上运行，被识别的各种元素(网络、过程、任务和对象)需要被映射至不同的节点。

在物理视图的设计中，需要考虑很多关于软件工程和系统工程的问题，因此在使用 Rational 统一过程提供的方法进行描述的时候，表达形式也有可能多样，但是尽可能地不要使物理视图产生混乱。

2. 过程视图(Process View)

过程视图考虑的是一些非功能性的需求，主要表现为系统运行时的一些特性，如系统的性能和可用性等。它解决系统运行时的并发性、分布性、系统完整性、系统容错性，以及逻辑视图的主要抽象如何与系统进程结构配合在一起，即在哪个控制线程上，对象的操作将会被实际执行，这些也被称为系统的进程架构。

进程架构可以在几种层次的抽象上进行描述，每个层次针对不同的问题。在最高的层次上，进程架构可以视为一组独立执行的通信程序的逻辑网络，它们分布在整个一组硬件资源上，这些资源通过 LAN 或者 WAN 连接起来。多个逻辑网络可能同时并存，共享相同的物理资源。例如，独立的逻辑网络可能用于支持离线系统与在线系统的分离，或者支持软件的模拟版本和测试版本的共存。

在过程视图的设计中，应当关注那些在架构上具有重要意义的元素。使用 Rational 统一过程中提供的相关方法描述进程架构时，要详细表述可能的交互通信路径中的规格说明。

3. 用例视图(Use Case View)

用例视图有时也被认为是场景，扮演了一个很特殊的角色，它综合了其他四种视图。四种视图的元素通过数量比较少的一组重要的场景或者用例进行无缝协同工作。

在某种意义上，这些场景或用例是最重要的需求抽象，它们的设计在 Rational 统一过程中可以使用用例图或交互图来表示。在系统的软件架构文档中，需要对这几个为数不多的场景进行详细的阐明。该视图通常被认为是其他四种视图的冗余，但是它却起着两个重要的作用：

- 作为一项设计的驱动元素来发现架构设计过程中的架构元素。
- 作为架构设计结束后的一项验证和说明功能，既以视图的角度来说明又作为架构原型测试的出发点。

4. 开发视图(Development View)

开发视图描绘的是系统的开发架构，它关注的是软件开发环境中实际模块的组织情况，即系统的子系统是如何分解的。软件被打包分成为一个个小的程序模块(类库或子系统)，一个程序模块可以由一位或几位开发人员来进行开发。在大型系统的开发中，有时需要将系统进行组织分层，每一层的子系统模块都为上层模块提供良好定义的接口。

在开发视图的设计中，在大多数情况下，需要考虑的问题与以下几项因素有关：开发难度、软件管理、重用性和通用性以及由工具集和编程语言所带来的限制。开发视图是各种活动的基础，这些活动包括需求分配、团队工作的分配、成本评估和计划、项目进度的监控、软件重用性、可移植性和安全性等。这些都是建立产品线的基础。

5. 逻辑视图(Logical View)

逻辑视图主要支持系统的功能性需求，即在为用户提供服务方面系统应该提供的功能。逻辑视图是设计模型的抽象，将系统分解成为一系列的关键抽象，这些关键抽象大多数来自于问题域，并采用抽象、封装和继承的方式，对外表现为对象或对象类的形式。分解并不仅仅是为了功能分析，而且用来识别遍布系统各个部分的通用机制和设计元素。

逻辑视图的风格是采用面向对象的风格，其主要的设计准则是试图在整个系统中保持单一的、一致的对象模型，避免就各个场合或过程产生草率的类和机制的技术说明。逻辑视图的结果是确定重要的设计包、子系统和类。

可以使用 Rational 统一过程中的相关方法来表示逻辑架构，借助于类图和类模板的形式。类图用来显示一个类的集合和它们的逻辑关系：关联、使用、组合、继承等。相似的类可以划分成类集合的形式。类模板关注于单个类，它们强调主要的类操作，并且识别关键的对象特征。如果需要定义对象的内部行为，则需要使用状态图等形式来完成。公关的机制或服务可以在使用类中定义。

使用这五种视图来描述架构可以解决架构的表述问题，那么 Rational 统一过程是如何以架构为中心描述设计过程的呢？

Rational 统一过程定义了关于架构的主要产物，它们分别是：

(1) 软件架构描述(SAD)，用于描述与项目有关的架构视图。

(2) 架构原型，用于验证架构并充当开发系统其余部分的基线。

(3) 设计指南。为架构设计提供指导，提供了一些模式和习惯用语的使用。

(4) 在开发环境中基于开发视图的产品结构。

(5) 基于开发视图结构的开发群组结构。

在 Rational 统一过程中，还定义了一个参与者：架构师，他负责架构的设计工作。但是架构师不是唯一关心架构的人，大多数开发人员都参与了架构的定义和实现，尤其是在系统的细化阶段。但是其关注的侧重点还是有所不同的。

在 Rational 统一过程中，通过分析和设计工作流描述了大部分关于架构设计的活动，同时，这些活动贯穿了系统的需求、实现以及管理等方面。所以说，Rational 统一过程是一个以架构为中心的过程。

12.5　Rational 统一过程的配置和实现

通常情况下，可以直接使用 Rational 统一过程或者其中一部分。但是，为了能够更好地适应软件系统的实际需要，还要配置和实现 Rational 统一过程。

12.5.1　Rational 统一过程的配置

配置 Rational 统一过程是指通过修改 Rational 软件公司交付的过程框架，使整个过程产品适应采纳了这种方法的组织的需要和约束。

在一些情况下需要修改 Rational 统一过程在线版本，从而需要配置该过程。当将在线的 Rational 统一过程的基线拷贝置于配置管理之下时，配置该过程的相关人员就可以修改过程以实现变更。配置统一过程可以从以下方面着手：

(1) 根据在以前项目中发现的问题，增加一些指南。

(2) 裁减一些模板，如增加公司的标志、头注、脚注、标识和封面等。

(3) 增加一些必要的工具指南等。

(4) 在活动中增加、扩展、修改或删除一些步骤。

(5) 基于经验增加评审活动的检查点。

12.5.2　Rational 统一过程的实现

实现 Rational 统一过程是指在软件开发组织中，通过改变组织的实践，使组织能例行地、成功地使用 Rational 统一过程的全部或其一部分。在软件开发组织中实现一个全新的过程可以使用以下六个步骤来描述。它们分别是评估当前状态，建立明确目标，识别过程风险，计划过程实现，执行过程实现，评价过程实现。

实现一个软件开发过程是一项很复杂的任务，在实现过程中不仅要要求开发团队中的各个成员通力配合外，还要小心谨慎地对过程进行控制，要将实现一个过程当成也是一个项目来看待。以下我们对实现软件过程的六个步骤进行详细的说明。

1. 评估当前状态

评估当前状态是指需要在项目的相关参与者、过程、开发支持工具等方面对软件开发组织的当前状态进行了解，识别出问题和潜在的待改进领域，并收集外部问题的信息。

评估当前状态对当前开发组织制订一个计划，使组织从当前状态过渡到目标状态并改进组织当前的状况非常重要。人员数量、项目复杂度、技术复杂度等都会为对当前状态进行评估提出挑战。

2. 建立明确目标

建立明确目标指的是建立过程、人员和工具所要达到的明确目标，指明当完成过程实现项目时希望达到什么地步。

建立明确目标为过程实现计划未来构想，产生一个可度量的目的清单，并使用所有项目参与者都能够理解的形式进行表述。当前状态的不合理评估为建立明确的目标提出挑战。建立过高的目标对于一些开发组织也是不可取的。

3. 识别过程风险

识别过程风险是指应当对项目很多可能涉及的风险进行分析，标识出一些潜在的风险，并设法了解这些风险对项目产生的影响，并根据影响进行分级，同时还要制定出如何缓解这些风险或者处理这些风险的计划。

识别过程风险帮助我们减少或避免一些风险，在达到目标中尽可能地少走一些弯路。软件开发者的经验对项目所能产生的风险的识别提出挑战。

4. 计划过程实现

计划过程实现是指在开发组织中对实现过程和工具制定的一系列计划，这个计划应当明确描述如何有效地从组织的当前状态转移到目的状态。

在计划过程实现中，应当包含当前组织对需求的改变以及涉及的风险，制定一系列的增量过程，逐步达到计划中的目标。根据组织的具体情况制定出符合组织的计划并引入有效的过程和工具的方法是计划过程实现的挑战。

5. 执行过程实现

执行过程实现是指按照计划逐步实现该过程。主要包括的任务如下：

(1) 对开发团队中的成员进行使用新的过程和工具方面的培训。

(2) 在软件开发项目中实际应用过程和工具。

(3) 开发新的开发案例或更新已存在的开发案例。

(4) 获取并改造工具使之支持过程并使过程自动化。

6. 评价过程实现

评价过程实现是指当在软件开发项目中已经实现了该过程和工具后项目组织对过程的是否达到预期目的的评价工作。评价的内容主要包括参与人员、过程和工具等。

12.6 习　　题

1. 填空题

(1) _____是指实施与软件开发和维护中的阶段、方法、技术、实践和相关产物的集合。

(2) Rational 统一过程中的_____在项目中轮流被使用，在每一次迭代中以不同的重点和强度重复。

(3) 对于一个以架构为中心的开发组织，需要对_____、_____和_____方面进行关注。

(4) _____是能够通过一系列细化和若干个渐进的反复过程从而形成有效解决方案的软件开发方式。

(5) Rational 统一过程的开发过程使用一种_____结构来表达。

2. 选择题

(1) 下面的选项中( )是实现 Rational 统一过程的必要步骤。

    A. 建立明确目标 　　　　　　　　B. 计划过程实现

    C. 执行过程实现 　　　　　　　　D. 评价过程实现

(2) 下面不属于迭代过程的四个连续阶段的有( )。

    A. 初始 　　　　　　　　　　　　B. 分析

    C. 细化 　　　　　　　　　　　　D. 构造

(3) Rational 统一过程的静态结构，分别使用( )建模元素来进行表达。

    A. 角色 　　　　　　　　　　　　B. 活动

    C. 产物 　　　　　　　　　　　　D. 工作流

(4) Rational 统一过程的视图结构包括( )。

    A. 物理视图 　　　　　　　　　　B. 逻辑视图

    C. 用例视图 　　　　　　　　　　D. 结构视图

(5) 下面的选项中，( )不属于软件开发过程的层次结构。

    A. 工具层 　　　　　　　　　　　B. 方法层

    C. 质量保证层 　　　　　　　　　D. 管理层

3. 简答题

(1) Rational 统一过程的 9 大核心工作流分别是什么？

(2) Rational 统一过程中包含的六项最佳实践指的是什么？

(3) 简要地描述什么是 Rational 统一过程。

(4) 试述实现 Rational 统一过程的步骤。

(5) 如何对 Rational 统一过程进行合理的配置？

第13章　网上购物商店

前面使用面向对象的方法并结合 Rational Rose 建模工具系统地介绍了 UML 统一建模语言。为了对前面学习的内容进行巩固和总结，本章给出一个网上购物商店系统的建模实例，将各种 UML 图形和模型元素综合起来，使用 Rational Rose 2003 完成对该系统的分析和设计。希望通过这个项目的演示，能展现给读者一个比较完整的软件设计和建模过程。

13.1　系统需求分析

软件的需求(requirement)是系统必须达到的条件或性能，是用户对目标软件系统在功能、行为、性能、约束等方面的期望。系统分析(analysis)的目的是将系统需求转化为能更好地将需求映射到软件设计师所关心的实现的领域的形式，如通过分解将系统转化为一系列的类和子系统。通过对问题域以及其环境的理解和分析，将系统的需求翻译成规格说明，为问题涉及的信息、功能及系统行为建立模型，描述如何实现系统。

软件的需求分析连接了系统分析和系统设计。一方面，为了描述系统实现，必须理解需求，完成系统的需求分析规格说明，并选择合适的策略将其转化为系统的设计；另一方面，系统的设计可以促进系统的一些需求塑造成型，完善软件的需求分析说明。良好的需求分析活动有助于避免或修正软件的早期错误，提高软件生产率，降低开发成本，改进软件质量。

可以将系统的需求分划为以下三个方面：

(1) 功能性需求。当考虑系统需求的时候，自然会想到用户希望系统为他们做什么事情，提供哪些服务。功能性需求是指系统需要完成的功能，它通过详细说明所期望的系统的输入和输出条件来描述系统的行为。

(2) 非功能性需求。为了能使最终用户获得期望的系统质量，系统还必须为那些没有包含在功能性需求中的内容进行描述，如系统的使用性、可靠性、性能、可支持性等。系统的使用性(usability)需求是指系统的一些人为因素，包括易学性、易用性等，和用户界面、用户文档等的一致性。可靠性(reliability)需求是指系统能正常运行的概率，涉及系统的失败程度、系统的可恢复性、可预测性和准确性。性能(performance)需求是指在系统功能上施加的条件，如事件的响应时间、内存占有量等。可支持性(supportability)需求是指易测试性、可维护性和其他在系统发布以后为此系统更新需要的质量。

(3) 设计约束条件。也称条件约束、补充规则，是指用户要安装系统时需要有什么样的必备条件，如对操作系统的要求，对硬件网络的要求等。有时也可以把设计约束条件作为非功能性需求来看待。

　　随着网络的不断发展，网络购物已经日渐成为消费者的一种生活习惯，人们已经开始认同这种在网上消费的方式。各商家竞相在网络上建立网上商店。这里要介绍的网上购物商店就是这一背景下的产物。网上购物商店，也就是在网络上建立一个虚拟的购物商店，结合网络技术和传统实体商店的优点，减少流通环节，降低交易成本，打破时空和地域的限制。用户可以通过网络在商店中挑选和购买商品，感受网络给我们带来的购物体验。

　　网上购物商店的功能性需求包括以下内容：

　　根据网上购物商店的日常经营和管理，本系统的用户主要分为三种：一种是网上商店的普通用户即游客，一种是网上商店的注册会员用户，还有一种是网上商店的管理员。三者的身份不同，权限不同，所以，具体的功能需求也不同。

　　对于普通用户来说，可以浏览网上商店的各种内容，搜索商品信息并且可以申请成为注册会员。

　　对于注册会员来说，除了具备普通用户的所有功能，还拥有以下功能：

(1) 在登录页面中输入注册的用户账号和密码，通过身份验证进入到网上商店。

(2) 可以浏览网上商店中各种商品的详细信息和内容。

(3) 可以对选择的商品进行购买，同时可以修改购买的数量，也可以进行清除购买的操作。

(4) 当提交购买信息后，用户能够查看购买的信息情况。

(5) 能够对网上商店中的所有商品进行快速查询。

(6) 能够对自己的会员信息进行修改和注销。

　　对于网站管理员而言，也分为系统管理员和普通管理员两类，他们的权限和功能也各不相同。

　　系统管理员主要负责系统的数据管理和维护工作，以及对整个系统的普通管理员资料信息和权限进行管理。

　　对普通管理员而言，他的功能范围包括：

(1) 对会员资料信息进行管理，可查看用户的基本信息和删除该用户的信息。

(2) 对商品信息进行管理，包括对商品的添加、修改、删除和查询操作。

(3) 对商品订单信息进行管理，包括查看订单和修改当前订单的状态。

本网上购物商店的各个功能模块及各个模块间的关系，如图 13-1 所示。

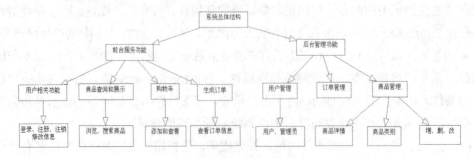

图 13-1　系统功能结构图

13.2　系　统　建　模

下面通过使用用例驱动创建系统用例模型，获取系统的需求，并使用系统的静态模型创建系统内容，然后通过动态模型对系统的内容进行完善，最后通过部署模型完成系统的部署情况。

在系统建模以前，首先需要在 Rational Rose 2003 中创建一个模型。

(1) 启动 Rational Rose 2003，选择 File(文件)|New(新建)命令，弹出启动界面。

(2) 单击"Cancel"(取消)按钮，一个空白的模型被创建。此时，模型中包含 Use Case View(用例视图)、Logical View(逻辑视图)、Component View(构件视图)和 Deployment View(部署视图)等文件夹。

(3) 选择 File(文件)|Save(保存)命令保存该模型，并命名为"网上购物商店"，该名称将会在 Rational Rose 2003 的标题栏上出现，如图 13-2 所示。

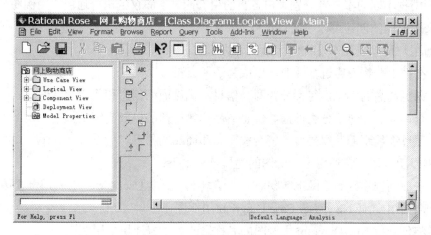

图 13-2　创建项目系统模型

13.2.1　创建系统用例模型

进行系统分析和设计的第一步是创建系统的用例模型。作为描述系统的用户或参与者所能进行的操作的模型，它在需求分析阶段有着重要的作用，整个开发过程都是围绕系统的需求用例表述的问题和问题模型进行的。

创建系统用例的第一步是确定系统的参与者。根据前面的需求分析可知网上购物商店的参与者包含以下三种：

(1) 用户。泛指所有使用网上购物商店系统的人，是专门抽象出来的一个参与者。

(2) 普通用户。也就是游客，进入网上商店浏览但是没有进行注册的用户，无权购买商品，仅有浏览商品信息的功能。

(3) 注册会员用户。已经注册过的用户，登录网上商店后即可进行购物。

(4) 管理员。对本系统进行数据管理、数据维护，并对商品、订单和用户进行管理的用户。

上面普通用户、注册会员用户、管理员都继承自用户，是泛化的关系。这样便可以画出三个参与者，如图 13-3 所示。

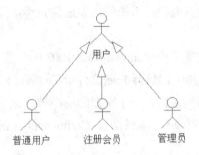

图 13-3　系统参与者

然后根据不同的参与者分别画出各自的用例图。下面仅给出普通用户用例图的创建过程，其余用例图的创建可以参考该过程。

普通用户可以通过本系统进行如下活动：

(1) 在网上购物商店进行注册，以成为注册会员。

(2) 浏览商品的信息，包括分类商品信息、优惠商品信息和热门商品信息。

(3) 查询商品，包括分类商品、优惠商品和热门商品以及高级查询。

(4) 通过在线帮助获得想要了解有关网站和商品的信息。

根据以上描述，普通用户用例图的建模过程如下：

(1) 在前面创建好的"网上购物商店"模型中，右击 User Case View(用例视图)，在弹出的快捷菜单中选择 New|User Case Diagram(用例图)。

(2) 将创建的 NewDiagram 用例图的名称修改为"普通用户用例图"。

(3) 双击"普通用户用例图"，进入图形编辑窗口。

(4) 单击编辑工具栏上的"参与者"图标，然后在图形编辑区的空白处单击鼠标右键，在创建的人形图案上修改参与者的名称为"用户"。

(5) 重复上面的第 4 个步骤，再创建一个名为"普通用户"的参与者。

(6) 单击编辑工具栏上的"泛化关系"图标，在图形编辑区中使泛化关系的空心三角箭头线段从"普通用户"参与者连接到"用户"参与者，创建两个参与者之间的泛化关系。

(7) 单击编辑工具栏上的"用例"图标，然后在图形编辑区的空白处单击鼠标右键，在创建的椭圆形的用例上修改用例名称为"注册"。

(8) 依次根据上面第 7 步骤，再创建"浏览商品信息"、"查询商品"、"在线帮助"、"分类商品信息显示"、"优惠商品信息显示"、"热门商品信息显示"、"分类商品查询"、"优惠商品查询"、"热门商品查询"和"高级查询"共 10 个用例。

(9) 单击编辑工具栏上的"关联关系"图标，在图形编辑区中使关联关系的箭头线段分别从"普通用户"参与者连接到"注册"、"浏览商品信息"、"查询商品"、"在线帮助"四个用例，创建用例和参与者之间的关联关系。

(10) 单击编辑工具栏上的"依赖关系"图标，在图形编辑区中使依赖关系的虚线箭头线段分别从"浏览商品信息"用例连接到"分类商品信息显示"、"优惠商品信息显示"、"热门商品信息显示"三个用例，创建用例和用例间的包含关系。

(11) 重复上面第 10 步骤，创建用例"查询商品"和"分类商品查询"、"优惠商品查询"、"热门商品查询"和"高级查询"的包含关系。

(12) 单击编辑工具栏上的"依赖关系"图标，在图形编辑区中使依赖关系的虚线箭头线段分别从"浏览商品信息"用例连接到"查询商品"用例，创建用例和用例间的扩展关系。最后创建好的"普通用户用例图"如图 13-4 所示。

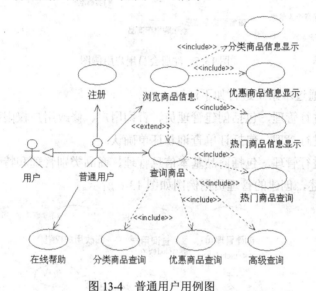

图 13-4　普通用户用例图

注册会员除了具有普通用户所有的功能，还可以通过本系统进行如下活动：

(1) 登录网上购物商店。

(2) 管理购物车，包括查看购物车信息、删除购物车商品、购买商品。

(3) 管理订单，包括查询订单、创建订单和修改订单。

(4) 进行商品订单的在线支付。

(5) 找回密码、修改个人信息和注销。

注册会员用户用例图具有普通用户的所用用例，为了简化本用例图，因此没有再重复画出。创建后的注册会员用户用例图如图 13-5 所示。

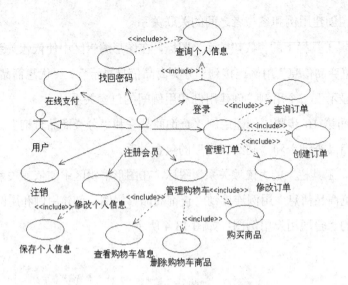

图 13-5　注册会员用户用例图

管理员可以通过本系统进行如下活动：

(1) 对用户进行管理，包括创建管理员、查询用户、修改用户权限和删除用户。

(2) 对订单进行管理，包括订单查询和订单确认。

(3) 对商品进行管理，包括商品基本信息管理、商品类别管理和特价商品管理。

根据以上描述，创建的管理员用例图如图 13-6 所示。

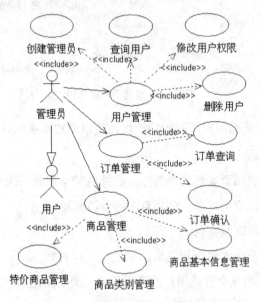

图 13-6　管理员用例图

13.2.2　创建系统静态模型

在获得系统的基本需求用例模型以后，通过识别和分析系统中的类和对象来创建系统静态模型，过程包括组织系统的包图和创建系统的类图。

1. 创建系统类图

根据系统需求可以识别系统中存在的对象。系统对象的识别通过寻找系统域描述和需求描述中的名词来进行，从前面的需求分析中可以找到的名词有普通用户、注册会员、商品、管理员、订单，这些都是对象图中的候选对象。判断是否应该为这些候选对象创建类的方法是：是否有与该对象相关的身份和行为？如果有的话，候选对象应该是一个存在于模型中的对象，就应该为它创建类。下面仅给出业务层类图的创建过程，其余类图的创建可以参考该过程。

1) 业务层类图

本系统的具体业务功能主要有四类：与用户有关的信息管理类 UserManage、与商品有关的信息管理类 GoodsManage、与订单有关的信息管理类 OrderManage 和与购物车有关的信息管理类 ShoppingCartManage，它们彼此间是相互依赖的关系。

业务层类图的创建过程如下：

(1) 在"网上购物商店"模型中右击 Logical View(逻辑视图)，在弹出的快捷菜单中选择 New | Class Diagram(类图)。

(2) 将创建的 NewDiagram 类图的名称修改为"业务层类图"。

(3) 双击"业务层类图"，进入类图的图形编辑窗口。

(4) 单击编辑工具栏上的"类"图标，然后在图形编辑区的空白处单击鼠标右键，在创建的类上修改名称为 GoodsManage(商品管理类)。

(5) 重复上面的第 4 个步骤，再分别创建 OrderManage 订单管理类、UserManage 用户管理类和 ShoppingCartManage 购物车管理类。

(6) 单击编辑工具栏上的"依赖关系"图标，在图形编辑区中创建四个类之间彼此依赖的关系。创建完成后的业务层类图如图 13-7 所示。

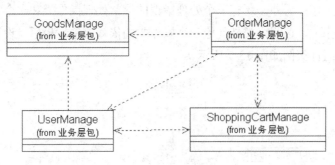

图 13-7　业务层类图

2) 数据访问层实体类类图

根据以上这些原则，至少创建三个实体类：用户信息实体类 UserInfo、订单信息实体类 OrderInfo、商品信息实体类 GoodsInfo。由于普通用户只是浏览页面，所以不需要专门创建一个实体类。而注册会员用户和管理员可以抽象出一个用户信息实体类 UserInfo 作为基类，把注册会员信息实体类 RegisterUserInfo 和管理员信息实体类 AdminUserInfo 作为子类，形成继承的关系。考虑到本系统采用了分层的架构，即把系统分为了"表示层"、"控制层"、"业务层"和"数据访问层"四个层次。所以最终把上面确定的三个实体类创建在"数据访问层"的实体类类图内。在该类图中，注册会员信息实体类和订单信息实体类之间是"一对多"的关联关系，一个注册会员可以拥有多个订单；而对于订单而言，没有商品就没有订单，所以订单信息实体类和商品信息实体类是依赖的关系；对于管理员来说，一个管理员可以管理多个订单信息、多个用户信息和多个商品信息，所以管理员信息类与订单信息实体类、商品信息实体类、注册会员信息实体类、管理员信息实体类都是"一对多"的关联关系。最后，设计的"数据访问层"中实体类类图如图 13-8 所示。

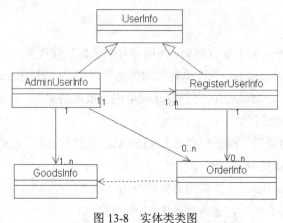

图 13-8　实体类类图

3) 数据访问组件类图

在本系统的数据访问层中，除了实体类类图以外，还包括了数据访问层的各个数据访问组件的类图。由于本系统中存在着代表用户信息的实体类、商品信息的实体类和订单信息的实体类，因此，相应地也就有对应的组件类。其中，商品信息操作类实现商品信息的数据访问操作，订单信息操作类实现订单信息的数据访问操作，用户信息操作类实现用户信息的数据访问操作；另外，还有一个处理错误的异常处理操作类和一个实现数据库连接的数据库连接操作类，这两个类是其他三个操作类的依赖对象。最后，设计的"数据访问层"中数据访问组件类图如图 13-9 所示。

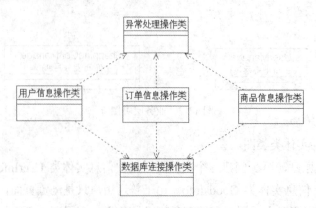

图 13-9　数据访问组件类图

4) 控制层类图

本系统控制层主要包括前端控制器组件 ActionServlet 和完成商品信息 GoodsManageAction、订单信息 OrderManageAction、用户信息业务 UserManageAction 调度的后端业务控制器 Action 类。其中，前端控制器依赖于后端控制器。设计后的控制层类图如图 13-10 所示。

图 13-10　控制层类图

5) 表示层类图

本系统表示层中的类比较多，主要是客户端显示给用户的各种界面类，包括系统首页 MainForm、登录界面 userLogin、注销界面 logOut、用户注册界面 userRegister、修改用户信息界面 updateUserInfo、购物车界面 shoppingCart、显示商品信息界面 showGoodsInfo、显示订单信息界面 showOrderInfo、显示用户信息界面 showUserInfo 等。设计后的表示层类图如图 13-11 所示。

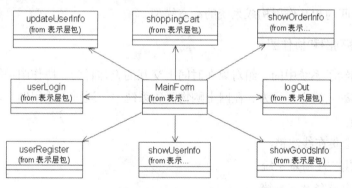

图 13-11　表示层类图

2. 组织系统包图

前面已经提到本系统采用了分层的架构，即把系统分为了"表示层"、"控制层"、"业务层"和"数据访问层"四个层次。那么对系统进行组织也就顺理成章地分为对应的四个包：表示层包、控制层包、业务层包和数据访问层包。另外，还有处理系统各种错误的"错误信息处理包"。五个包之间是相互依赖的关系。

网上购物商店的系统包图创建过程如下：

(1) 在"网上购物商店"模型中，右击 Logical View(逻辑视图)，在弹出的快捷菜单中选择 New|Package(包)。

(2) 将创建的 NewPackage 包的名称修改为"表示层"。

(3) 重复上面的第 2 个步骤，再分别创建"控制层包"、"业务层包"、"数据访问层包"和"错误信息处理包"四个包。

(4) 单击编辑工具栏上的"依赖关系"图标，在图形编辑区中创建五个包之间的彼此依赖关系。创建后的包图如图 13-12 所示。

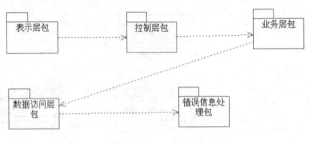

图 13-12　系统包图

13.2.3　创建系统动态模型

根据系统的用例模型，还可以通过对象之间的相互作用来考察系统对象的行为。这种交互作用通过两种方式进行考察，一种是以相互作用的一组对象为中心考察，也就是通过交互图，包括序列图和协作图，另一种是以独立的对象为中心进行考察，包括活动图和状态图。对象之间的相互作用构成系统的动态模型。

1. 创建序列图和协作图

序列图描绘了系统中的一组对象在时间上交互的整体行为。协作图描绘了系统中一组对象在几何排列上的交互行为。在网上购物商店系统中，通过上述用例，可以获得以下关键的交互行为：

(1) 注册会员在线注销。

(2) 普通用户注册本系统。

(3) 注册会员登录本系统。

(4) 注册会员修改注册信息。

(5) 注册会员用户通过购物车添加商品。

(6) 注册会员用户账户管理。

(7) 管理员管理商品信息。

这里仅给出注册会员在线注销序列图的创建过程，其余序列图的创建可以参考该过程。

1) 注册会员在线注销用例的具体工作流程描述

本系统为已经成功登录本系统的注册用户提供在线注销的功能(提前结束会话 Session)从而使该用户能够以另一个账户来登录或者退出本系统。

(1) 登录系统成功后的用户单击"注销"超链接。

(2) 后台系统中有关程序将识别该用户的 Session 对象中是否有特定身份标识的数据，

如果存在，则表示该用户是成功登录系统的用户。

(3) 当后台的程序从 Session 对象中没有获得具体身份标识的数据时，后台系统组件传递表示层提示信息并输出显示要求该用户先要登录本系统。

(4) 后台程序将保存在该用户 Session 对象中的有关其身份的信息清除掉，同时结束本次会话。后台系统将自动加载系统的首页。

根据基本流程，注册会员在线注销的序列图创建过程如下：

(1) 在"网上购物商店"模型中，右击 Logical View(逻辑视图)，在弹出的快捷菜单中选择 New|Sequence Diagram(序列图)。

(2) 将创建的"NewDiagram"序列图的名称修改为"注册会员在线注销序列图"。

(3) 双击"注册会员在线注销序列图"，进入该图的图形编辑窗口。

(4) 分别将前面类图中创建的"注册会员"类、logOut 类、ActionServlet 类、UserInfoAction 类和 UserInfo 类从浏览器中拖动到图形编辑窗口的空白处，创建对应的五个类对象。

(5) 单击编辑工具栏上的"对象消息"图标，在图形编辑区中分别用消息直线和虚线箭头线段创建连接五个对象的消息。

(6) 单击编辑工具栏上的"销毁"图标，然后在图形编辑区中 UserInfo 对象的生命线上单击，销毁该对象。创建完成的"注册会员在线注销序列图"如图 13-13 所示。

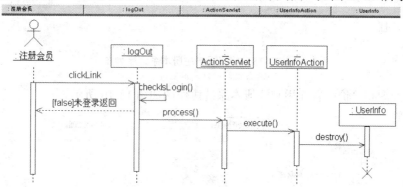

图 13-13 注册会员在线注销序列图

与序列图相等价的注册会员在线注销协作图如图 13-14 所示。

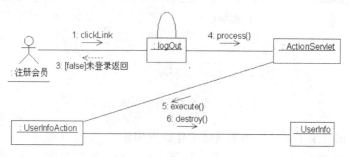

图 13-14 注册会员在线注销协作图

2) 普通用户注册本系统用例的具体工作流程描述

(1) 普通用户输入个人信息后，系统进行页面中表单数据的验证，并能返回具体错误信息让用户修改。

(2) 用户根据提示的错误信息输入正确的信息。

(3) 用户输入正确的信息并通过页面验证后，系统把用户信息取出，保存到业务实体组件对象中，进而调用业务组件类中的方法实现将用户的信息存入数据库。

(4) 用户注册成功后系统将弹出注册成功的信息提示。

根据基本流程，普通用户注册本系统序列图如图 13-15 所示。

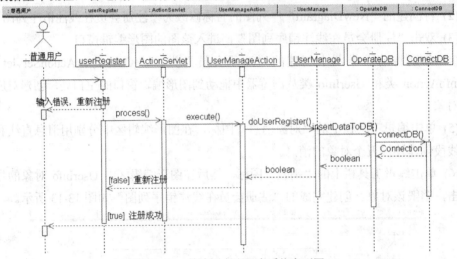

图 13-15　普遍用户注册本系统序列图

与序列图相等价的普通用户注册本系统协作图如图 13-16 所示。

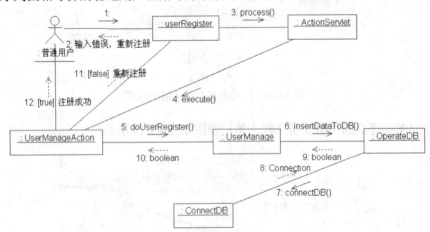

图 13-16　普遍用户注册系统协作图

3) 注册会员登录本系统用例的具体工作流程描述

(1) 注册会员进入登录页面 userLogin，输入用户名、密码和验证码，如果格式不正确会输出错误信息，如果格式正确，可以进行提交。

(2) 后台系统通过组件来查询在数据库中是否有该用户的身份信息存在，如果查不到任何记录，则表示没有该用户信息，后台组件将提示信息传递并输出到登录页面。

(3) 如果用户输入了正确的用户名和密码，后台系统查询到用户名和密码与数据库保存的信息一致，则服务器返回 true 到控制类，并将登录成功的信息输出到登录页面。

根据基本流程，注册会员登录本系统序列图如图 13-17 所示。

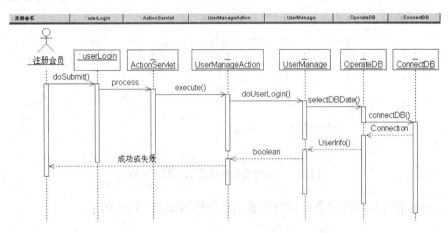

图 13-17　注册会员登录本系统序列图

与序列图相等价的注册会员登录本系统协作图如图 13-18 所示。

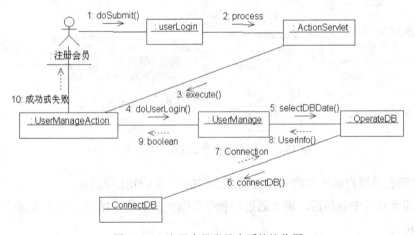

图 13-18　注册会员登录本系统协作图

4) 注册会员修改注册信息用例的具体工作流程描述

(1) 注册会员登录系统成功后，单击相关超链接进入修改注册信息的界面 updateUserInfo。

(2) 会员在修改信息的表单中对有关的数据项目进行修改。

(3) 修改的数据被包装到相应的组件对象中，然后保存到业务实体组件对象中，进而调用业务组件类中的方法实现用户个人信息以更新的方式存入数据库表。

(4) 系统将弹出修改成功的信息提示。

根据基本流程，注册会员修改注册信息序列图如图 13-19 所示。

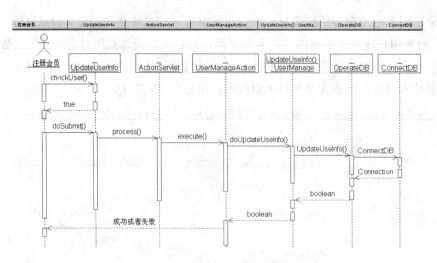

图 13-19 注册会员修改注册信息序列图

与序列图相等价的注册会员修改注册信息协作图如图 13-20 所示。

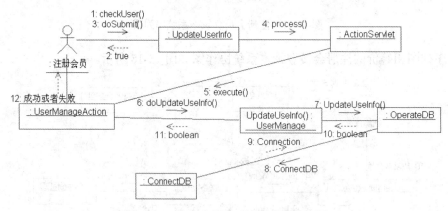

图 13-20 注册会员修改注册信息协作图

5) 注册会员用户通过购物车添加商品用例的具体工作流程描述

当注册会员选中商品后，需要通过购物车来购买。购物车是网上购物商店中比较复杂的一个模块。

(1) 注册会员在商品信息界面单击购买按钮，将要买的商品加入购物车并进入到购物车界面 shoppingCart。

(2) 用户可以在购物车中修改购买商品的数量。

(3) 用户可以将不想买的商品从购物车中删除。

(4) 系统能够判断用户账户中是否存有足够的资金购买购物车中的商品。

(5) 购买成功后，系统将用户的购买信息存入到数据库并生成订单。

根据基本流程，注册会员用户通过购物车添加商品序列图如图 13-21 所示。

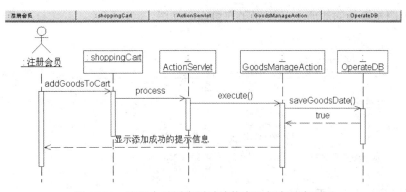

图 13-21　注册会员用户通过购物车添加商品序列图

与序列图相等价的注册会员用户通过购物车添加商品协作图如图 13-22 所示。

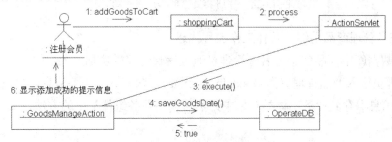

图 13-22　注册会员用户通过购物车添加商品协作图

6) 注册会员管理账户用例的具体工作流程描述

注册会员选中某些商品并想购买时，其账户中必须有足够的资金，管理账户包括可以显示账户中的存款余额、可以增加账户中的资金等。

(1) 注册会员成功登录后，可以单击账户管理的超链接，系统调用用户名并查询后台数据库得到用户的个人信息，包括账户资金的信息，然后通过前台界面显示账户中的存款余额。

(2) 如果用户增加账户里的资金，则单击提交按钮，系统会取出用户填入的资金值，保存到业务实体中，再调用业务组件将用户新的资金更新到后台数据库。

根据基本流程，注册会员管理账户序列图如图 13-23 所示。

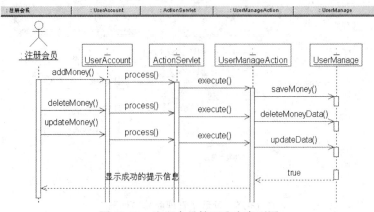

图 13-23　注册会员管理账户序列图

与序列图相等价的注册会员管理账户协作图如图 13-24 所示。

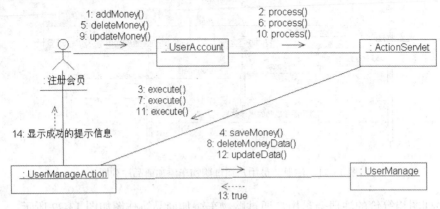

图 13-24　注册会员管理账户协作图

7) 管理员管理商品用例的具体工作流程描述

本系统数据库中商品信息是后台管理员通过后台管理模块加入的。

(1) 管理员进入商品管理界面 GoodsInfoManage，输入商品相关信息，单击保存按钮，系统将这些信息保存到业务实体类对象中，然后调用业务组件类中的方法，最后将商品信息存入数据库表中。

(2) 新的商品信息加入后，系统返回加入成功的消息输出到管理界面。

(3) 管理员在修改商品信息的表单中对有关的数据项目进行修改。

(4) 修改的数据被包装到相应的组件对象中，然后保存到业务实体组件对象中，进而调用业务组件类中的方法实现商品信息以更新的方式存入数据库表。

(5) 修改成功后，系统将弹出修改成功的信息提示。

(6) 管理员单击删除按钮，系统调用商品名并查询后台数据库得到商品的信息，最后将商品信息从数据库表中删除。

(7) 删除成功后，系统将弹出操作成功的信息提示。

根据基本流程，管理员管理商品序列图如图 13-25 所示。

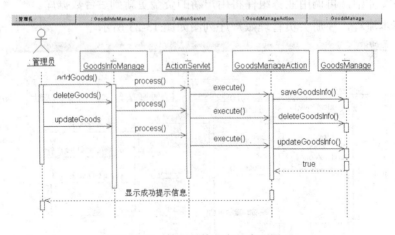

图 13-25　管理员管理商品序列图

与序列图相等价的管理员管理商品协作图如图 13-26 所示。

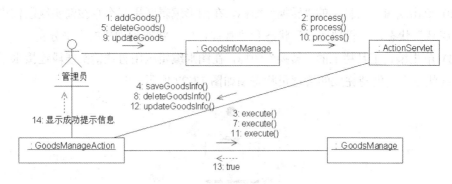

图 13-26　管理员管理商品协作图

2. 创建状态图

上面描述了用例的活动状态，它们都是通过一组对象的交互活动来表达用例的行为。接着，需要对有明确状态转换的类进行建模。在网上购物商店系统中，有明确状态转换的类有三个，分别是用户、注册会员和管理员。下面仅给出管理员状态图的创建过程，其余的状态图创建可以参考该过程。

管理员在本系统中可能出现的各种状态有登录系统、管理商品、管理用户和管理订单。它们之间的转化规则是：

(1) 管理员首先必须登录系统，才能进行各种操作。

(2) 管理员可以在后台系统中进入到管理商品、管理用户和管理订单的操作状态。

根据管理员的各种状态以及转换规则，管理员状态图的创建过程如下：

(1) 在"网上购物商店"模型中，右击 Logical View(逻辑视图)，在弹出的快捷菜单中选择 New|Statechart Diagram(状态图)。

(2) 将创建的 NewDiagram 状态图的名称修改为"管理员状态图"。

(3) 双击"管理员状态图"，进入该图的图形编辑区。

(4) 单击编辑工具栏上的"开始状态"和"终止状态"图标，在图形编辑空白区中单击创建一个黑色实心圆的开始状态和一个黑色同心圆的终止状态。

(5) 单击编辑工具栏上的"状态"图标，在图形编辑空白区中单击创建一个名为 NewState 的状态并修改名称为"登录"。

(6) 根据上面第 5 步骤，再分别创建"管理商品"、"管理用户"和"管理订单"三个状态。

(7) 单击编辑工具栏上的"水平分支"图标，在图形编辑空白区中单击创建一个水平分支。

(8) 单击编辑工具栏上的"转换"图标，在图形编辑区用五个直线箭头线段依次连接"开始状态"到"登录"状态、"登录"状态到水平分支及水平分支到"管理商品"状态、"管理用户"状态和"管理订单"状态。

(9) 单击编辑工具栏上的"水平分支"图标，在图形编辑空白区中单击再创建一个水平分支。

(10) 单击编辑工具栏上的"转换"图标,在图形编辑区用三个直线箭头线段依次连接"管理商品"状态、"管理用户"状态和"管理订单"状态到创建的水平分支。

(11) 单击编辑工具栏上的"转换"图标,在图形编辑区用直线箭头线段连接水平分支到"最终状态"。创建完成的管理员状态图如图 13-27 所示。

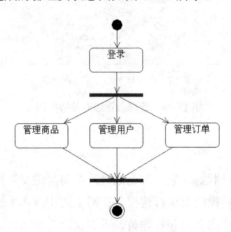

图 13-27 管理员状态图

用户在本系统中可能出现的各种状态有未注册、已注册、在线注销。它们之间的转化规则是:

(1) 用户未注册时称为普通会员,可以浏览各种商品信息,包括特价商品、优惠商品和热门商品,但不能购买商品。

(2) 当用户注册后,成为注册会员,可以购买商品和修改个人信息。

(3) 在线注销是已经成功登录的用户提前结束会话,从而可以用另一个账号来登录或退出本系统。

根据用户的各种状态以及转换规则,创建用户的状态图如图 13-28 所示。

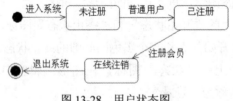

图 13-28 用户状态图

注册会员在本系统中可能出现各种状态有登录系统、查询商品、管理个人信息、购买商品、生成订单、在线支付和在线注销。它们之间的转化规则是:

(1) 注册会员首先必须登录系统,才能进行各种操作。

(2) 登录后可以在各种查询商品的界面寻找自己心仪的商品。

(3) 找到中意的商品后,进入购买商品的状态,这个状态中可以包括一个子状态来表示购物的过程。

(4) 管理个人信息使注册会员可以修改密码、找回密码、修改送货地址等个人基本信息。

(5) 最后在线注销，退出系统。

根据注册会员的各种状态以及转换规则，创建注册会员的状态图如图 13-29 所示。

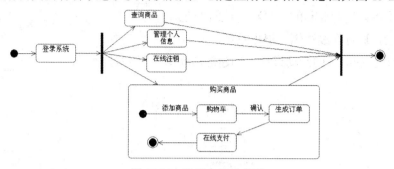

图 13-29　注册会员状态图

3. 创建活动图

还可以利用系统的活动图来描述系统的参与者是如何协同工作的，活动图的创建过程和状态图类似，可以参考上面状态图的创建过程。在网上购物商店中，可以创建以下关键的活动图。

普通用户活动图的具体活动过程描述如下：

(1) 普通用户通过网址，进入本系统。

(2) 在网页中浏览商店内的各种商品。

(3) 进入注册界面，输入个人信息，提交成功后成为会员。

(4) 在线注销，退出系统。

根据上述普通用户的活动过程，创建的活动图如图 13-30 所示。

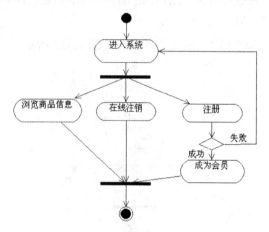

图 13-30　普通用户活动图

注册会员活动图的具体活动过程描述如下：

(1) 注册用户首先要进行登录系统的活动。

(2) 会员如果登录失败，将返回登录界面。

(3) 如果会员登录成功，则进入操作界面。

(4) 会员在操作界面可以进行商品信息的查询活动。

(5) 能够进行对自己注册信息的管理活动。

(6) 会员可以进行商品的购买和订单的管理活动。

(7) 最后，进行在线注销，退出系统。

根据上述注册会员的活动过程，创建的活动图如图 13-31 所示。

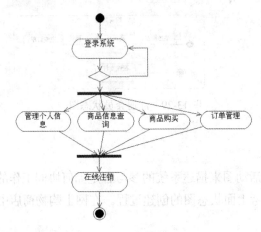

图 13-31　注册用户活动图

管理员活动图的具体活动过程描述如下：

(1) 管理员首先必须进行登录系统的活动。

(2) 如果管理员登录失败，将返回登录界面。

(3) 如果管理员登录成功，才能进入到系统后台管理的界面。

(4) 在该界面中，管理员可以进行用户信息管理、商品信息管理和订单信息管理的活动。

(5) 结束所有操作活动后，退出系统。

根据上述管理员的活动过程，创建的活动图如图 13-32 所示。

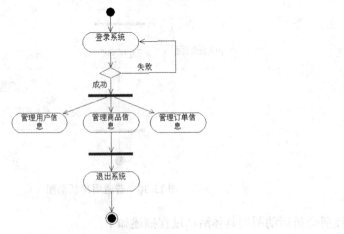

图 13-32　管理员活动图

13.2.4　创建系统部署模型

前面的静态模型和动态模型都是按照逻辑的观点对系统进行的概念建模，还需要对系统的实现结构进行建模。对系统的实现结构进行建模的方式包括两种，即构件图和部署图。

构件，即构造应用的软件单元。构件图中不仅包括构件，同时还包括构件之间的依赖关系，以便通过依赖关系来估计对系统构件的修改给系统造成的可能影响。

在网上购物商店系统中，整个的架构分成前台服务中的表示层、控制层、数据访问层和系统业务层四个部分，每一个部分都是由内部各自的构件所组成。下面仅给出前台服务表示层构件图的创建过程，其余构件图的创建可以参考该过程。

1. 前台服务表示层

本系统中的表示层构件主要包括页面构件、过滤器构件、监听构件、视图助手构件和标签库构件。其中，页面构件依赖于其余的四个构件。前台服务表示层构件图的创建过程如下：

(1) 在"网上购物商店"模型中，右击 Component View(构件视图)，在弹出的快捷菜单中选择 New | Component Diagram(构件图)。

(2) 将创建的 NewDiagram 构件图的名称修改为"表示层构件图"。

(3) 双击"表示层构件图"，进入该图的图形编辑窗口。

(4) 单击编辑工具栏上的"构件"图标，在图形编辑区的空白处单击鼠标右键，在创建的构件上修改名称为"页面构件"。

(5) 重复上面的第 4 个步骤，再分别创建"视图助手构件"、"过滤器构件"、"监听构件"和"标签库构件"。

(6) 单击编辑工具栏上的"依赖关系"图标，在图形编辑区中创建五个构件之间的彼此依赖关系。该表示层最后完成的构件图如图 13-33 所示。

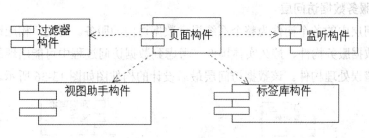

图 13-33　表示层构件图

2. 前台服务控制层

本系统中的控制层构件主要包括前端控制器构件和后端业务调度控制器构件，以及包装各个表单数据的构件，它们之间是彼此依赖的关系。该控制层最后设计的构件图如图 13-34 所示。

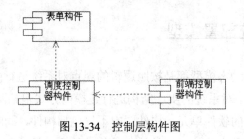

图 13-34　控制层构件图

3. 系统业务层

系统业务层是本系统的核心和设计时要重点考虑的部分，由于系统的业务类型主要分为用户管理、商品管理、订单管理和购物车管理等，因此，在每一业务类型中都应该提供相应的功能实现构件。另外，考虑到业务功能执行过程中可能触发产生的各种异常错误，也提供了相应功能的错误处理构件。该业务层最后设计的构件图如图 13-35 所示。

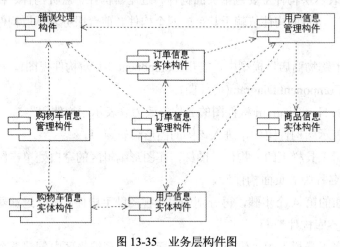

图 13-35　业务层构件图

4. 前台服务数据访问层

数据访问层中的各个构件为整个系统提供数据访问的服务。对此，相应地提供了数据连接构件、数据服务构件、持久实体构件。考虑到数据访问过程中可能出现的异常，还提供了对应的错误处理构件。该数据访问层最后设计的构件图如图 13-36 所示。

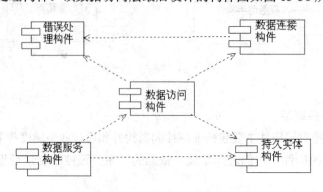

图 13-36　数据访问层构件图

　　系统的部署图描绘的是系统节点上运行资源的安排。在网上购物商店系统中，系统包括四种节点，分别是：数据库节点，负责数据存储和处理；后台系统维护节点，系统管理员通过该节点进行后台维护，执行系统管理员允许的所有操作；Web 服务器节点，与数据库服务器进行交互，进行数据的访问；Web 浏览器节点，即客户端节点，用户在浏览器上进行各种操作。本系统的部署图创建过程如下：

　　(1) 在"网上购物商店"模型中，双击 Deployment View(部署视图)，进入该图的图形编辑窗口。

　　(2) 单击编辑工具栏上的"处理器节点"图标，在图形编辑区的空白处单击鼠标右键，在创建的节点上修改名称为"后台维护系统"。

　　(3) 重复上面的第 2 步骤，再分别创建"数据库服务器"、"Web 服务器"、"Web 浏览器 1"、"Web 浏览器 2"和"Web 浏览器 3"五个节点。

　　(4) 单击编辑工具栏上的"通信路径"图标，在图形编辑区中创建五个节点之间的连接。最后创建的本系统部署图如图 13-37 所示。

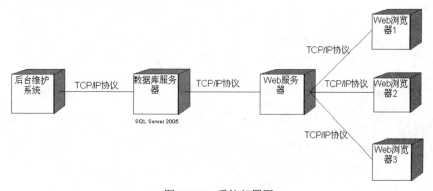

图 13-37　系统部署图

　　本章介绍了一个简单的网上购物商店系统，通过对该系统的面向对象分析和设计，进一步地讲解了 UML 在项目开发中的综合运用。其中使用用例图来描述系统的需求，使用类图和对象图进行系统的静态模型的创建，使用活动图、状态图对系统的动态模型进行建模，最后通过构件图和部署图完成了系统结构的实现。希望通过该案例的学习能够加深对 UML 统一建模语言的理解，从而能在实际项目中灵活地使用所学到的知识。